"十四五"时期国家重点出版物出版专项规划项目

环境催化与污染控制系列

导电分离膜及其电化学耦合强化水处理方法与原理

全　燮　魏高亮　范新飞等　著

科学出版社

北　京

内 容 简 介

  膜分离技术利用膜的选择透过性对水中的物质进行高效分离,在水处理领域发挥着重要的作用。传统的膜分离技术基于筛分原理,在压力驱动下实现对不同粒径物质的分离和净化。导电膜分离技术是近年发展起来的一种新型膜分离技术。该技术以导电分离膜为核心,在电化学辅助下可展现出优异的膜分离性能以及传统分离膜不具备的新功能。本书主要介绍导电分离膜的制备及其电化学强化水处理方法与原理,重点介绍基于碳纳米材料(如碳纳米管、石墨烯等)以及二维过渡金属碳/氮化物(MXene)等导电分离膜的制备方法,电化学提升其渗透性、选择性和抗污染性能的基本原理,导电膜组件/成套装备的设计与构建,电化学强化水处理工艺(电膜工艺)的工程示范等研究成果。

  本书可作为环境科学与工程学科研究生和高年级本科生的学习用书,同时也可供水污染控制、膜分离技术等领域的高校教师、企业研发人员以及政府相关部门管理人员阅读参考。

图书在版编目(CIP)数据

导电分离膜及其电化学耦合强化水处理方法与原理／全燮等著. -- 北京：科学出版社, 2025. 2. --(环境催化与污染控制系列). -- ISBN 978-7-03-081229-2

Ⅰ. X703

中国国家版本馆 CIP 数据核字第 2025LP0554 号

责任编辑:霍志国／责任校对:杜子昂
责任印制:徐晓晨／封面设计:东方人华

科 学 出 版 社 出版

北京东黄城根北街 16 号
邮政编码:100717
http://www.sciencep.com

北京建宏印刷有限公司印刷
科学出版社发行　各地新华书店经销
*

2025 年 2 月第 一 版　开本:787×1092　1/16
2025 年 2 月第一次印刷　印张:15 1/4
字数:358 000

定价:128.00 元
(如有印装质量问题,我社负责调换)

"环境催化与污染控制系列"编委会

丛 书 序

环境污染问题与我国生态文明建设战略实施息息相关,如何有效控制和消减大气、水体和土壤等中的污染事关我国可持续发展和保障人民健康的关键问题。2013 年以来,国家相关部门针对经济发展过程中出现的各类污染问题陆续出台了"大气十条""水十条""土十条"等措施,制定了大气、水、土壤三大污染防治行动计划的施工图。2022 年 5 月,国务院办公厅印发《新污染物治理行动方案》,提出要强化对持久性有机污染物、内分泌干扰物、抗生素等新污染物的治理。大气污染、水污染、土壤污染以及固体废弃物污染的治理技术成为生态环境保护工作的重中之重。

在众多污染物削减和治理技术中,将污染物催化转化成无害物质或可以回收利用的环境催化技术具有尤其重要的地位,一直备受国内外的关注。环境催化是一门实践性极强的学科,其最终目标是解决生产和生活中存在的实际污染问题。从应用的角度,目前对污染物催化转化的研究主要集中在两个方面:一是从工业废气、机动车尾气等中去除对大气污染具有重要影响的无机气体污染物(如氮氧化合物、二氧化硫等)和挥发性有机化合物(VOC);二是工农业废水、生活用水等水中污染物的催化转化去除,以实现水的达标排放或回收利用。尽管上述催化转化在反应介质、反应条件、研究手段等方面千差万别,但同时也面临一些共同的科学和技术问题,比如如何提高催化剂的效率、如何延长催化剂的使用寿命、如何实现污染物的资源化利用、如何更明确地阐明催化机理并用于指导催化剂的合成和使用、如何在复合污染条件下实现高效的催化转化等。近年来,针对这些共性问题,科技部和国家自然科学基金委员会在环境催化科学与技术领域进行了布局,先后批准了一系列重大和重点研究计划和项目,污染防治所用的新型催化剂技术也被列入 2018 年国家政策重点支持的高新技术领域名单。在这些项目的支持下,我国污染控制环境催化的研究近年来取得了丰硕的成果,目前已到了对这些成果进行总结和提炼的时候。为此,我们组织编写"环境催化与污染控制系列",对环境催化在基础研究及其应用过程中的系列关键问题进行系统、深入的总结和梳理,以集中展示我国科学家在环境催化领域的优秀成果,更重要的是通过整理、凝练和升华,提升我国在污染治理方面的研究水平和技术创新,以应对新的科技挑战和国际竞争。

内容上,本系列不追求囊括环境催化的每一个方面,而是更注重所论述问题的代表性和重要性。系列主要包括大气污染治理、水污染治理两个板块,涉及光催化、电催化、热催化、光热协同催化、光电协同催化等关键技术,以及催化材料的设计合成、催化的基本原理和机制以及实际应用中关键问题的解决方案,均是近年来的研究热点;分册笔者也都是活跃在环境催化领域科研一线的优秀科学家,他们对学科热点和发展方向的把握是第一手的、直接的、前沿的和深刻的。

希望本系列能为我国环境污染问题的解决以及生态文明建设战略的实施提供有益的理论和技术上的支撑,为我国污染控制新原理和新技术的产生奠定基础。同时也为从事催化化学、环境科学与工程的工作者尤其是青年研究人员和学生了解当前国内外进展提供参考。

中国科学院　院士

赵进才

前　　言

　　膜分离技术是以分离膜为核心,对物质进行选择性分离、纯化和浓缩的新兴技术,因其效率高、自动化程度高、碳足迹小等显著特征,已广泛应用于环境保护、石油化工、能源电子、生物医药、航空航天等领域,并发展成为跨学科、多领域的高新技术和战略性新兴产业。《中国制造2025》《产业结构调整指导目录(2024年本)》《新材料产业发展指南》等国家级纲要和指南中明确提出,高性能、高附加值分离膜材料是关键战略材料的发展重点之一,要加快形成一批具有自主知识产权的核心技术和高端膜产品,增强膜产业的核心竞争力和发展动力。

　　在市场的旺盛需求和政策的大力支持下,我国膜产业发展十分迅速。《2023—2024中国膜产业发展报告》指出,2023年我国膜工业总产值超过4300亿元,占全球总产值30%以上,而全球膜产业在2024—2032年的预测复合年增长率将超过10%。在全球膜市场中,水和废水处理领域占有近一半的份额,并预测在未来十年内仍将占主导地位。膜分离技术不仅在海水淡化、废水处理与回用、饮用水净化等传统水处理领域实现了快速增长,并且在盐湖提锂、废水有价资源回收、生物质能源纯化、废水"零排"等新兴水处理领域也展现出强劲的发展势头。膜分离技术对于实现我国水生态安全和水资源可持续利用战略目标、推动产业升级具有不可替代的重要作用。然而,膜分离技术仍然面临着一些挑战,例如膜污染问题、膜渗透性和选择性之间的"trade-off"效应等仍是亟待突破的瓶颈问题。

　　膜表面电荷在膜分离过程中具有重要作用,例如纳滤膜表面的电荷能引发道南效应,并通过道南电势显著提高纳滤膜对离子的截留能力;表面荷电的分离膜与带同种电荷的污染物之间会存在静电排斥效应,并阻碍污染物在膜表面沉积,从而具有更高的抗污染能力。作者团队在国内外较早地开展了导电分离膜的研究,并创新性地把电化学原理引入膜分离技术中,通过电化学作用调控导电分离膜表面的电荷密度、静电作用、水–膜界面效应等,显著提高了导电分离膜的渗透通量、截留性能和抗污染性能,并赋予其多功能性,突破了传统分离膜单一分离功能的限制。经过近十余年的努力,研发了多种高通量、高截留的导电分离膜,创建了导电膜规模化制备技术;建立了基于纳米碳基导电分离膜的膜分离技术与电化学耦合协同水处理新方法,揭示了电化学强化膜分离水处理新原理;研发了导电膜组件和装备,建立了电膜水处理工艺,并完成了以导电分离膜过滤为核心的水处理工程示范等工作。

　　科技创新是推动膜行业发展的关键,随着材料科学、化学工程等相关领域的技术进步,新型膜材料、膜技术不断涌现。在为这些成绩感到欣喜的同时,也逐渐产生了将作者团队对导电膜的理解以及应用基础研究成果等编著成书与广大同行沟通交流、共同进步的想法。此时,恰逢赵进才院士筹备"环境催化与污染控制系列"丛书的编著工作,应科学出版社邀请,着手整理了研究团队在导电分离膜方面的研究工作,以期能够为膜分离和水处理等领域的研究工作者提供有益的参考。

　　本书试图以膜分离概述(第1章),导电分离膜的制备、性能及分离机理(第2章),电化学增强纳米材料导电分离膜的分离性能及机理(第3章),电化学增强纳米碳基分离膜的抗污染性能及机理(第4章),导电膜工艺的应用与示范(第5章)的逻辑主线,使读者能够深入理解作者的学术思想,并在此基础上取得更高水平的创新成果。

　　全燮主要撰写第1章,并参与撰写全部章节;魏高亮主要撰写第2章和第3章;范新飞主要撰写第4章和第5章。本书成稿过程中,作者的博士后和研究生杜磊、衣刚、张海光、邢加建、王旭、王小颖、谢慧娟、王俊杰等参与了大量的资料整理工作。团队中的陈硕教授对全书手稿进行了校对。天津工业大学的张宏伟教授和王海涛教授审读了本书的书稿,并提出了很多有建设性的修改意见。在此,向他们表示诚挚的感谢! 衷心感谢国家自然科学基金和国家重点研发计划项目的支持。

　　鉴于作者的水平和能力有限,书中难免存在不足之处,欢迎读者和同仁批评指正。

全　燮

2024年11月

目　　录

第 1 章 绪　论

※本章导读※

- 分离膜的概念、分离原理以及在水处理中的应用。
- 导电分离膜的类型及其与电化学耦合的机制和技术。

1.1　膜分离概述

物质的分离是生命体无时无刻不在进行的代谢活动,而细胞膜是此过程的主要参与者。它可以实现对分子、离子的超高效选择性跨膜输运,对维持细胞内外环境的平衡以及细胞间的信号传递等具有极其重要的作用。人类的生产生活同样离不开物质的分离过程,如医药精制、食品加工、雨水回用和废水处理等。实现分离的方法多种多样,例如蒸馏、萃取、吸附、过滤、离心以及膜分离等。它们本质上都是利用不同物质组分物化性质的差异,通过适当的途径或装置将目标物从混合物中分离。在众多分离方法中,膜分离技术可在纳米甚至亚纳米级尺度上对物质直接进行分离、富集和浓缩,同时还具有节能、高效、环保以及易于与其他技术集成等优点,得到越来越广泛的应用。

1.1.1　分离膜与膜过程

膜分离技术的核心是分离膜。通常所指的"分离膜"(membrane 或者 separation membrane)是指允许流体中一种或者几种组分通过,并且截留其他组分的选择性分离材料。国际纯粹与应用化学联合会(International Union of Pure and Applied Chemistry,IUPAC)将分离膜定义为可在多种推动力下实现质量传递的三维(其中的一维明显小于其他两维)结构。分离膜种类众多,可按照材料、结构、几何形态、用途以及分离精度等方面进行分类,例如按几何形态可分为板式膜、管式膜、卷式膜和中空纤维膜;按照分离精度可分为微滤(microfiltration,MF)膜、超滤(ultrafiltration,UF)膜、纳滤(nanofiltration,NF)膜和反渗透(reverse osmosis,RO)膜,分离精度依次提高,其中,反渗透膜具有埃米级的分离精度,能够去除水中绝大部分的杂质,包括单价离子。

在典型的膜分离过程中,混合物中部分组分在推动力的作用下透过分离膜到达膜的下游,其余组分因被截留而留在膜的上游,从而实现物质的分离。此推动力可以是膜两侧的压力差、浓度差、温度差等。以膜分离技术在水污染控制中的应用为例(图 1.1),水在膜两侧压力差的推动下通过膜孔透过膜,而水中的污染物(如重金属离子、污染物分子、病毒、细菌、胶体等)由于不能穿透膜孔而被膜截留,最终实现废水的净化。此过程的实现要满足两个要求:一是水分子在推动力的作用下能够穿透分离膜,从膜的上游到达膜的下游;二是污染物无法穿透膜,因而被留在膜表面或其内部。因此,对于理想的膜法水处理过程,水分子要尽可能快地透过膜,污染物尽可能多地被截留。但受限于膜孔尺寸的不均一、膜本身对水分子的传质阻力以及膜孔的水渗透性和截留性能之间的矛盾效应(trade-off effect)等,人工合成的分离膜的分离性能远低于生物细胞膜系统的分离性能。此外,污染物的截留势必会造成其在膜表面的富集和浓缩,并很可能造成膜孔的堵塞,降低膜的孔隙率,增加水传质阻力,进而降低水分子透过膜的速率。分离膜允许水分子穿透的速率(渗透性能)、截留污染物的能力(选择性能)以及抵抗膜孔被阻塞的能力(抗污染性能)往往是评价分离膜性能非常重要的参考依据,也是科学研究不断努力要同时提高的膜性能指标。

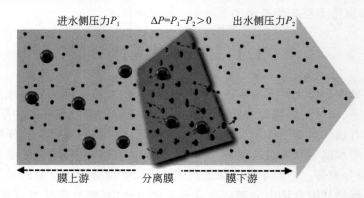

进水侧压力P_1　　　$\Delta P = P_1 - P_2 > 0$　　　出水侧压力P_2

膜上游　　　分离膜　　　膜下游

图1.1　膜法水处理过程示意图

1. 渗透性能

分离膜的渗透性能通常由渗透通量(flux,F 或 J)、渗透速率(permeance,P)或渗透性(permeability,P_b)指标量化。渗透通量是在某一操作条件下(如某一压力差或浓度差),单位时间、单位有效膜面积上透过流体的量(通常为体积),常用单位有 L/(m²·h) 或 kg/(m²·h),可用如下公式计算:

$$F = \frac{Q}{S \times t} \tag{1.1}$$

式中,Q 为透过流体的量,m³、kg 或 mol;S 为有效膜面积,m²;t 为运行时间,s 或 h。

渗透速率为单位操作压力下,流体在单位时间内透过具有单位有效过滤面积的分离膜的量,常用单位为 L/(m²·h·bar)、kg/(m²·s·bar) 或 mol/(m²·s·Pa),可用下式计算得出:

$$P = \frac{Q}{S \times t \times \Delta p} \tag{1.2}$$

式中,Δp 为操作压力,MPa 或 bar。

如果分离膜在某一压力差范围内的水通量与压力呈正比,则在该压力差范围内,渗透通量和渗透速率可以通过归一化压力差相互转换。

渗透性为单位操作压力下,流体在单位时间内透过具有单位有效过滤面积、单位厚度的分离膜的量,单位常用 m³/(m·s·bar)、kg/(m·s·bar)或 mol/(m·s·Pa),可用下式计算得出:

$$P_b = \frac{F \times L}{\Delta p} \tag{1.3}$$

式中,L 为膜厚度,m 或 μm。

　　虽然渗透通量、渗透速率或渗透性都能表征膜的渗透性能,但它们的意义并不完全相同:渗透通量不仅与分离膜本身的性质有关,还与施加的压力有很大关系;渗透速率排除压力的因素,主要与分离膜本身的材料性质和结构有关;渗透性排除压力和膜厚度的因素,更强调分离膜本身材料的性质。

2. 选择性能

　　分离膜的选择性能可以由截留率(rejection ratio,R)和分离系数(separation coefficient,α)指标量化。截留率表示为流体中可被截留的某组分的量与该组分总量的比值:

$$R = \left(1 - \frac{c_p}{c_0}\right) \times 100\% \tag{1.4}$$

式中,c_0 为进料液中特定组分的浓度;c_p 为滤液中特定组分的浓度。

　　在膜法水纯化和废水处理过程中,截留率是评价微滤膜、超滤膜、纳滤膜和反渗透膜去除水中胶体颗粒、污染物分子以及盐离子能力的重要指标,显然,去除率越高,膜的分离性能越好。

　　对于各组分都为流体的混合物的分离过程,如油水分离和气体分离等,膜的分离能力常用分离系数量化,它是指各组分在膜下游的浓度比与膜上游的浓度比之间的比值,其数学表达式为:

$$\alpha = \frac{c_p A / c_p B}{c_0 A / c_0 B} \tag{1.5}$$

式中,$c_p A$ 和 $c_p B$ 分别为膜下游组分 A 和 B 的浓度;$c_0 A$ 和 $c_0 B$ 分别为膜上游组分 A 和 B 的浓度。

3. 抗污染性能

　　膜污染是指在膜过滤过程中,料液中的某些组分由于与分离膜存在物理化学或机械作用,在膜表面或膜孔内吸附、沉积,造成膜孔径变小或堵塞,并导致膜通量明显下降的现象。膜污染的发生常伴随着浓差极化、大溶质的吸附和滤饼层的形成等现象。膜污染一般分为可逆膜污染和不可逆膜污染。可逆膜污染为通过物理、化学等方法清洗后可以消除的膜污染,而不可逆膜污染则为清洗后仍无法消除的膜污染。膜污染的主要危害有:①堵塞膜孔,造成水传质阻力增大、膜渗透性能降低、水处理效率降低、运行成本增加;②改变膜的分离选择性;③需要经常物理/化学清洗,减少分离膜的使用寿命。膜污染是膜分离过程中无法避免的伴生现象,与过滤环境以及膜自身性质有很大关系。例如,在膜法水处理中,进水的污染物浓度和类型、操作压力以及过滤方式等都会影响膜污染的程度和类型。此外,分离膜本身的亲水性、荷电性以及膜材质也会影响膜污染的形成。分离膜在一定条件下抑制膜污染

形成的能力为其抗污染能力,可由一段时间内的通量下降率(r)表征,其数学表达式为:

$$r = \left(1 - \frac{F_t}{F_0}\right) \times 100\% \tag{1.6}$$

式中,F_t 为运行 t 时间后的膜通量;F_0 为膜的初始通量。

显然,通量下降率越小,膜过滤过程中通量下降越缓慢,膜的抗污染性能越强;反之,膜的抗污染性能越弱。

性能优异的分离膜除了应具有优异的渗透性能、选择性能以及抗污染性能外,还应具有优异的化学稳定性以及力学性能,能够长时间耐酸碱、抗氧化和抗微生物分解,能够承受住在过滤过程中水流引起的弯曲、拉伸和挤压等作用。

1.1.2 膜分离原理

不同类型膜的分离机理不尽相同,如表 1.1 所示。在水处理领域,常用的分离膜主要是微滤膜、超滤膜、纳滤膜和反渗透膜,其分离原理与膜孔径大小密切相关。

表 1.1 常见膜法水处理过程及特点

膜过程	推动力	孔径	截留物	主要分离机理
微滤	压力差	$0.1 \sim 1 \mu m$	悬浮颗粒物、细菌等	筛分
超滤	压力差	$2 \sim 100 nm$	胶体、大分子、病毒等	筛分
纳滤	压力差	$0.5 \sim 2 nm$	小分子、多价离子等	筛分、静电效应、溶解–扩散
反渗透	压力差	$<0.5 nm$	小分子、单价离子等	溶解–扩散、优先吸附–毛细孔流动

1. 微滤膜和超滤膜的分离原理

微滤膜和超滤膜属于多孔膜,一般认为其孔径范围分别为 100～1000nm 和 2～100nm,根据 2006 年发布的《膜分离技术 术语》(GB/T 20103—2006),微滤膜的平均孔径大于或等于 0.01μm,超滤膜分离分子量范围为几百到几百万的溶质和微粒。在水处理过程中,水分子可以轻易地通过膜孔透过膜,而水中尺寸大于或与膜孔相当的污染物(如胶体、细菌、病毒以及大分子有机物等)则被直接截留。因此,微滤膜和超滤膜的主要分离原理为物理筛分。由于常见微滤膜和超滤膜的孔径分布较宽且孔道不规则,污染物通常被截留在膜表面或膜内部网格孔道中,并且由于污染物与分离膜之间可能会存在非共价键作用力,如静电力和范德瓦耳斯力,这些尺寸小于膜孔的污染物也能通过吸附而被截留。被截留在膜孔处或内部的污染物能够间接减小膜孔径,其他污染物通过"架桥"作用被截留,具体可称为架桥截留。

2. 纳滤膜的分离原理

纳滤膜的分离精度高于微滤膜和超滤膜,一般认为其孔径范围为 0.5～2nm,根据 2006 年发布的《膜分离技术 术语》(GB/T 20103—2006),其主要用于脱除多价离子、部分一价离子和分子量 200～1000 的有机物。当过滤尺寸较大的分子时,筛分是纳滤膜的主要分离机理。当分离膜的孔径减小到纳滤范围内时,膜孔处的电荷与荷电分子或离子之间的静电作用显著增强。纳滤膜表面常修饰有氨基(—NH$_2$)、磺酸基(—SO$_3$H)或羧基(—COOH),并因这些基团的电离而在水中带有净电荷。这些净电荷引起的静电效应对离子和荷电分子的截留具有重要贡献。随着对纳滤过程研究的不断深入,逐渐建立了一些描述纳滤传质过程的模型,主要有不可逆热力学模型、电荷模型、静电位阻模型、道南(Donnan)平衡模型、Donnan 位阻孔模型和溶解扩散模型等。

不可逆热力学模型认为纳滤传质过程是一个自由能连续消耗、熵不断增加的不可逆过程。该模型将纳滤膜视为一个"暗箱",传质过程与膜结构无关,且传质推动力仅为压力差和渗透压。其中较为代表性的为 Kedem-Katchalsky 模型方程和 Spiegler-Kedem 模型方程。Kedem 和 Katchalsky 提出了溶质和溶剂通量的数学方程:

$$J_v = L_p(\Delta p - \sigma \Delta \pi) \tag{1.7}$$

$$J_s = c_a(1-\sigma)J_v + \omega \Delta \pi \tag{1.8}$$

式中,J_v 为溶剂通量;J_s 为溶质通量;L_p 为水渗透系数;ω 为溶质透过系数;σ 为反射系数;Δp 为膜两侧压差;$\Delta \pi$ 为渗透压;c_a 为膜两侧平均溶质浓度。

Spiegler 和 Kedem 在此基础上发展了该模型方程,提出了截留率(R)的数学表达式:

$$R = \frac{\sigma(1-F)}{1-\sigma F} \tag{1.9}$$

$$F = \exp\left(-\frac{1-\sigma}{P_s}J_v\right) \tag{1.10}$$

式中,P_s 为溶质透过速率。

Spiegler-Kedem 模型以实验结果为基础,且较为简洁,适用于电解质体系和非电解质体系,但缺点是无法从物理化学的角度描述纳滤过程的传质机制。

电荷模型突出电荷在传质过程中的重要地位,根据电荷分布情况的不同,可分为空间电荷模型(space charge model)和固定电荷模型(fixed charge model)。空间电荷模型假设纳滤膜由孔径均一、壁面均匀分布有电荷的微孔组成,模型参数包括膜孔半径、分离层孔隙率与厚度的比值以及膜孔表面电荷密度(或表面电势)。膜孔内的离子浓度和电势分布、离子传输和流体流动分别由 Poisson-Boltzmann 方程、Nernst-Planck 方程和 Navier-Stokes 方程描述。空间电荷模型可以描述纳滤过程中的流动电位、Zeta 电位和膜内离子电导率等。固体电荷模型忽略膜的多孔结构,假设其具有凝胶相,并且膜相中电荷分布均匀,仅在流体运动方向上存在离子浓度梯度和电势梯度。固体电荷模型又称 Teorell-Meyer-Sievers 模型,数学分析简单,可被认为是空间电荷模型的简化形式。

由于静电相互作用,溶液中的反离子(所带电荷与膜电荷相反的离子)在膜内浓度大于其在主体溶液中的浓度,而同离子(所带电荷与膜电荷相同的离子)在膜内的浓度则低于其在主体溶液中的浓度,形成 Donnan 位差。纳滤膜上的净电荷可阻止同性离子从主体溶液向膜内的扩散,系统为了保持电中性,异性离子同时也被截留,该现象称为 Donnan 效应。所建立的模型称为 Donnan 平衡模型。

静电位阻模型又称静电排斥和立体阻碍模型(electrostatic and steric-hindrance model),是细孔模型和固体电荷模型的结合。静电位阻模型假定膜分离层的微孔孔径均一、表面电荷均匀分布,既包含膜孔对非荷电溶质的位阻效应,又包含固体电荷对离子的静电排斥效应,其模型参数包括孔径、分离层的孔隙率和厚度以及膜孔表面电荷密度。该模型同时考虑了分离膜的结构参数及荷电性,能够较好地描述纳滤膜的传质过程。

Donnan 位阻孔模型与静电位阻模型具有相同的孔结构和电荷特性的假定,其基础为 Nernst-Planck 扩展方程。Donnan 位阻孔模型考虑了溶质在跨膜传输过程中的对流过程、扩散过程和电迁移过程,同时考虑了分离膜的结构参数、Donnan 效应、位阻效应,能够较为全面地描述纳滤膜的传质过程。

3. 反渗透膜的分离原理

反渗透膜结构致密,内部存在空隙尺寸低于 5Å 的自由体积,因此反渗透膜被认为是致密无孔膜。反渗透过程的传质模型主要为溶解-扩散模型和优先吸附-毛细孔流动模型。

溶解-扩散模型由 Lonsdale 和 Podall 等提出,假定膜具有完美的结构。在该模型中,膜上游的溶质和溶剂首先与膜接触,并在其表面吸附溶解,然后在化学位的推动下,以分子扩散的形式到达膜的另一侧并解吸。由于溶剂的扩散系数要远大于溶质的扩散系数,溶质和溶剂实现相互分离。在溶解-扩散模型中,溶剂通量和溶质通量可由下列方程式表达:

$$J_w = A(\Delta p - \Delta \pi) \tag{1.11}$$
$$J_i = B(c_r - c_p) \tag{1.12}$$

式中,J_w 为溶剂的渗透通量;A 为溶剂的渗透系数;Δp 为膜两侧的压力差;$\Delta \pi$ 为渗透压;J_i 为溶质的渗透通量;B 为溶质的渗透系数;c_r 为原料液溶质的浓度;c_p 为透过液溶质的浓度。

溶解-扩散模型忽略了溶剂流动对溶质扩散的影响,因此有不完善之处,可以作为半经验模型预测反渗透结果。

优先吸附-毛细孔流动理论认为反渗透膜具有适当大小的毛细孔,水分子会优先吸附在膜表面及膜孔道内,并形成厚度为 1~2 个水分子直径的纯水层,在压力的推动下,优先吸附的水分子会通过毛细孔透过膜,同时盐离子被截留。理论上,膜孔半径要小于或等于纯水层厚度时才能保证盐离子无法通过毛细孔。当孔半径等于纯水层厚度时称为临界孔径,此时,膜具有最大的纯水通量。由优先吸附-毛细孔流动理论可以建立水的渗透通量的计算方程:

$$F_w = A\{\Delta p - [\pi(x_f) - \pi(x_p)]\} \tag{1.13}$$

式中,F_w 为水的渗透通量;A 为纯水的渗透系数;Δp 为膜两侧压差;$\pi(x)$ 为溶质摩尔分数为 x 的渗透压;x_f 和 x_p 分别为原液和透过液中溶质的摩尔分数。

溶质的渗透通量为:

$$F_s = \frac{c_T K_s D_s}{L}(x_f - x_p) \tag{1.14}$$

式中,c_T 为总物质的量浓度;K_s 为溶质的分配系数;D_s 为溶质在膜中的扩散系数;L 为膜厚度。

孔径接近反渗透膜的纳滤膜还可被认为是致密膜或低压反渗透膜,因此溶解-扩散模型和优先吸附-毛细孔流动模型往往还适用于纳滤膜的传质过程。而最近有研究指出,反渗透膜中的水传输更符合孔隙流模型,而不是溶解-扩散机制[1,2]。

1.1.3　膜污染

1. 膜污染简述

膜污染是指进水中的悬浮颗粒物、细菌、胶体颗粒和可溶性大分子等污染物因与分离膜之间存在物化作用或者在机械作用驱动下在膜表面或膜孔内吸附、沉积造成膜孔径减小或堵塞,使膜分离性能出现衰退的现象。膜污染主要源于进水中的污染物与分离膜的相互作用,是水中污染物在膜内吸附和膜面堵塞及沉积的一种综合现象。对于膜分离而言,膜污染始于料液与分离膜的接触,渗透通量下降(恒压)或驱动压力上升(恒流)是膜污染最直观的表现形式。膜污染的成因复杂,可从不同角度进行分类:

(1)按照分离膜的被污染区域可分为内部污染和外部污染两大类。内部污染是由尺寸小于膜孔径的污染物在分离过程中进入膜孔,在物化作用下附着和沉积在孔壁,或由于膜孔径不均匀,嵌入膜孔中,造成膜孔径减小或堵塞的污染形式;外部污染是指截留在膜表面的、尺寸大于膜孔径的污染物以及膜表面的污染物形成胶体层和滤饼层。

(2)按照分离膜的性能可再生性分为可逆污染和不可逆污染。可逆污染主要是由浓差极化现象引起的,可以通过改变进料的水力条件等操作参数减缓,且能够通过反冲洗等方法实现性能再生,例如滤饼层脱落等;不可逆污染是指通过再生手段无法消除的污染性,具有不可恢复性,易造成分离膜性能的永久损失,例如矿物质在膜面及膜体内的沉积、颗粒污染物在驱动压力下进入膜孔内造成的堵塞等。

(3)按照污染物的属性可分为有机污染、无机污染和生物污染。有机污染主要是进水中的天然有机质、有机胶体、有机大分子等污染物在膜面或膜孔内形成的污染形式;无机污染是指在分离膜上附着、沉积及结垢的钙盐和镁盐等矿质盐、无机胶体等污染物;生物污染是水中微生物在分离膜上附着、繁殖所形成的活性污染层。相比于无机污染和有机污染,生物污染更为复杂,较少量的微生物可通过膜面浓缩的有机物和无机盐作为营养源,在膜表面快速繁殖,进而形成极具黏附性的生物膜,造成严重的通量下降等。

在膜过滤过程中,膜污染的减缓方法通常有以下几种:

(1)进水的预处理。常通过改变进水的 pH、粗过滤、投加化学试剂以及消毒剂等方法去除进水中易导致膜污染的污染源,如悬浮颗粒物、胶体、菌体等。

(2)膜组件的设计。根据进水条件设计合理的组件结构,优化膜面流体状态,增加剪切力,减少膜污染源成分在膜面沉积以及减弱浓差极化和凝胶层形成等。

(3)膜结构和性质的优化。抗污染膜通常具有如下结构和性质:①具有较为平滑的表面。分离膜的膜孔可有效截留尺寸大于膜孔径的污染物,且在错流条件下,这些污染物可被冲洗掉,但当膜面粗糙度较大时,剪切力无法有效带走停留在粗糙结构的低凹处的污染物,从而形成污染层。②具有良好的亲水性。亲水的基团能够通过氢键或离子的溶剂化效应在膜表面上组建一个紧密的水合层,能够有效阻止污染物分子在膜表面的非特异性吸附。③均一的膜孔。膜孔径分布过宽,容易导致部分污染物进入孔道中,最后卡在孔道最窄处,堵塞膜孔。④功能性的表面。功能性的膜表面,例如嫁接特性基团或修饰有抗菌材料的膜表面能够具有消毒杀菌的功能,有效抑制微生物污染。

(4)分离膜的功能化。可设计具有电化学活性的导电分离膜,利用电增强静电排斥作用延缓污染物向膜面的迁移,并减缓污染物在膜表面上的沉积,还可通过电氧化/还原作用,分解膜表面以及膜孔道内的污染物,抑制膜污染的形成。此外,还可设计其他功能性的分离膜,通过光催化、臭氧催化、芬顿反应等过程产生大量活性氧自由基,分解膜上的污染物,延缓膜污染。本节将主要介绍电化学增强分离膜抗污染性能的相关内容。

2. 膜污染模型及数学表达式

目前主要有四种污染模型,包括完全阻塞(complete blocking)、标准阻塞(standard blocking)、中间阻塞(intermediate blocking)和滤饼层过滤(cake filtration)[3]。四种模型的示意图(图1.2)及其数学表达及解释如下:

(1)完全阻塞模型:假定水中污染物尺度与膜孔径相近,在过滤过程中污染物刚好在与膜接触界面将膜孔阻塞,且污染物之间没有相互作用力,膜孔阻塞使得透水能力下降,其数学表达为:

$$V = \frac{J_0}{K_b} \left[1 - \exp(-K_b t) \right] \tag{1.15}$$

式中,V为单位膜面积过滤的水的体积(m^3/m^2);J_0为膜的初始通量(m/s);K_b为完全阻塞常数(s^{-1});t是时间(s)。

(2)标准阻塞模型:假定水中污染物尺度小于膜孔径尺寸,在过滤过程中污染物逐渐进入膜孔通道并附着在孔壁上,随着污染物的沉积透水能力与孔径体积的减小正相关,其数学表达为:

$$V = 1 \left/ \left(\frac{1}{J_0 t} + \frac{K_s}{2} \right) \right. \tag{1.16}$$

式中,V为单位膜面积过滤的水的体积(m^3/m^2);J_0为膜的初始通量(m/s);K_s为标准阻塞常数(m^{-1});t是时间(s)。

(3)中间阻塞模型:该模型中假定水中污染物尺度与膜孔径相近,随着过滤的进行,污染物在膜表面累积重叠,膜有效透水断面的减少使过水能力下降,其数学表达为:

$$V = \frac{1}{K_i} \ln(1 + K_i J_0 t) \tag{1.17}$$

式中,V为单位膜面积过滤的水的体积(m^3/m^2);J_0为膜的初始通量(m/s);K_i为中间阻塞常数(m^{-1});t是时间(s)。

(4)滤饼层过滤模型:假定在过滤过程中污染物累积重叠且进一步挤压,污染物逐渐形成一层稳定的过滤结构层,其数学表达为:

$$V = \frac{1}{J_0 K_c} \left(\sqrt{1 + 2J_0^2 t K_c} - 1 \right) \tag{1.18}$$

式中,V为单位膜面积过滤的水的体积(m^3/m^2);J_0为膜的初始通量(m/s);K_c为滤饼层阻塞常数(s/m^2);t是时间(s)。

在实际过滤过程中,单一过滤模型往往难以准确解释整个过滤周期中膜污染的形成机制,多种污染行为可能共同存在。因此,研究中常引入复合膜污染模型对膜污染的形成机制进行解释[3]。根据膜污染的逐步变化规律,以下五种复合污染模型有较大可能出现,分别为滤饼层–完全阻塞模型、滤饼层–中间阻塞模型、完全–标准阻塞模型、中间–标准阻塞模型、滤饼层–标准阻塞模型。

(1)滤饼层–完全阻塞模型:假定水中污染物尺度与膜孔径相近,在过滤过程中污染物在过滤初期与膜接触并将膜孔阻塞,随着过滤的进行,后续污染物在已经阻塞的膜表面形成滤饼层,其数学表达式如下:

$$V = \frac{J_0}{K_b}\left\{1 - \exp\left[\frac{-K_b}{K_c J_0^2}\left(\sqrt{1 + 2K_c J_0^2 t} - 1\right)\right]\right\} \tag{1.19}$$

式中,V 为单位膜面积过滤的水的体积(m^3/m^2);J_0 为膜的初始通量(m/s);K_c 为滤饼层阻塞常数(s/m^2);K_b 为完全阻塞常数(s^{-1});t 是时间(s)。

(2)滤饼层–中间阻塞模型:假定水中污染物尺度与膜孔径相近,在过滤过程中污染物在过滤初期形成中间阻塞,随着过滤的进行,后续污染物在膜表面形成滤饼层,其数学表达式如下:

$$V = \frac{1}{K_i}\ln\left\{1 + \frac{K_i}{K_c J_0}\left[\left(1 + 2K_c J_0^2 t\right)^{1/2} - 1\right]\right\} \tag{1.20}$$

式中,V 为单位膜面积过滤的水的体积(m^3/m^2);J_0 为膜的初始通量(m/s);K_i 为中间阻塞常数(m^{-1});K_c 为滤饼层阻塞常数(s/m^2);t 是时间(s)。

(3)完全–标准阻塞模型:由于水中污染物尺寸并不均匀,假定水中污染物尺度小于和等于膜孔径的成分同时堵塞膜孔,减少透水有效膜面积以及透水通道体积,其数学表达式如下:

$$V = \frac{J_0}{K_b}\left[1 - \exp\left(\frac{-2K_b t}{2 + K_s J_0 t}\right)\right] \tag{1.21}$$

式中,V 为单位膜面积过滤的水的体积(m^3/m^2);J_0 为膜的初始通量(m/s);K_s 为标准阻塞常数(m^{-1});K_b 为完全阻塞常数(s^{-1});t 是时间(s)。

(4)中间–标准阻塞模型:由于水中污染物尺寸并不均匀,假定水中污染物尺度小于等于膜孔径尺寸的成分同时作用,较小污染物进入膜通道,膜表面被堵塞但尚未形成滤饼层,数学表达式如下:

$$V = \frac{1}{K_i}\ln\left(1 + \frac{2K_i J_0 t}{2 + K_s J_0 t}\right) \tag{1.22}$$

式中,V 为单位膜面积过滤的水的体积(m^3/m^2);J_0 为膜的初始通量(m/s);K_s 为标准阻塞常数(m^{-1});K_i 为中间阻塞常数(m^{-1});t 是时间(s)。

(5)滤饼层–标准阻塞模型:假定水中污染物尺度小于等于膜孔径尺寸的成分同时作用,在过滤过程中较小的污染物进入膜孔,而较大的污染物在连续过滤下在膜表面形成滤饼层,两种污染作用使得膜通量降低,其数学表达式如下:

$$V = \frac{2}{K_s}\left\{\beta\cos\left[\frac{2\pi}{3} - \frac{1}{3}\arccos(\alpha)\right] + \frac{1}{3}\right\} \tag{1.23}$$

$$\alpha = \frac{8}{27\beta^3} + \frac{4K_s}{3\beta^3 K_c J_0} - \frac{4K_s^2 t}{3\beta^3 K_c}, \quad \beta = \sqrt{\frac{4}{9} + \frac{4K_s}{3K_c J_0} + \frac{2K_s^2 t}{3K_c}} \tag{1.24}$$

式中，V 为单位膜面积过滤的水的体积（m^3/m^2）；J_0 为膜的初始通量（m/s）；K_s 为标准阻塞常数（m^{-1}）；K_c 为滤饼层阻塞常数（s/m^2）；t 是时间（s）。

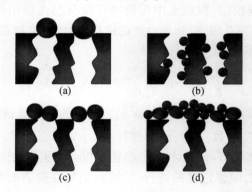

图 1.2   四种膜污染模型：(a)完全阻塞模型；(b)标准阻塞模型；(c)中间阻塞模型；(d)滤饼层过滤模型

3. XDLVO 模型拟合分析

扩展的德亚盖因-兰多-弗韦-奥弗比克（extended Derjaguin-Laudau-Verwey-Overbeek，XDLVO）理论用于定量描述两平面固体表面之间的界面自由能。根据 XDLVO 理论，总界面自由能（ΔG^{TOT}）由路易斯酸碱自由能（ΔG^{AB}）、范德瓦耳斯自由能（ΔG^{LW}）和静电双电层自由能（ΔG^{EL}）组成，其数学表达式为[4]：

$$\Delta G^{TOT} = \Delta G^{AB} + \Delta G^{LW} + \Delta G^{EL} \tag{1.25}$$

当计算的 ΔG^{TOT} 值为正时，表示两平面之间的作用力表现为排斥力；当 ΔG^{TOT} 值为负时，表示两平面之间的作用力表现为吸引力；数值的绝对值越大表示作用力越强。相互作用的两平面在不同分离距离（d，nm）下的三种界面自由能由以下公式计算[5]：

$$\Delta G^{AB}(d) = \Delta G_{d_0}^{AB} \exp\left(\frac{d_0 - d}{\lambda}\right) \tag{1.26}$$

$$\Delta G^{LW}(d) = \Delta G_{d_0}^{LW} \frac{d_0^2}{d^2} \tag{1.27}$$

$$\Delta G^{EL}(d) = \kappa \xi_1 \xi_3 \varepsilon_r \varepsilon_0 \left[\frac{\xi_1^2 + \xi_3^2}{2\xi_1 \xi_3}(1 - \coth\kappa d) + \frac{1}{\sinh\kappa d}\right] \tag{1.28}$$

式中，d 为两相互作用表面之间的距离（nm）；d_0 为两相互作用表面之间的最小距离（0.158nm）；λ 为极性作用力在水溶液中的特征衰减长度（0.6nm）；ξ 为 Zeta 电位（mV）；ε_0 为真空介电常数（8.854×10^{-12}F/m）；ε_r 为水的相对介电常数（78.4）；下标数字 1 和 3 分别为相互作用的两个表面；κ 为德拜长度的倒数（nm^{-1}）：

$$\kappa = \sqrt{\frac{e^2 \sum n_i z_i^2}{\varepsilon_0 \varepsilon_r kT}} \tag{1.29}$$

式中,e 为电子电荷量(1.6×10^{-19}C);n_i 为离子 i 在溶液中的数量浓度;z_i 为离子 i 的化合价;k 为 Boltzmann 常数(1.38×10^{-23}J/K);T 热力学温度(K)。

$\Delta G_{d_0}^{AB}$ 和 $\Delta G_{d_0}^{LW}$ 分别为两平面在最小分离距离 d_0 处的路易斯酸碱(AB)自由能和范德瓦耳斯(LW)自由能,分别由下式计算可得[6]:

$$\Delta G_{d_0}^{AB}=2\left[\sqrt{\gamma_2^+}\left(\sqrt{\gamma_1^-}+\sqrt{\gamma_3^-}-\sqrt{\gamma_2^-}\right)+\sqrt{\gamma_2^-}\left(\sqrt{\gamma_1^+}+\sqrt{\gamma_3^+}-\sqrt{\gamma_2^+}\right)-\left(\sqrt{\gamma_1^+\gamma_3^-}+\sqrt{\gamma_1^-\gamma_3^+}\right)\right]$$

(1.30)

$$\Delta G_{d_0}^{LW}=2\left(\sqrt{\gamma_1^{LW}}-\sqrt{\gamma_2^{LW}}\right)\left(\sqrt{\gamma_2^{LW}}-\sqrt{\gamma_3^{LW}}\right)$$

(1.31)

式中,γ^+ 和 γ^- 分别为电子受体表面张力和电子供体表面张力(mJ/m^2);下标数字 2 代表两种相互作用表面之间的介质。

总表面张力(γ^{TOT})由表面张力的 AB 分量(γ^{AB})和 LW 分量(γ^{LW})组成[7],且

$$\gamma^{TOT}=\gamma^{AB}+\gamma^{LW}=2\sqrt{\gamma^+\gamma^-}+\gamma^{LW}$$

(1.32)

固体物质的表面张力参数可以通过测量三种已知表面张力参数的探测液体(纯水、二碘甲烷和甘油)在固体物质表面的表面张力参数(γ_1^{LW}、γ_1^+、γ_1^-),并结合扩展的杨氏方程[式(1-33)]计算得到[8]:

$$(1+\cos\theta)\gamma_2^{TOT}=2\left(\sqrt{\gamma_1^{LW}\gamma_2^{LW}}+\sqrt{\gamma_1^+\gamma_2^-}+\sqrt{\gamma_1^-\gamma_2^+}\right)$$

(1.33)

式中,θ 为接触角。

基于 XDLVO 理论,水介质中物质的凝聚自由能(ΔG_{121})提供了一种定量计算物质亲疏水性的方法:

$$\Delta G_{121}=-2\gamma_{12}=-2\left(\sqrt{\gamma_1^{LW}}-\sqrt{\gamma_2^{LW}}\right)-4\left(\sqrt{\gamma_1^+\gamma_1^-}+\sqrt{\gamma_2^+\gamma_2^-}-\sqrt{\gamma_1^+\gamma_2^-}-\sqrt{\gamma_1^-\gamma_2^+}\right)$$

(1.34)

如果 $\Delta G_{121}>0$,物质表面被认为具有亲水性,反之,则为疏水性;而且,绝对值越大,表示亲疏水性越强。

然而,XDLVO 理论仅适用于评估两平面固体表面之间的界面自由能,而 Derjaguin(DA)方法[9]可以进一步描述光滑球形颗粒与光滑平面表面之间的界面自由能。基于 DA 方法,光滑球形颗粒与光滑平面表面之间的界面自由能(U_{123}^{TOT}、U_{123}^{LW}、U_{123}^{AB} 和 U_{123}^{EL})可通过以下公式计算:

$$U_{123}^{TOT}=U_{123}^{LW}+U_{123}^{AB}+U_{123}^{EL}$$

(1.35)

$$U_{123}^{LW}(d)=2\pi\Delta G_{123,d_0}^{LW}\frac{d_0^2R}{d}$$

(1.36)

$$U_{123}^{AB}(d)=2\pi R\lambda\Delta G_{123,d_0}^{AB}\exp\left[\frac{d_0-d}{\lambda}\right]$$

(1.37)

$$U_{123}^{EL}(d)=\pi\varepsilon_0\varepsilon_r R\times\left\{2\xi_1\xi_3\ln\left[\frac{1+\exp(-\kappa d)}{1-\exp(-\kappa d)}\right]+(\xi_1^2+\xi_3^2)\ln\left[1-\exp(-2\kappa d)\right]\right\}$$

(1.38)

式中,R 为球形颗粒的半径(nm)。

由于该方法假定膜表面或者污染物平面是光滑的,因此难以准确计算污染物与粗糙界面之间的相互作用能。为了克服这一缺陷,有研究提出表面元素集合法(SEI)结合复合 Simpson 的计算方法[10]。表面元素集合法的本质是对单位面积作用能[$\Delta G(h)$]与其对应的微分平面单元在整个平面上进行积分,具体为:

$$U(h) = \iint \Delta G(h) \, \mathrm{d}A \tag{1.39}$$

$$\mathrm{d}A = r \mathrm{d}\theta \mathrm{d}r \tag{1.40}$$

式中,$\mathrm{d}A$ 为微分面积;r 是圆环半径;$\mathrm{d}\theta$ 是对应于微分圆弧的微分角;h 为圆弧与粗糙平面之间的垂直距离,可用下式计算:

$$h = D + R + l_a - \sqrt{R_2 - r_2} - f(r, \theta) \tag{1.41}$$

式中,D 为颗粒与膜面最近处的距离;R 为颗粒半径;l_a 为膜表面粗糙的幅度;$f(r, \theta)$ 为圆弧投影位置的振幅,其与粗糙平面的形态有直接关系。

将式(1.39)、式(1.40)和式(1.41)合并,则有:

$$U_{121}^{\mathrm{LW}} = \int_0^{2\pi} \int_0^R \Delta G^{\mathrm{LW}} \left[D + R + l_a - \sqrt{R^2 - r^2} - f(r, \theta) \right] r \mathrm{d}r \mathrm{d}\theta \tag{1.42}$$

$$U_{121}^{\mathrm{EL}} = \int_0^{2\pi} \int_0^R \Delta G^{\mathrm{EL}} \left[D + R + l_a - \sqrt{R^2 - r^2} - f(r, \theta) \right] r \mathrm{d}r \mathrm{d}\theta \tag{1.43}$$

$$U_{121}^{\mathrm{AB}} = \int_0^{2\pi} \int_0^R \Delta G^{\mathrm{AB}} \left[D + R + l_a - \sqrt{R^2 - r^2} - f(r, \theta) \right] r \mathrm{d}r \mathrm{d}\theta \tag{1.44}$$

XDLVO 理论被广泛应用于解析膜分离过程中存在的膜污染问题。通过定量描述膜与污染物之间的界面自由能,包括极性作用力、范德瓦耳斯力和静电双电层作用力,可以深入理解膜污染的机制。这种理论不仅可以解析以水溶液为介质的膜污染行为,还可以用于解析以有机溶剂为介质的膜污染行为。基于 XDLVO 理论的分析,可以为膜污染控制提供理论指导。

1.1.4　膜法水处理应用

膜分离技术兼具有分离、浓缩和纯化的功能,又具有分离精度高、稳定性好、过程简单、易于控制等优点,目前已在环保、食品、医药、生物等众多领域得到广泛应用,产生了巨大的经济效益和社会效益,已成为当今分离科学中最重要的手段之一。在水处理领域,膜分离技术主要应用在饮用水水质净化、海水和苦咸水淡化以及废水/污水处理与回用等领域。

1. 饮用水净化

常规的净水处理工艺流程主要包括混凝、沉淀、过滤、消毒等,以去除水中的胶体、悬浮物、细菌、病毒等杂质。但是这些过程很难去除水中低浓度的持久性有机污染物,如有机磷农药、内分泌干扰物和全氟化合物等,且消毒过程中还可能产生有毒副产物。膜分离技术完全可以替代这些过程:微滤可以去除水中的悬浮颗粒物和细菌,超滤可以去除生物大分子和病毒,纳滤可以去除多价离子、重金属离子以及较大有机污染物分子,而反渗透几乎可以去除各种杂质(表 1-1),且无需添加任何药剂。欧美等一些国家已经开始将膜分离技术作为21 世纪饮用水生产的优选技术。此外,膜分离技术的众多优点使其成为饮用水深度处理的主流技术,例如矿泉水的生产利用到超滤技术,饮用纯净水的生产利用到反渗透技术,家庭净水器用到纳滤技术或反渗透技术。膜分离技术在保障饮用水安全方面正发挥着不可替代的作用。

2. 海水和苦咸水淡化

淡水资源的匮乏是一个日益严重的全球问题,而人口的不断增长和经济社会的发展又进一步加剧了这一问题。地球上超过98%的水源由于含盐量高而不能直接饮用,因此,海水淡化是解决世界上许多地区日益严重的水资源短缺问题的一个重要手段。海水淡化是指从海水或苦咸水中去除盐和矿物质的过程,以获得适合人类消费以及工业和家庭使用的淡水。在过去的30年里,海水淡化技术在世界上许多干旱地区取得了巨大的进展,例如中东地区和东南亚国家。用于水淡化的分离过程有很多,例如,利用相变过程(如蒸发和冷凝)的热脱盐法、膜分离法(反渗透,电渗析和膜蒸馏等)、离子交换法以及冷冻法等。膜分离技术由于其分离效率高、产品质量稳定、运行费用低、碳足迹小等优点已成为海水淡化、苦咸海水淡化最有前途和实用的途径。目前,反渗透技术是海水淡化的主流技术,世界上约有50%的海水淡化系统使用反渗透技术[11]。

3. 废水/污水处理

污水包括生活污水和工业废水,而工业废水可分为生产废水、生产污水和冷却水,往往含有工业生产原料、中间产品、副产品和污染物。膜分离技术在废水处理中的应用已经过了几十年的发展历史,几乎覆盖了所有涉及废水/污水的行业,如石油、化工、纺织等。综合考虑成本、处理量和出水水质等因素,膜分离技术适合处理含有较低浓度、难生物降解污染物的废水/污水。针对不同的使用场景,需合理选择适当的膜分离类型。在市政污水处理或回用中,膜技术设备常置于二级处理后,用于污水的深度处理,多以微滤、超滤替代传统深度处理中的沉淀、过滤、吸附、除菌等预处理,以纳滤、反渗透进行水的软化和脱盐。微滤或超滤还常作为反渗透的预过滤,去除水中的胶体、细菌等,以减小反渗透的分离负荷。纳滤或反渗透特别适合对低浓度、高毒性、难生物处理废水的深度处理,相较于其他物理、化学过程,具有简单高效、低成本、处理效果好的优势。

膜分离技术常与其他技术耦合联用,例如,将膜分离技术和生物处理技术联用的膜生物反应器(membrane bioreactor,MBR)。在膜生物反应器中,膜分离技术可截留活性污泥,取代传统生物处理中的末端二沉池,并保持高活性污泥浓度,提高生物处理有机负荷,从而大大减小污水处理设施占地面积。此外,分离膜还可截留水中的大分子有机物,提高出水水质。膜生物反应器被公认为是废水处理中最成功的混合膜系统之一,在世界范围内得到广泛的应用。

4. 资源回收

膜分离技术可通过筛分原理对水中的物质进行富集、浓缩和回收,而且过程无相变,是最具发展潜力的对水中资源回收再利用的技术之一。目前,膜分离技术已广泛应用在废油、废漆等的回收再利用领域,在减少废水排放和降低资源浪费等方面发挥着重要作用。未来,随着膜分离技术的不断发展,有望实现对废水中有机物、矿物质、金属等物质的全分离回收,在降低污染的同时变废为宝,实现水资源的综合回用。膜分离技术的分离原理和特点使得其成为未来"零/近零"排放水处理技术的核心单元之一。

正因为膜分离技术的众多优点,我国对膜分离材料的开发以及相关技术的应用十分重视。国务院于 2015 年 5 月印发的部署全面推进实施制造强国的战略文件《中国制造 2025》明确提出将高性能膜材料作为发展重点之一;工业和信息化部、发展改革委、科技部、财政部于 2016 年印发的《新材料产业发展指南》将高性能分离膜材料列入关键性战略材料;国家发展改革委在《产业结构调整指导目录(2024 年本)》中将功能性膜材料、陶瓷膜、药物生产过程中的膜分离等技术开发与应用、纳滤膜和反渗透膜纯水装备等列入鼓励类目录。我国膜分离技术发展到现在已经有 60 年的历史。进入千禧年之后,由于水处理需求爆发式增长,我国膜产业迅速崛起,从 2009 年到 2021 年的复合增长率高达 24.8%,2023 年我国膜工业总产值超 4300 亿元,占全球总产值的 30% 以上,预计 2025 年将达到 5000 亿元[12]。

1.2　导电膜概述

尽管膜分离技术在水处理领域具有众多优点,但仍存在一些问题,例如分离膜的渗透性和选择性之间的相互矛盾问题,即渗透性和选择性难以同时提高,以及传统分离膜在长期运行中的膜污染、老化和腐蚀问题。碳纳米管和石墨烯等碳纳米材料具有独特的结构和性质、优异的化学稳定性以及优异的导电性。近年来,基于这些碳纳米材料的高性能分离膜得到了广泛关注和深入研究。同时,基于它们良好的导电性,利用电化学进一步提高其分离性能、增强其抗污染能力的研究也取得了重要进展。在这些研究中,导电分离膜不仅具有分离功能,还兼作电化学系统中的电极,当施加一定的电势时,展现出传统分离膜所不具备的新功能。

1.2.1　导电碳材料膜

碳材料一般具有优异的化学稳定性。基于碳材料的分离膜可以解决传统高分子分离膜易老化以及抗氯性较差的问题,得到了越来越广泛的关注。根据碳材料的来源不同,碳质膜可分为碳化膜和碳纳米材料膜。

1. 碳化膜

碳化膜主要是通过在惰性气氛下高温碳化预先制备的膜坯制得,碳化温度一般为 600 ~ 1200℃。膜坯通常由成本较低、残碳量较多的材料制成,例如煤渣和高分子聚合物等[13,14]。由于在碳化过程中膜坯上的微孔会急剧收缩,且大量的氧被去除,所得的碳化膜具有很小的孔径和较强的疏水性,所以碳化膜起初主要用于气体分离。随着后来制备方法的多元化以及碳质膜本身耐酸碱、耐高温、耐腐蚀的优异性能,它们逐渐被用于水处理应用中[13,15]。除此之外,碳化膜还可以作为稳定的基底负载多种催化剂,例如二氧化钛(TiO_2)、二氧化锡(SnO_2)和四氧化三钴(Co_3O_4),构建具有高电化学活性的分离膜,用于氧化分解水中的污染物[16-18]。

2. 碳纳米材料膜

碳纳米材料膜主要通过组装碳纳米材料制得。常见的碳纳米材料有碳纳米管(carbon

nanotube，CNT)和石墨烯(graphene)。由于碳纳米材料自身独特的结构和性质,所制得的碳纳米膜往往具有优异的性能,例如高渗透性、高选择性、高导电性以及高化学惰性等。

(1)碳纳米管膜。碳纳米管是由呈六边形排列的碳原子完美连接构成的一维管状纳米材料,包括单壁碳纳米管、双壁碳纳米管和多壁碳纳米管。碳纳米管具有高长径比(一般在1000∶1 以上)、低密度(0.5 ~ 4.5g/m³)[19]、高化学稳定性(耐酸碱,空气中能承受 300 ~ 400℃)、高机械强度(杨氏模量可达 1.0TPa 以上)[20] 以及优异的电学(电导率可达 2×10^5S/cm)[21]和光学性能等特性,在化学、物理、材料科学等许多领域中得到了广泛的研究。碳纳米管具有原子级光滑的、疏水性的石墨化内表面。分子动力学模拟发现,水分子可以进入碳纳米管的一维内腔内,且当其内直径从纳米尺度降低到亚纳米尺度时,水分子的排布从类似宏观水的无序状态转变为在其中心轴线形成氢键连接的"水线"结构(图 1.3)[22-24]。此外,模拟还发现碳纳米管孔道内外的水分子在热动力学上是平衡的。这个发现揭示了纳流体系中一个非常重要而又反直觉的现象:纳米限域效应可以使相互作用能的分布变窄,从而降低化学势[20]。这种纳米限域下水分子的一维氢键结构与细胞膜中水通道蛋白内水分子的排布结构非常相似。碳纳米管疏水内孔道表面与水分子之间的弱相互作用力以及其原子级光滑的性质使得水分子可以在其中近乎无摩擦地流动,以至于水的传输行为不能再用Hagen-Poiseuille 流动模型来解释。分子动力学模拟发现,单个碳纳米管在 1ns 内可以传输5.8 个水分子,其速率与水通道蛋白传输水分子的速率相当[25]。碳纳米管这种独特的结构和性质使得其具有构建下一代高性能分离膜的巨大潜力。目前,常见的碳纳米管分离膜主要有两类:垂直取向的碳纳米管阵列膜和相互贯通交错的无序碳纳米管膜。

图 1.3　碳纳米管内部氢键连接的水线结构[22]

碳纳米管阵列膜可视为垂直排列的大面积碳纳米管方阵,如图 1.4(a)所示。碳纳米管阵列膜的制备主要包括两个步骤:①化学气相沉积法生长碳纳米管阵列;②去掉基底和碳纳米管两端的封帽。碳纳米管阵列膜的研究兴起于 2004 年前后。在这一年,Hinds 等首先利用化学气相沉积技术制备碳纳米管阵列样品,再通过物理滴加和旋涂方法把其封装在聚苯乙烯基质里,最后利用水等离子体刻蚀技术去除表面多余的聚苯乙烯并打开碳纳米管两端的封口得到碳纳米管阵列膜[26]。他们发现氮气在此碳纳米管膜里的传输速率与克努森模型理论计算值相当。这可能是最早展示这种较大面积碳纳米管阵列膜制备的工作,对后续研究具有重要的指导和借鉴意义。2005 年,Hinds 课题组利用同样的方法制备了孔径(碳纳米管的内直径)为 7nm、孔密度为 $5 \times 10^{10}\,cm^{-2}$ 的碳纳米管阵列膜,发现水分子的传输速率比传统液体流动模型理论值高出 4 ~ 5 个数量级,流动速率可达 10 ~ 44cm/s,而且,传输速率并不会随着液体黏度的增大而减小,而是随着液体的亲水性的增加而增加[27]。这个发现与传统水力学理论是相悖的。他们将其超高的分子流动速率归因于碳纳米管近乎绝对光滑的内表面。同时他们还指出,相较于亲水性的液体分子,疏水的液体分子与碳纳米管表面之间会有一个更强的相互作用力,这是传输速率随着液体亲水性的增加而增加的原因。2006 年,Holt 等报道了一种孔径更小(<2nm)的碳纳米管阵列膜,测得的气体通量比 Knudsen 扩散模型理论值高出 1 个数量级,水通量比连续水动力学模型理论值高出 3 个数量级,与分子动力学模拟值相当[28]。2011 年,Hinds 课题组研究发现碳纳米管管口一旦被分子修饰后,水分子透过速率下降了 2 个数量级,而内表面被修饰后水分子透过速率更是下降了 4 个数量级[29],实验证实了碳纳米管光滑的内表面是水分子高传输速率的一个重要原因。

　　碳纳米管阵列的密度可以通过溶剂蒸发或机械压缩进一步增大,当碳纳米管的内径与管间距相当时,碳纳米管的内腔以及碳纳米管之间的间隙都可以作为传质通道。研究发现,当内径和管间隙都为 3nm 时,这种碳纳米管阵列膜的氮气透过速率比封装的碳纳米管阵列膜的透过速率高出 3 ~ 7 个数量级[30];当内径和管间隙约为 6 ~ 7nm 时,纯水透过速率达到了 30000L/(m²·h·bar),比具有相同孔径的传统分离膜高出 2 ~ 3 个数量级[31]。除具有高的渗透通量外,这种碳纳米管阵列膜还具有传统分离膜所不具有的独特性质。Lee 等发现,当单纯碳纳米管之间的间隙作为膜孔时,水通量会随着孔径的减小而增大[31]。这个发现和经验理论是相悖的。他们认为,水分子与原子级光滑的、疏水的碳纳米管表面之间的作用力非常弱,水分子在孔道内可自由滑移传输,是碳纳米管阵列膜高通量的原因,而它们的膜孔径越小,可利用的碳纳米管表面就越多,水动力学阻力就越小,水通量也就越大。这个发现具有重要的意义,为解决膜的透过性和选择性之间的矛盾问题提出了新的思路。尽管碳纳米管阵列膜具有优异的渗透性,但是其制备工艺较为复杂,成本较高,特别是其大面积制备始终无法取得突破性进展,碳纳米管阵列膜的发展也因此逐渐进入瓶颈期。

　　无序碳纳米管膜是碳纳米管之间无规则地相互交错、缠绕所形成的薄膜,碳纳米管之间的空隙作为不规则的膜孔。无序碳纳米管膜往往具有非对称结构,碳纳米管层作为分离层,涂覆在多孔基底上,以提高自身的耐压性,如图 1.4(b)所示。常见的制备方法包括真空抽滤法、表面自组装法和层层组装法等[32]。制备高质量无序碳纳米管膜的关键是如何把碳纳米管均匀分散在溶剂中,并得到稳定的分散液。因此,碳纳米管通常需要后处理,如浓硫酸/浓硝酸混酸处理、表面化学接枝和低温煅烧氧化等,以提高碳纳米管的亲水性。这种无序碳纳米管膜具有较高的孔隙率、高的渗透通量和良好的导电性,且制备简单、成本较低,具有产业化应用的潜力。但在实际应用之前,还需要解决其规模化制备问题、机械强度问题以及成本控制问题等。

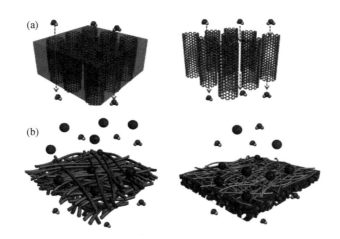

图 1.4 （a）碳纳米管阵列膜（左：有填充基质；右：无填充基质）；（b）无序碳纳米管膜
（左：无基底；右：有基底）

（2）石墨烯膜。石墨烯是由 sp^2 杂化的碳原子组成的蜂窝状平面薄膜，是一种只有一个碳原子层厚度的二维纳米材料，也是一种目前已知的最薄固体材料。自被发现以来，石墨烯在基础物理、化学、材料科学以及器件化应用等领域都得到了极大的关注。由于其独特的单原子层二维结构、优异的机械性能和化学稳定性，石墨烯在膜技术领域也同样得到了广泛的探索和应用。一般地，分离膜的渗透通量与其膜厚成反比。石墨烯具有最薄的厚度，因此理论上单层石墨烯分离膜可具有无可超越的透过性。此外，石墨烯具有优异的机械强度，可以承受高达 6 个大气压而不破损。这些性质使得石墨烯成为理想的膜材料之一。但由于石墨烯 π 轨道上致密的离域电子云，碳原子芳环的几何孔径仅为 0.064nm[33]，几乎小于所有分子的尺寸（包括氦气分子和氢气分子）。最初，Bunch 等发现即使是最小的氦气分子也无法穿透只有一个碳原子层的石墨烯薄膜[34]。Sun 等基于高精度实验检测进一步证实了多数气体（氦气、氮气、氧气、氩气和氙气）确实不可透过无缺陷的石墨烯，而氦气分子能极缓慢地透过。但是，他们也发现氢分子却比氦分子具有更高的透过速率。他们把这一异常现象归因为氢分子可在具有催化活性的局部弯曲或受应力的单层石墨烯的波纹处发生解离，而解离后的氢原子被吸附到石墨烯表面并以较低的活化能翻越到石墨烯层的另一面[35]。分子动力学模拟发现，去除石墨烯上部分碳原子形成纳米孔后，在具有 99% 盐截留率的情况下，单层石墨烯膜的水透过速率为 66L/（cm² · d · MPa），高出传统反渗透膜水渗透速率 2~3 个数量级[36]。石墨烯分离膜的超高渗透性也可以通过实验证实。Surwade 等利用氧等离子体刻蚀技术在单层石墨烯上刻孔得到了孔径为 0.5~1nm 的多孔石墨烯膜。当用压力差作为驱动力时，测得其水通量可达 10⁶g/（m² · s），同时对盐的截留率近乎 100%[37]。Celebi 等采用镓聚焦离子束刻蚀技术成功地在双层石墨烯上造出分布极窄、大小为 <10nm 到 1μm 的纳/微米孔。实验测试发现，这种具有原子级厚度的石墨烯膜的气体分子、水分子、水蒸气分子的透过性比传统高分子膜高出若干个数量级[38]。

尽管单层（或少层）石墨烯分离膜具有无可比拟的高透过性，但是现有的制备方法较为复杂，依赖昂贵的设备仪器，对工艺要求较高。而且，难以低成本、大面积制备也限制了它们的进一步发展。

氧化石墨烯(graphene oxide,GO)是石墨烯的一种衍生物。二者结构非常相似,都是具有原子级厚度的二维结构,不同点是氧化石墨烯具有更多的缺陷和含氧官能团,具有良好的水分散性。氧化石墨烯主要通过化学氧化石墨粉末并将其超声剥离获得,目前已经可以规模化生产,制备成本较低。通过真空抽滤、界面自组装、旋涂等方法,氧化石墨烯纳米片可以被层层堆叠,最终组装成具有层状结构的氧化石墨烯薄膜,纳米片层之间可以形成独特的二维孔道结构。研究发现,分子穿透这种氧化石墨烯分离膜的速率与膜厚度、分子类型等有很大关系。当氧化石墨烯膜厚度达到微米级时,气体(包括氩气、氢气、氮气甚至是氦气)和有机液体(包括丙酮、乙醇、正己烷、癸烷和丙醇)几乎不能透过该分离膜,但水分子可以无障碍通过,其透过速率比氦气的透过速率至少高 10 个数量级[39]。但当厚度减小到若干纳米时,氧化石墨烯分离膜能够允许某些气体分子(例如氧气、氢气、氮气)透过[40,41]。分子在氧化石墨烯膜中传质速率的差异可以实现气体混合物的高效分离。

氧化石墨烯含有两种区域:亲水的功能化(被氧化)区域和疏水的原始(未被氧化)区域。前者含有大量的含氧官能团,如羟基(—OH)、羧基(—COOH)、环氧基(C—O—C)等,在氧化石墨烯分离膜中起到间隔作用,使氧化石墨烯片层之间相互分离形成孔道结构;而后者提供光滑的界面允许水分子无摩擦地流动[42]。因此,理论上氧化石墨烯膜具有优异的选择性和渗透性。但由于其丰富的含氧官能团,水分子能够通过氢键作用不可控地增加其层间距,产生溶胀现象,造成其选择性的降低。此外,水分子可以与某些含氧基团(如羟基和环氧基)形成氢键,阻碍水分子的快速传输。针对溶胀问题,目前已开展较多研究,提出的解决方法主要包括:①机械束缚法,利用外界作用力(如机械压力、树脂包埋等)阻止石墨烯分离膜层间距显著增加[43,44];②分子交联法,利用分子将相邻石墨烯纳米片交联[45,46];③阳离子交联法,利用阳离子与石墨烯 π 体系之间的相互作用力阻止层间距扩张[47,48];④化学还原法,通过化学试剂或热还原减少石墨烯上的含氧官能团,降低其亲水性和荷电量,降低石墨烯纳米片之间的亲水排斥力和静电排斥力[49,50]。这些方法在一定程度上解决了石墨烯分离膜溶胀的问题,且可以通过控制交联分子尺寸、阳离子半径以及还原程度调控层间距。在这些方法中,还原法不仅可以克服溶胀问题,还可以在一定程度上减少氧含量,有助于更多超快水传输通道的构建,但是过度还原会使所得还原的氧化石墨烯(reduced graphene oxide,rGO)膜的层间距只有 0.36nm。此时,几乎所有的气体和液体分子都不能透过该分离膜。为了尽可能多地保留石墨烯通道,一些纳米材料(如碳纳米管、碳量子点和纳米银等)被插入还原的氧化石墨烯层间内,阻止其紧密堆积,同时调控其荷电性、亲水性和层间距[51-53]。此外,氧化石墨烯膜孔道的二次构建,例如增加氧化石墨烯的缺陷和褶皱、制备多孔的氧化石墨烯、构建新的纳米孔道等,可以增加水传输通道、减少水分子传输路径,从而进一步增加其水渗透通量。

1.2.2 导电 MXene 膜

MXene 是一类具有二维层状结构的过渡金属碳/氮化物的通称,其化学通式为 $M_{n+1}X_nT_x$($n=1\sim3$),其中,M 代表过渡金属,如 Ti、Zr、V、Mo 等,X 代表 C 或 N 元素,T_x 为表面基团,通常为—OH、—O、—F 和—Cl。由于其与石墨烯类似的二维薄膜结构,因而得名 MXene。剥离的 MXene 纳米片厚度为几个纳米,可在多孔支撑体上堆叠成层状分离膜,相邻纳米片层间形成规则的纳米通道。基于 $Ti_3C_2T_x$ 的层状分离膜在湿态下的层间间距约为 0.64nm,可以允许水传输,但截留尺寸大于层间距的其他分子。表面基团的存在使得 MXene 分离膜通常具有良好的亲水性(水接触角为 25°~60°)以及较高的表面电荷密度(Zeta 电位为-30~-80mV)。此外,MXene 分离膜还具有优异的导电性能(高达 10000S/cm)[54]、高杨氏模量(约 0.33TPa)[55]以及抗菌性能[56]。

用于水净化的 MXene 分离膜主要通过两种机制进行分离:孔径筛分和 Donnan 排斥。层间距的大小在孔径筛分机制中起着关键作用,小于层间距的离子、分子可通过,而大于层间距的离子、分子被截留。MXene 分离膜表面带有负电荷,可以静电排斥带负电荷的分子和离子,同时为了维持溶液整体的电中性,阳离子同时被截留,即 Donnan 效应。

MXene 分离膜在废水处理等方面的应用得到了广泛的探索。Li 等利用横向尺寸为 2~4μm 的 $Ti_3C_2T_x$ 纳米片制备了高度规则堆叠的 $Ti_3C_2T_x$ 分离膜,并实现了对 7 种典型抗生素的高效分离去除,其溶剂渗透速率比相似抗生素截留率的聚合物纳滤膜高出一个数量级[57]。Rasool 等报道了 MXene 膜可以抑制革兰氏阴性菌和阳性菌的生长,也发现 MXene 膜暴露于自然空气后表现出更高的抗菌活性[58]。与层状石墨烯膜相比,MXene 膜的优势在于 MXene 纳米片具有刚性,可以构建更加均一的二维孔道,但问题是 MXene 纳米片的化学稳定性较差,易被氧化。

1.2.3 其他导电膜

导电聚合物是一类具有共轭 π 键且经化学或电化学"掺杂"后能够导电的高分子材料。导电聚合物具有高分子聚合物的一般结构和特点,常见的有聚吡咯、聚噻吩、聚乙炔和聚苯胺等。这些材料延展性较差,单独加工成膜困难,因此常被和其他材料一起制成复合膜。导电聚合物分离膜既具有导电聚合物的特性,又具有常见聚合物的柔韧性。聚苯胺(polyaniline,PANI)复合膜是一种常见的水处理导电聚合物分离膜,其制备思路通常为把聚苯胺纳米纤维抽滤沉积到多孔滤膜基底上,或者将聚苯胺纳米纤维与其他高分子材料共混,通过相转化法制得复合膜。近年来,聚(3,4-乙烯二氧噻吩)/聚(4-苯乙烯磺酸)(PEDOT/PSS)这种导电聚合物得到了广泛的研究和应用。它具有优异的导电性,而且可稳定分散在水中制成深蓝色分散液。聚(3,4-乙烯二氧噻吩)/聚(4-苯乙烯磺酸)具有一维纳米线结构,相互缠绕可形成多孔结构的分离膜[59]。

多孔金属膜是一种利用金属粉粒之间的空隙进行分离的分离膜,具有机械强度高、耐高温、导电性好的优点。多孔金属膜多为微滤膜,通常通过烧结金属粉粒而制得,常见的多孔金属膜有多孔不锈钢膜、多孔镍膜等。金属膜成本较为昂贵,且在水中易被腐蚀,发展较为缓慢[60]。除了金属膜,某些金属氧化物也可制成导电膜,如七氧化四钛(Ti_4O_7)膜。这类导电膜机械强度和化学稳定性较差,研究较少。

1.3　膜分离/电化学耦合机制与系统

1.3.1　膜分离/电化学耦合机制

对于一个典型的膜法水处理过程来说,水分子应该穿透膜,而污染物被膜截留。为了最大限度地提高过滤效率,水分子应该尽可能快/多地穿透膜,同时尽可能多的污染物被截留。然而,过滤效率会受到分离膜的性质(如亲水性、Zeta 电位)、结构(如厚度、孔隙率和孔结构)以及进水水质(包括 pH、离子强度、浓度和污染物类型)等因素的限制,而其中的很多因素都是通过静电作用影响膜的分离性能,例如,膜和离子之间的静电排斥(Donnan 效应)、膜/溶液界面的双电层、膜对离子和带电分子的静电吸附以及膜表面羧基的电离等。因此,合理调节静电相互作用可以显著提高膜性能。例如,可通过增强 Donnan 效应提高膜对离子或带电分子的截留能力。

导电膜中存在可自由移动的电子。在外电源电势差的推动下,这些自由电子可定向移动,因此导电膜还可以作为电极使用。在水中,导电膜、对电极、外部电源三者可构成一个完整的电化学体系。当给导电膜施加不同极性、不同大小的电势时,膜/溶液界面处会诱发一系列电化学效应(图 1.5),并提高分离膜的选择性、渗透性以及抗污染能力,甚至赋予分离膜新的功能。

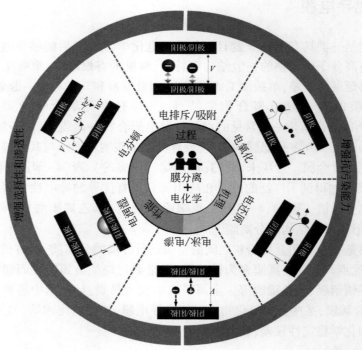

图 1.5　膜分离与电化学耦合机制

1. 静电排斥和静电吸引

当给导电膜施加正电势时,其中的自由电子会向对电极转移,导电膜因缺电子而带正电荷;当给导电膜施加负电势时,对电极上的电子会向导电膜上转移,导电膜因积累了电子而带负电荷。当水中的污染物分子因电离、配位或吸附等作用而带有电荷时,可以给导电膜施加一个电性相反的电势,从而吸引污染物到达膜表面。这种电增强吸附作用可以使具有大孔径的超滤膜甚至是微滤膜实现对小分子污染物的高效去除。

根据 Donnan 位阻孔模型,对于表面荷电的纳滤膜,反离子(与膜所带电荷极性相反)会因静电吸引作用在膜/溶液界面处积聚,导致浓度高于本体溶液的浓度。而同离子(与膜所带电荷极性相同)会因静电排斥作用远离膜表面,导致浓度低于本体溶液的浓度。这使得膜和本体溶液之间形成 Donnan 电势差,可以阻止共离子和反离子转移到膜中。给导电膜施加额外的电势可以增加表面电荷密度并扩大 Donnan 电势差,从而提高膜的选择性。

静电排斥力也可存在带电分子、胶体和导电膜之间。通过电化学增强的静电排斥作用可以抑制污染物接触或黏附膜表面,从而有效减缓膜污染。对于一个带电微粒,其受到的静电排斥力(F_{er})可通过表面初等积分方法计算[61]:

$$F_{er} = 2\pi \int_0^r \left[-\frac{\delta F^e}{\delta x}\left(x+a-a\sqrt{1-\left(\frac{r}{a}\right)^2}\right) + \frac{\delta F^e}{\delta x}\left(x+a+a\sqrt{1-\left(\frac{r}{a}\right)^2}\right) \right] r\mathrm{d}r \tag{1.45}$$

$$F_{vdw} = -\frac{A}{12r}\left(\frac{2}{z}-\frac{1}{z^2}-\frac{2}{z+1}-\frac{1}{(z+1)^2}\right) \tag{1.46}$$

式(1.45)中,$\delta F^e/\delta x$ 为分离距离 x 处自由能函数的导数;a 为固定颗粒半径;r 为可变颗粒半径。式(1.46)中,F_{vdw} 为范德瓦耳斯力;A 为 Hamaker 常数;z 为分离距离与颗粒直径(d)之比(x/d)。

总的静电力 F_{total} 为静电排斥力(F_{er})与范德瓦耳斯力(F_{vdw})之差。以褐藻酸颗粒为例,-1.519V $vs.$ Ag/AgCl 的电势最大可产生 1.12nN 的排斥力[62]。

2. 电化学氧化

当导电膜上的阳极电势高到一定的程度时,导电膜会"夺取"其表面污染物分子上的电子使其氧化分解。此外,水分子在膜阳极(M)上可失去一个电子生成羟基自由基(HO·),即物理吸附的"活性氧"[M(HO·)],如式(1.47)所示。在活性膜阳极上,M(HO·)可转化为能量更高的氧化物晶格中的"活性氧"[M(O)],即化学吸附的"活性氧",如式(1.48)所示。它们都能氧化降解污染物。污染物在电极上被直接氧化降解的过程称为直接氧化。同时,H_2O 分子和 Cl^- 离子等物质的电子也可转到导电膜阳极上,生成高活性的游离的羟基自由基和氯自由基(Cl·)等。这些自由基可以与污染物分子发生反应并使其降解,这个过程称为间接氧化。直接氧化和间接氧化都可以通过多电子转移过程使细菌和病毒失活,抑制它们在膜表面繁殖从而有效减缓生物污染。

$$M + H_2O \longrightarrow M(HO·) + H^+ + e^- \tag{1.47}$$

$$M(HO·) \longrightarrow M(O) + H^+ + e^- \tag{1.48}$$

电化学耦合膜分离过程可以有效氧化去除分离膜无法截留的小分子污染物,也可氧化分解被截留在膜表面或孔道内的污染物,提高分离膜去除污染物的能力,同时减缓膜污染。而膜过滤过程可强制使污染物接触膜表面或进入膜孔道,增大传质效率,因而有助于提高电化学反应动力学。Vecitis 等的工作已经证明了这一结论:他们发现电化学辅助碳纳米管膜过滤染料分子的过程中,电流密度比间歇式电化学过程提高了 6 倍[63]。Vecitis 等的研究还发现,电化学辅助膜过滤过程的能耗仅为 0.7 ~ 1.75kWh/kgCOD,远低于传统电化学氧化过程的 5 ~ 100kWh/kgCOD[64]。

在反渗透或纳滤膜分离过程中,水中的 Ca^{2+}、Mg^{2+} 离子会被截留在膜表面。当积累到一定浓度的时候,它们会以 $CaCO_3$、$MgCO_3$ 或 $Mg(OH)_2$ 的形式沉积在膜表面,严重堵塞膜孔。当膜阳极电势大于某一值时,水中氢氧根(OH^-)离子的电子会转移到膜上并生成 O_2 和 H^+(析氧反应),如式(1.49)所示。该过程可在膜表面创建一个酸性微环境,并可溶解这些矿物垢,从而使膜再生。

$$2H_2O \longleftrightarrow 2H^+ + 2OH^- \longrightarrow 4H^+ + O_2 + 4e^- \tag{1.49}$$

3. 电化学还原

当给导电膜施加一个合适的负电势时,它可以利用水中溶解的氧气通过两电子氧还原过程(oxygen reduction reaction,ORR)合成 H_2O_2[式(1.50)]。H_2O_2 是一种氧化性相对比较强的氧化剂,标准氧化还原电位为 $E_0 = 1.763$V $vs.$ SHE。高浓度的 H_2O_2 在运输、储存等过程中易爆炸,而通过电化学原位合成可以有效避免这些风险,因此利用 ORR 合成 H_2O_2 具有很大的发展空间。

$$O_2 + 2H^+ + 2e^- \longrightarrow H_2O_2 \tag{1.50}$$

$$H_2O_2 + Fe^{2+} + H^+ \longrightarrow Fe^{3+} + HO^- + HO \cdot \tag{1.51}$$

$$Fe^{3+} + e^- \longrightarrow Fe^{2+} \tag{1.52}$$

为了进一步提高 H_2O_2 氧化体系的氧化能力,可以向体系中添加少量的 Fe^{2+} 离子,构成一个电芬顿/膜分离耦合系统。电芬顿膜的结构应当精心设计,以保证电芬顿过程的持续发生。例如,有研究报道了一种四层结构的非对称膜[65],自上而下包括:①碳纳米管阴极,负责将 O_2 还原成 H_2O_2[式(1.50)];②表面络合 Fe^{2+} 的碳纳米管阴极($CNT\text{-}COOFe^{2+}$),负责将 H_2O_2 化学活化生成 $HO \cdot$ 和 OH^-,并原位再生 Fe^{2+}[式(1.51)和(1.52)];③多孔聚偏氟乙烯或聚四氟乙烯绝缘层,负责将阴极和阳极分开;④碳纳米管阳极,负责进一步氧化污染物中间体。

当膜作为阴极时,水中的 H^+ 可从膜上得到电子生成 H_2。这些在固液界面上产生的微气泡能够破坏滤饼层,并将污染物从膜表面顶起,实现膜再生。但这一过程的缺点是会消耗较多的电能,且 H_2 微气泡的形成和生长也可能破坏膜结构。

4. 电润湿

由于表面科学在纳米流体和分离技术中的众多应用,表面润湿的电化学控制引起了人们的极大兴趣。具有疏水烷基链和亲水顶端的聚电解质的构象重构已被用于润湿控制。例如,有研究将 16-巯基十六烷基酸自组装在金表面,通过电化学调控带电的羧酸盐尖端与金基底之间的电吸引或电排斥,控制羧酸盐尖端或烷基链的暴露,即控制 16-巯基十六烷基酸分子的直立(亲水)或弯曲(疏水),进而实现金表面的可控电润湿[66]。固体/液体界面电荷的调节或固体表面的直接氧化是控制表面润湿性的另一种电润湿方法。据报道,如果给予高于阈值的电势,碳纳米管薄膜可以实现从超疏水到超亲水的转换[67,68]。

电化学润湿在膜过滤过程中具有重要应用,可以提高分离膜的耐污染性、增加分离膜的渗透性,以及实现按需的油/水分离。通常,亲水性膜的表面具有水合层,可削弱溶质或微生物细胞与膜之间的疏水相互作用,从而赋予它们高的抗污染性能。此外,与疏水性分离膜相比,亲水性膜更容易被水润湿,因此在相同条件可提供更多的水传输通道。这意味着原始疏水性或亲水性较差的分离膜一旦被电化学润湿,它们的透水性可以显著提高。

5. 电门控传输

门控传输膜是近年来受生物细胞膜启发而人工合成的孔径可变分离膜,可在外界物理/化学刺激下,基于膜上特殊基团/分子链的环境刺激响应特性,改变自身的膜孔结构,对离子或分子的跨膜传输进行可逆控制。利用电化学可以很容易地调控氢键的断裂/形成、质子化/去质子化、分子收缩/伸展等,从而使膜表现出电压门控功能。例如,在碳纳米管内腔入口通过电化学修饰上荷电分子链,当给该阵列碳纳米管膜施加负电势时,分子链由于静电斥力而伸展,碳纳米管的内腔通道打开;当给该阵列碳纳米管膜施加正电势时,分子链由于静电引力而收缩在碳纳米管的内腔内,内腔通道空间上被关闭[69],从而表现出对物质传输的门控效应。

6. 电渗和电泳

当电压施加到荷电的多孔分离膜两端时,溶液中的净电荷会在库仑力的驱动下发生移动,同时会带动溶液以一定速度流动,即电渗现象。在适当的电压驱动下,电渗流可以显著提升流体在孔道内的传输速度,提高分离膜的渗透通量。当在导电膜与对电极之间施加较大的电压时,水中的离子和荷电粒子在电场中会定向移动,即电泳现象。当导电膜与荷电物质的电荷极性相同时,这些荷电物质会向远离分离膜的方向移动,从而显著减缓膜污染。

1.3.2 膜分离/电化学耦合系统

为了构建一个完整的电化学辅助膜过滤系统,除了膜工作电极外,还要引入一个对电极。膜工作电极和对电极相对放置,间隔一般为数厘米,之间的电压一般由稳压直流电源提供,由此就构建了一个完整的两电极电化学系统,如图 1.6(a)所示。当对电极做阳极时,其一般选择为电化学活性较为稳定的金属(如铂、钛等)、金属合金(如钌铱钛电极等)或碳材料(如石墨、碳板等);当对电极做阴极时,其一般选择为价格较为便宜的金属,如不锈钢等。如需精确控制导电膜上的电势大小,系统中还要引入一个参比电极,组成一个三电极系统,如图 1.6(b)所示。常见的参比电极有饱和甘汞电极(SCE)和银/氯化银电极(Ag/AgCl)。工作电极电势通常由电化学分析仪或电化学工作站提供。由于参比电极不耐高压,所以三电极体系常应用于非压力驱动或超低压力驱动的膜过程中。与常规膜过滤过程一样,电化学辅助膜过滤过程也分为死端过滤和错流过滤两种形式。死端过滤又称为全量过滤或直流过滤[图1.6(c)],是一种需将进入组件的原水全部处理的过滤模式。在错流过滤中,水流在膜表面产生两个分力,一个是垂直于膜面的法向力,使水分子透过膜面,另一个是平行于膜面的切向力,使得进入膜组件的部分原水流出膜组件[图1.6(d)]。

本书将电化学辅助膜分离水处理工艺简称电膜工艺,主要是指在膜分离过程中,利用电化学原理提高导电膜的分离性能以及抗污染能力等,从而提高出水水质并显著降低能耗的新型水处理工艺

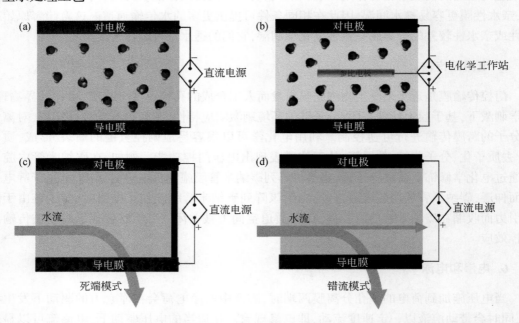

图1.6　电化学辅助膜过滤工艺示意图:两电极系统(a)、三电极系统(b)、死端过滤模式
(c)和错流过滤模式(d)

1.4　本书的内容和目标

本书主要介绍导电分离膜(主要包括碳纳米材料膜、碳化膜、过渡金属碳氮化物膜以及导电高分子膜)的制备技术、性能、分离原理,以及电化学增强其分离性能和抗污染性能的方法和原理、电化学强化膜分离水处理技术的应用示例、碳纳米管导电分离膜耦合电化学的水处理工程示范等。

本书旨在向从事膜分离技术以及水处理技术等领域的科研人员、工程师以及高等院校学生介绍纳米碳基导电分离膜新材料及其制备方法、优异性能、电化学耦合的原理,以及实用化进程中的最新研究进展,以期为我国传统产业升级、人才培养等方面做出有益贡献,为政府决策部门针对水污染控制方案的制定提供一定的技术支持。

参 考 文 献

[1] Wang L, He J, Heiranian M, et al. Water transport in reverse osmosis membranes is verned by pore flow, not a solution-diffusion mechanism. Science Advance, 2023, 9: eadf8488.

[2] Fan H, Heiranian M, Elimelech M. The solution-diffusion model for water transport in reverse osmosis: What went wrong?. Desalination, 2024, 580: 117575.

[3] Bolton G, Lacasse D, Kuriyel R. Combined models of membrane fouling: Development and application to microfiltration and ultrafiltration of biological fluids. Journal of Membrane Science, 2006, 277(1): 75-84.

[4] Van Oss C J. Acid-base interfacial interactions in aqueous media. Colloids and Surfaces A: Physicochemical and Engineering Aspects, 1993, 78(15): 1-49.

[5] 申露文, 沈宗泽, 王一惠, 等. 膜污染层微生物与聚丙烯微滤膜间的界面作用及其吸附特征. 环境科学学报, 2017, 37(7): 2561-2571.

[6] 高欣玉, 纵瑞强, 王平, 等. xDLVO 理论解析微滤膜海藻酸钠污染中 pH 影响机制. 中国环境科学, 2014, 34(4): 958-965.

[7] 屈晓璐. 任意粗糙膜表面的构建及其与膜污染界面作用力的关系研究. 金华: 浙江师范大学, 2018.

[8] 张楠. 超滤膜界面特性与蛋白质和腐殖酸膜污染行为的相关性研究. 西安: 西安建筑科技大学, 2014.

[9] Derjaguin V B. Theorie des Anhaftens kleiner Teilchen. Progress in Surface Science, 1992, 40(1/2/3/4): 6-15.

[10] Lin H J, Zhang M J, Mei R W, et al. A novel approach for quantitative evaluation of the physicochemical interactions between rough membrane surface and sludge foulants in a submerged membrane bioreactor. Bioresource Technology, 2014, 171: 247-252.

[11] Elimelech M, Phillip W A. The future of seawater desalination: Energy, technology, and the environment. Science, 2011, 333: 712-717.

[12] 中国膜工业协会. 2023—2024 中国膜产业发展报告. 2024.

[13] Li C, Song C, Tao P, et al. Enhanced separation performance of coal-based carbon membranes coupled with an electric field for oily wastewater treatment. Separation and Purification Technology, 2016, 168: 47-56.

[14] Saufi S M, Ismail A F. Fabrication of carbon membranes for gas separation—A review. Carbon, 2004, 42: 241-259.

[15] Yin Y, Li C, Song C, et al. The design of coal-based carbon membrane coupled with the electric field and its application on the treatment of malachite green (MG) aqueous solution. Colloids and Surfaces A: Physicochemical and Engineering Aspects, 2016, 506: 629-636.

[16] Liu Z, Zhu M, Wang Z, et al. Effective degradation of aqueous tetracycline using a nano-TiO_2/carbon electrocatalytic membrane. Materials, 2016, 9: 364.

[17] Liu Z, Zhu M, Zhao L, et al. Aqueous tetracycline degradation by coal-based carbon electrocatalytic filtration membrane: Effect of nano antimony-doped tin dioxide coating. Chemical Engineering Journal, 2017, 314: 59-68.

[18] Yin Z, Zheng Y, Wang H, et al. Engineering interface with one-dimensional Co_3O_4 nanostructure in catalytic membrane electrode: Toward an advanced electrocatalyst for alcohol oxidation. ACS Nano, 2017, 11: 12365-12377.

[19] Laurent C, Lahaut E F, Peigney A. The weight and density of carbon nanotubes versus the number of walls and diameter. Carbon, 48, 2010: 2994-2996.

[20] Yao N, Lordi V. Young's modulus of single-walled carbon nanotubes. Journal of Applied Physics, 1998, 84:

1939-1943.

[21] Ebbesen T W, Lezec H J, Hiura H, et al. Electrical conductivity of individual carbon nanotubes. Nature, 1996, 382:54-56.

[22] Hummer G, Rasaiah J C, Noworyta J P. Water conduction through the hydrophobic channel of a carbon nanotube. Nature, 2001, 414:188-190.

[23] Mashl R J, Joseph S, Aluru N R, et al. Anomalously immobilized water: A new water phase induced by confinement in nanotubes. Nano Letters, 2003, 3:589-592.

[24] Wang J, Zhu Y, Zhou J, et al. Diameter and helicity effects on static properties of water molecules confined in carbon nanotubes. Physical Chemistry Chemical Physics, 2004, 6:829-835.

[25] Kalra A, Garde S, Hummer G. Osmotic water transport through carbon nanotube membranes. Proceedings of the National Academy of Sciences of the USA, 2003, 100:10175-10180.

[26] Hinds B J, Chopra N, Bantell T, et al. Aligned multiwalled carbon nanotube membranes. Science, 2004, 303: 62-65.

[27] Majumder M, Chopra N, Andrews R, et al. Nanoscale hydrodynamics: Enhanced flow in carbon nanotubes. Nature, 2005, 438:44.

[28] Holt J K, Park H G, Wang Y, et al. Fast mass transport through sub-nanometer carbon nanotubes. Science, 2006, 312:1034-1037.

[29] Majumder M, Chopra N, Hinds B J. Mass transport through carbon nanotube membranes in three different regimes: Ionic diffusion and gas and liquid flow. ACS Nano, 2011, 5:3867-3877.

[30] Yu M, Funke H H, Falconer J L, et al. High density, vertically-aligned carbon nanotube membranes. Nano Letters, 2009, 9:225-229.

[31] Lee B, Baek Y, Lee M, et al. A carbon nanotube wall membrane for water treatment. Nature Communications, 2015, 6:7109.

[32] Lee J, Jeong S, Liu Z. Progress and challenges of carbon nanotube membrane in water treatment. Critical Reviews in Environmental Science and Technology, 2016, 46:999-1046.

[33] Berry V. Impermeability of graphene and its applications. Carbon, 2013, 62:1-10.

[34] Bunch J S, Verbridge S S, Alden J S, et al. Impermeable atomic membranes from graphene sheets. Nano Letters, 2008, 8:2458-2462.

[35] Sun P Z, Yang Q, Kuang W J, et al. Limits on gas impermeability of graphene. Nature, 2020, 579:229-232.

[36] Cohen-Tanugi D, Grossman J. C. Water desalination across nanoporous graphene. Nano Letters, 2012, 12: 3602-3608.

[37] Surwade S P, Smirnov S N, Vlassiouk I V, et al. Water desalination using nanoporous single-layer graphene. Nature Nanotechnology, 2015, 10:459-464.

[38] Celebi K, Buchheim J, Wyss R M, et al. Ultimate permeation across atomically thin porous graphene. Science, 2014, 344:289-292.

[39] Nair R R, Wu H A, Jayaram P N, et al. Unimpeded permeation of water through helium-leak-tight graphene-based membranes. Science, 2012, 335:442-445.

[40] Kim H W, Yoon H W, Yoon S M, et al. Selective gas transport through few-layered graphene and graphene oxide membranes. Science, 2013, 343:91-95.

[41] Li H, Song Z N, Zhang X J, et al. Ultrathin, molecular-sieving graphene oxide membranes for selective hydrogen separation. Science, 2013, 342:95-98.

[42] Nair R R, Wu H A, Jayaram P N, et al. Unimpeded permeation of water through helium-leak-tight graphene-

based membranes. Science,2012,335:442-445.

[43] Li W B,Wu W F,Li Z J. Controlling interlayer spacing of graphene oxide membranes by external pressure regulation. ACS Nano,2018,12:9309-9317.

[44] Abraham J,Vasu K S,Williams C D,et al. Tunable sieving of ions using graphene oxide membranes. Nature Nanotechnology,2017,12:546-551.

[45] Hu M,Mi B X. Enabling graphene oxide nanosheets as water separation membranes. Environmental Science & Technology,2013,47:3715-3723.

[46] Yuan B Q,Wang M X,Wang B,et al. Cross-linked graphene oxide framework membranes with robust nano-channels for enhanced sieving ability. Environmental Science & Technology,2020,54:15442-15453.

[47] Chen L,Shi G S,Shen J,et al. Ion sieving in graphene oxide membranes via cationic control of interlayer spacing. Nature,2017,550:380-383.

[48] Lv X B,Xie R,Ji J Y,et al. A novel strategy to fabricate cation-cross-linked graphene oxide membrane with high aqueous stability and high separation performance. ACS Applied Materials & Interfaces, 2020, 12: 56269-56280.

[49] Liu H Y, Wang H T, Zhang X W. Facile fabrication of freestanding ultrathin reduced graphene oxide membranes for water purification. Advanced Materials,2015,27:249-254.

[50] Thebo K H,Qian X T,Zhang Q,et al. Highly stable graphene-oxide-based membranes with superior permeability. Nature Communications,2018,9:1486.

[51] Yang E,Alayande A B,Kim C-M,et al. Laminar reduced graphene oxide membrane modified with silver nanoparticle-polydopamine for water/ion separation and biofouling resistance enhancement. Desalination,2018, 426:21-31.

[52] Chen,X F,Qiu M H,Ding H,et al. A reduced graphene oxide nanofiltration membrane intercalated by well-dispersed carbon nanotubes for drinking water purification. Nanoscale,2016,8:5696-5705.

[53] Han Y,Jiang Y Q,Gao C. High-flux graphene oxide nanofiltration membrane intercalated by carbon nanotubes. ACS Applied Materials & Interfaces,2015,7(15):8147-8155.

[54] Zhang C J,Pinilla S,McEvoy N,et al. Oxidation stability of colloidal two-dimensional titanium carbides (MXenes). Chemistry of Materials,2017,29:4848-4856.

[55] Ling Z,Ren C E,Zhao M Q,et al. Flexible and conductive MXene films and nanocomposites with high capacitance. Proceedings of the National Academy of Sciences,2014,111(47):16676-16681.

[56] Rasool K,Helal M,Ali A,et al. Antibacterial activity of $Ti_3C_2T_x$ MXene. ACS Nano,2016,10:3674-3684.

[57] Li Z K,Wei Y,Gao X,et al. Antibiotics separation with MXene membranes based on regularly stacked high-aspect-ratio nanosheets. Angewandte Chemie International Edition,2020,59:9751-9756.

[58] Rasool K,Mahmoud K A,Johnson D J,et al. Efficient antibacterial membrane based on two-dimensional $Ti_3C_2T_x$(MXene) nanosheets. Scientific Reports,2017,7:1598.

[59] Q Zuo,H Shi,C Liu,et al. Integrated adsorptive/reductive PEDOT:PSS-based composite membranes for efficient Ag(I) rejection. Journal of Membrane Science,2023,669,5:121323.

[60] 李洪懿,陈可可,翟丁,等. 导电材料在膜分离领域中的应用. 科技导报,2015,33(14):18-23.

[61] Bhattacharjee S,Elimelech M. Surface element integration:A novel technique for evaluation of DLVO interaction between a particle and a flat plate. Journal of Colloid and Interface Science,1997,193:273-285.

[62] Dudchenko A V,Rolf J,Russell K,et al. Organic fouling inhibition on electrically conducting carbon nanotube-polyvinyl alcohol composite ultrafiltration membranes. Journal of Membrane Science,2014,468: 1-10.

[63] Liu H, Vecitis C. D. Reactive transport mechanism for organic oxidation during electrochemical filtration: Mass- transfer, physical adsorption, and electron- transfer. Journal of Physical Chemistry C, 2011, 116: 374-383.

[64] Liu Y B, Liu H, Zhou Z, et al. Degradation of the common aqueous antibiotic tetracycline using a carbon nanotube electrochemical filter. Environmental Science & Technology, 2015, 49: 7974-7980.

[65] Gao G D, Zhang Q Y, Hao Z W, et al. Carbon nanotube membrane stack for flow- through sequential regenerative electro- Fenton. Environmental Science & Technology, 2015, 49: 2375-2383.

[66] Lahann J, Mitragotri S, Tran T N, et al. A reversibly switching surface. Science, 2003, 299: 371-374.

[67] Wang Z K, Ci L J, Chen L, et al. Polarity- dependent electrochemically controlled transport of water through carbon nanotube membranes. Nano Letters, 2007, 7: 697-702.

[68] Zhang G, Duan Z, Wang Q G, et al. Electrical potential induced switchable wettability of super- aligned carbon nanotube films. Applied Surface Science, 2018, 427: 628-635.

[69] Majumder M, Zhan X, Andrews R, et al. Voltage gated carbon nanotube membranes. Langmuir, 2007, 23: 8624-8631.

第2章 纳米碳基导电分离膜的制备、性能及分离机理

※本章导读※

- 主要介绍纳米碳基分离膜的制备方法,包括碳纳米管分离膜、石墨烯及其衍生物分离膜、碳纳米纤维分离膜及多种纳米碳材料混合分离膜等。
- 主要介绍纳米碳基分离膜的结构、性质、性能以及分离原理。

2.1 碳纳米管分离膜的制备及性能

自1991年被发现以来,碳纳米管便引起各领域的关注,利用其构建分离膜也随之成为膜分离领域的研究热点之一。碳纳米管可用于构建阵列碳纳米管分离膜和无序碳纳米管分离膜。前者利用阵列碳纳米管的内管通道或者管间隙作为膜孔,后者利用碳纳米管相互交错形成的无序网状孔道作为膜孔。

碳纳米管阵列膜的孔道均一、曲折率低(接近理论最小值1)、选择性好,孔径可达到亚纳米尺寸。碳纳米管的内壁为光滑的石墨结构,可使孔道壁与水分子之间的摩擦力忽略不计,水分子在膜孔中的实际流速较理论计算值高出3~5数量级[1]。但是,其制备方法复杂、成本较高,难以大面积制备。

无序碳纳米管分离膜的制备方法简单,主要是利用碳纳米管的一维结构,通过抽滤、溶剂蒸发、喷涂等方法制备成膜。该类型分离膜的孔道互通,孔隙率高,且易于低成本、大面积制备[2]。因此,本节主要介绍无序碳纳米管分离膜的制备、结构和性能。

2.1.1 负载型碳纳米管中空纤维膜

为了制备能够承受一定压力的碳纳米管分离膜,碳纳米管通过真空抽滤等方法被沉积到多孔基底上,得到一种负载型的碳纳米管分离膜。其中,碳纳米管层作为分离层,对整个分离膜的选择性和渗透性起到决定性作用;基底主要起到支撑作用,对整个分离膜的结构强度具有重要影响。一般地,基底的孔径要远大于碳纳米管分离层的孔径,以尽可能地减小水传质阻力。中空纤维膜具有填充面积高的优势,其填充面积是平板膜和卷式膜的数倍甚至数十倍,使用中空纤维膜可显著减少设备的占地面积[3,4]。鉴于此,基于碳纳米管的中空纤维膜得到了广泛的关注。

1. 碳纳米管/有机聚合物中空纤维膜的制备及性能

选用商业聚偏氟乙烯中空纤维膜做基底,可制备碳纳米管/聚偏氟乙烯中空纤维膜[5]。

首先,对商用聚偏氟乙烯中空纤维膜进行清洗封装,再利用真空抽滤在其外表面沉积碳纳米管分离层,随后分别抽滤聚乙烯醇溶液和浸泡丁二酸溶液,最后清洗干燥后得到碳纳米管/聚偏氟乙烯中空纤维膜。抽滤聚乙烯醇溶液和浸泡丁二酸溶液的原因如图2.1所示:功能化碳纳米管表面含有的羧基能够在酸性条件下与聚乙烯醇表面的羟基发生反应,再由二元羧酸丁二酸进一步交联固化,可有效避免传统巴基纸结构的碳纳米管膜结构稳定差的问题。

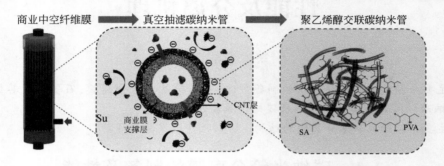

商业中空纤维膜 → 真空抽滤碳纳米管 → 聚乙烯醇交联碳纳米管

图2.1 碳纳米管/聚偏氟乙烯中空纤维膜的制备过程示意图

研究发现,所制得的膜具有良好的柔韧性,能够弯折成S形且不会造成膜丝断裂和功能层破损。弯曲测试结果表明,碳纳米管/聚偏氟乙烯中空纤维膜能够缠绕在直径为2mm的金属棒上且功能层不会出现裂纹和剥落。其良好的柔韧性归因于两方面:①支撑基底聚偏氟乙烯膜基于界面聚合工艺在尼龙纤维表面原位聚合制备而成,具有极强的拉伸强度和柔韧性,单根膜丝拉伸强度大于200N;②碳纳米管作为一维纳米材料具有超高长径比、良好的柔韧性,而聚乙烯醇为链式高分子,具有较好的弹性和延展性。而由于交联反应的发生,使得碳纳米管之间被聚乙烯醇共价连接,因此碳纳米管分离层表现出良好的柔韧性。

通过扫描电镜照片(图2.2)可以看出,交联前碳纳米管呈交错排列,相互之间没有锚链,属于典型的巴基纸结构。这种结构缺乏足够的结构稳定性,易在水流的剪切力作用下被冲散。交联处理后,碳纳米管之间被聚乙烯醇分子连接,可增强碳纳米管分离层整体的机械强度。同时,真空抽滤的作用使得交联剂迅速透过膜孔,避免膜孔被过度堵塞。超声振荡实验发现,未经交联的碳纳米管分离层在超声过程中完全脱落;随着交联剂聚乙烯醇含量的增

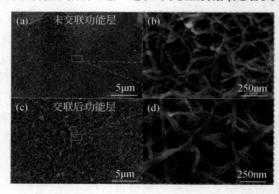

图2.2 交联前后碳纳米管/聚偏氟乙烯中空纤维膜的扫描电镜图
(a)未交联低倍;(b)未交联高倍;(c)交联后低倍;(d)交联后高倍

加,碳纳米管层的破碎程度不断减少;当聚乙烯醇的浓度超过0.2%后,碳纳米管的损失量低于2%,制备的碳纳米管/聚偏氟乙烯中空纤维膜表现出良好的机械稳定性。

交联处理不仅能增强碳纳米管之间的作用力,保证分离层的完整性,还能加强分离层与基底层之间的结合力。通过对不同聚乙烯醇浓度交联的碳纳米管/聚偏氟乙烯中空纤维膜表面进行微观划痕测试发现,在聚乙烯醇浓度为0、0.05%和0.1%时,膜表面均出现不同程度的扯痕破损,造成大面积碳纳米管分离层的剥离;当聚乙烯醇浓度不低于0.2%时,膜表面虽有划痕,但未出现明显破损(图2.3),主要表现为弹−塑性变形和划痕周围局部断裂,说明整个测试过程中的最大载荷未超过分离层与支撑层之间的界面断裂载荷,原因为聚乙烯醇本身具有较大的黏性,在加热过程中一部分聚乙烯醇附着在支撑层表面固化成型,黏结了碳纳米管分离层和聚偏氟乙烯支撑层。良好的结构强度对维持膜结构稳定、膜孔道完整十分重要,是确保中空纤维膜在制备、运输、封装和使用时不发生断裂和破损的关键参数。

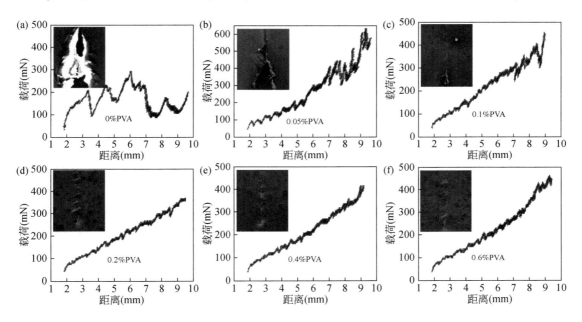

图 2.3 不同聚乙烯醇浓度下制备的碳纳米管/聚偏氟乙烯中空纤维膜的纳米划痕测试结果
[(a)~(f)依次为0wt%、0.05wt%、0.10wt%、0.20wt%、0.40wt%和0.60wt%]

电导率是电活性分离膜的主要指标之一。鉴于此,利用四探针电阻测试仪测试了所制备的碳纳米管/聚偏氟乙烯中空纤维膜的电导率。如图2.4(a)所示,电导率随着聚乙烯醇浓度的增加而降低,原因是部分聚乙烯醇会嵌入到碳纳米管的交接处,使碳纳米管之间的距离增加,接触面积减少,妨碍电子传递,进而导致其电导率下降。综合结构稳定性和电导率等参数,聚乙烯醇交联剂的最优浓度为0.2wt%。此外,该碳纳米管/聚偏氟乙烯中空纤维膜的通量在pH 1~11变化不大[图2.4(b)],表现出良好的化学稳定性。在pH 14时,膜通量升高是因为强碱性溶液与碳纳米管分离层中未交联的聚乙烯醇发生醇解反应,减少了游离聚乙烯醇对膜孔的堵塞。

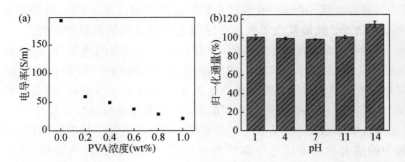

图 2.4　（a）不同聚乙烯醇浓度下制备的碳纳米管/聚偏氟乙烯膜的电导率；（b）碳纳米管/聚偏氟乙烯膜在不同 pH 下的归一化通量

2. 碳纳米管/纳米纤维中空纤维膜的制备及性能

基于相转化法制备的分离膜虽然具有较高的表观孔隙率，但部分孔为死端孔，不能用来进行水传输，水通量较小。选择该类型的分离膜作为基底，不利于发挥碳纳米管分离层高通量的优势[6,7]。静电纺丝技术是一种利用高压静电场力使聚合物溶液或熔体喷射拉伸成纤维的纺丝工艺，可制备具有超高孔隙率的纳米纤维膜。以静电纺丝技术制备的纳米纤维膜为支撑体、交联的碳纳米管作为分离层，可制备一种碳纳米管/纳米纤维中空纤维膜[8]，包括碳纳米管/聚丙烯腈纳米纤维膜和碳纳米管/聚偏氟乙烯纳米纤维膜。

碳纳米管/纳米纤维中空纤维膜的制备过程如图 2.5 所示。首先，配备适当浓度的聚丙烯腈或聚偏氟乙烯纺丝液并置于注射器中，通过高压静电纺丝技术将其以 1mL/h 的速度纺丝到不同直径的不锈钢丝接收器上，纺丝数小时后将纳米纤维和接收器一并取下。然后，将其在合适的温度（聚丙烯腈优选 250℃，聚偏氟乙烯优选 80℃）下加热处理 2h，待冷却后再浸入 0.1mol/L 的 $CuCl_2$ 溶液中 0.5h，抽出不锈钢丝获得由纳米纤维构成的中空纤维支撑体。最后，通过抽滤–交联法在其外表面形成碳纳米管分离层，即可得到碳纳米管/纳米纤维中空纤维膜。

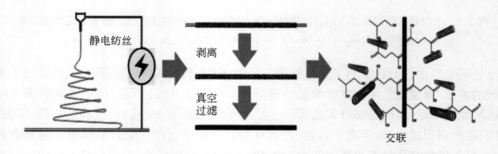

图 2.5　碳纳米管/纳米纤维中空纤维膜的制备流程示意图

在热处理前，所制备的纳米纤维支撑层非常松散地包裹在细丝收集器上，而经过热处理后，纳米纤维支撑层紧密收缩且表面平整，去除细丝收集器后也能保持完整的自支撑中空纤维结构。如图 2.6 所示，沉积碳纳米管分离层后，所制得膜呈现出均匀的黑色，表面观察不到缺陷、开裂等瑕疵。扫描电镜照片显示,支撑层呈较为完美的中空圆柱形结构[图 2.7 (a)],截面纳米纤维层紧密堆积[图 2.7(b)],且表面未出现明显的缺陷和裂痕,纳米纤维互相交错,构成网状孔结构[图 2.7(c)],属于典型的无纺布结构。沉积的碳纳米管分离层结构均匀、完整,无缺陷[图 2.7(d)],并构成了孔径更小的网状孔结构。

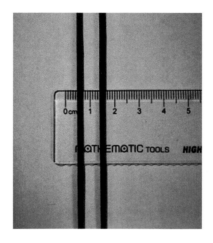

图 2.6　碳纳米管/聚丙烯腈纳米纤维中空纤维膜照片

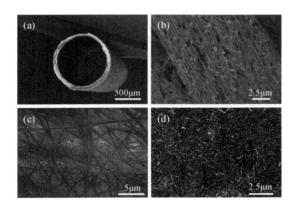

图 2.7　碳纳米管/聚丙烯腈纳米纤维中空纤维膜的截面(a)、(b),支撑层(c)以及
分离层(d)的扫描电镜图

　　由于具有高孔隙率和较大的孔径,制备的纳米纤维膜支撑基底具有超高的渗透通量:当纺丝时长为 6h 时,其平均水渗透速率达到 1.9×10^4 L/($m^2 \cdot h \cdot bar$);如果纺丝时长缩短为 1h,其平均水渗透速率高达 8.4×10^4 L/($m^2 \cdot h \cdot bar$)(图 2.8)。即使是纺丝 6h 制备的纳米纤维膜支撑基底,其水通量也比碳纳米管分离层的水通量高 1 个数量级,因此该基底对整个分离膜几乎不贡献额外的水传质阻力。研究发现,碳纳米管/纳米纤维中空纤维膜的水通量会随着碳纳米管负载量的增加而减小,两者呈现一种负相关关系。造成这一结果的原因在于,碳纳米管分离层厚度的增加会增加水传质阻力,且在一定程度上降低膜的实际孔径。

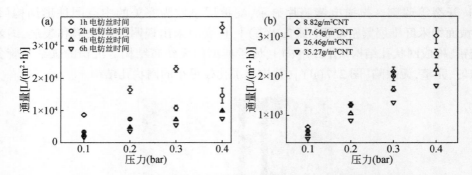

图 2.8　(a)不同纺丝时长制备的纳米纤维膜支撑基底的通量;(b)不同碳纳米管负载量的碳纳米管/纳米纤维中空纤维膜的通量

　　如图 2.9 所示,该纳米纤维膜基底的拉伸应力和弹性模量随着其厚度的增加而下降:纺丝时长从 1h 增加到 6h 时,其拉伸应力相应地从(21.2 ±1.7)MPa 降低到(11.7 ±1.1)MPa,杨氏模量从(253.5 ±19.9)MPa 下降到(159.0 ±27.7)MPa,主要原因为随着其厚度的增加,构成支撑基底膜的纳米纤维互相缠绕的紧密程度会降低。此外,涂覆碳纳米管后制得的碳纳米管/纳米纤维中空纤维膜的拉伸应力和弹性模量分别为(19.5 ±0.6)MPa 和(236.0 ±9.3)MPa,与纳米纤维膜支撑基底的强度相似。这是因为碳纳米管分离层的结构太薄,对整个膜的机械强度的影响较小。尽管如此,与同类型的碳纳米管中空纤维膜相比,该碳纳米管/纳米纤维中空纤维膜仍表现出更高的机械强度:拉伸应力分别是碳纳米管/聚丙烯腈中空纤维膜和碳纳米管/聚偏氟乙烯中空纤维膜的 3.1 倍和 1.3 倍,弹性模量分别是它们的 12.7 倍和 2.4 倍。

　　基于静电纺丝纳米纤维膜基底的中空纤维膜表现出优异拉伸应力和弹性模量的原因主要归结为三点:①在高压电场牵引诱导作用下,聚合物高度结晶化并和分子链取向高度一致,使纳米纤维本身具有较高的机械强度[9];②根据机械联锁原理,膜基底中的纳米纤维和贯通的孔结构能够产生有效的载荷传递效应,有利于载荷的分散和转移[10];③纳米纤维超高的长径比也有利于改善支撑层的韧性和强度。

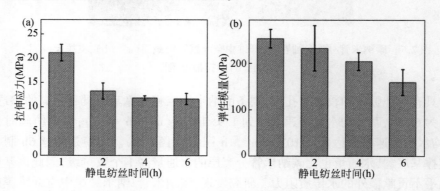

图 2.9　不同纺丝时长制备的纳米纤维基底膜的拉伸应力(a)和弹性模量(b)

　　经测试,平均孔径为 221nm 的碳纳米管/纳米纤维中空纤维膜的纯水渗透速率为 5.8×

10^3L/($m^2 \cdot h \cdot bar$),是具有相似孔径的碳纳米管/有机聚合物中空纤维膜纯水通量的 7.3 倍。由此可见,与商业有机聚合物中空纤维膜基底相比,纳米纤维膜基底可赋予分离膜更高的渗透性。根据 Hagen-Poiseuille 公式可知,分离膜的渗透通量受到孔径、跨膜压力、溶液黏度、等效孔道长度和孔隙率的影响。在膜孔径尺寸、跨膜压力和溶液黏度相同的条件下,膜纯水通量主要受孔隙率和等效膜孔长度的影响。对比表 2.1 的数据发现,基于纳米纤维膜基底的分离膜具有超高的孔隙率,近乎是基于有机聚合物膜基底的分离膜的 2 倍。同时,该纳米纤维膜基底具有三维贯通的网状孔结构,其膜孔道曲折度仅为 1.2 ~ 1.3,远低于基于相分离方法制备的膜基底的孔道曲折度(一般>3.5)。孔道曲折度和膜渗透性呈反比关系,低的孔道曲折度能有效减少跨膜传质阻力和能量损失。除此之外,纳米纤维构成的相互贯通的三维网状膜孔结构能有效避免死端孔的出现,提供更多的水传质通道。正是由于高孔隙率、低孔道曲折度以及贯通的膜孔结构,基于纳米纤维膜基底的碳纳米管中空纤维膜具有优异的水渗透性能。

表 2.1　碳纳米管/纳米纤维中空纤维膜和碳纳米管/有机聚合物中空纤维膜部分性能参数的对比

分离膜	孔隙率(%)	平均孔径(nm)	膜基底水渗透速率 [L/($m^2 \cdot h \cdot bar$)]	膜水渗透速率 [L/($m^2 \cdot h \cdot bar$)]
碳纳米管/有机聚合物中空纤维膜	51	243	6.1×10^3	8.0×10^2
碳纳米管/纳米纤维中空纤维膜	94	221	8.4×10^4	5.8×10^3

2.1.2　自支撑碳纳米管中空纤维膜

目前市场上绝大部分的中空纤维膜为高分子聚合物膜。这些有机膜在使用过程中存在一些缺点,如易污染[11]、水通量低[12]等,制约着膜分离技术的进一步应用和发展。如前面章节所述,基于一维纳米纤维的分离膜具有高的孔隙率,而且纳米纤维之间可形成相互连接的贯通孔结构。有研究表明,这种孔结构不易堵塞[13]。作为一种典型的一维纳米材料,碳纳米管具有很多非常优异的性质,如高导电性、高化学惰性、高比表面积、原子级光滑的石墨化内/外表面等。为了充分发挥碳纳米管的优势,一种全部由碳纳米管构成的中空纤维膜首次在 2014 年被制备出,具有很多突出的优点[14]。

1. 全碳纳米管中空纤维膜的电泳沉积法制备

电泳沉积是利用电场中电场力的拖曳作用使带电颗粒在电极表面沉积的过程。混酸处理的碳纳米管表面具有典型的负电荷官能团—COOH,能够与阳离子结合而带有正电荷,在强电场力的作用下能够向阴极移动并沉积在阴极上。基于此原理设计的一种制备碳纳米管中空纤维膜的电泳沉积方法主要包括如下步骤:

(1)碳纳米管的酸化。把纯化后的碳纳米管粉末样品放入浓硝酸和浓硫酸的混合液中(体积比 1:3),在搅拌条件下加热到 60℃并保温 1 ~ 4h。之后,在剧烈搅拌下把此混合物慢慢倒入大量水中。碳纳米管通过真空抽滤方法回收后,再分散到水中。多次重复此过程直到滤液的 pH 接近 7。最后,碳纳米管固体在较低温度(<100℃)下烘干备用。

(2)电泳沉积。首先把酸化后的碳纳米管超声分散在异丙醇中,再加入适量的七水硝酸镁。随后把一块不锈钢网卷成圆筒状作为环形电极放入一个圆筒装置内,构建一个电泳沉积系统。把上述得到的黑色均匀的碳纳米管分散液倒入该电泳沉积系统中,以不锈钢网为阳极,垂直放置在圆筒中心的铜丝为阴极,在 160V 的电压下电泳沉积一定的时长。

(3)无氧煅烧。把包裹碳纳米管的铜丝在氩气保护、温度为 600℃ 的条件下煅烧 1h,随后自然冷却到室温。

(4)去除模板。把煅烧后的样品浸没在 2.5mol/L FeCl$_3$/0.5mol/L HCl 的溶液中直到铜丝被完全去除。最后得到的产品用水清洗 4~6 次,获得全碳纳米管中空纤维膜。

扫描电镜照片(图 2.10)显示,所制得的碳纳米管中空纤维膜表面无开裂,结构匀称,内/外直径均匀。膜外表面微观放大图可以看到碳纳米管相互缠绕形成的孔道结构。此外,铜丝作为制备碳纳米管中空纤维膜的模板,不仅使得膜的内表面非常平整光滑,而且可以用来直接调控碳纳米管中空纤维膜的内径。

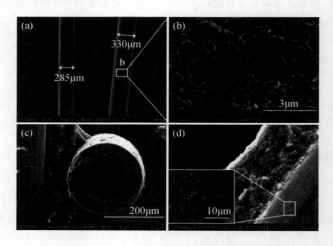

图 2.10　碳纳米管中空纤维膜的扫描电镜图
(a)表面的低倍照片;(b)所标区域的放大图;(c)垂直于膜轴线的断面图;(d)平行于膜轴线的断面图

根据干–湿重量法测得碳纳米管中空纤维膜的孔隙率为 86%±5%,显著高于具有相同孔径商业超滤膜的孔隙率。通过截留不同粒径的聚苯乙烯纳/微米球测得其平均孔径大约为 90nm,属于超滤膜范畴。制备的碳纳米管中空纤维膜具有较好的机械强度,一根长度为 12cm 的膜可以弯曲成半径约为 3cm 的半圆而不折断。实验测得其拉伸强度为 6.0MPa,一根重 5mg 的膜可以提拉起至少自身重量 10000 倍的物体。

通过电泳沉积时长和沉积次数的共同调控,可以得到不同厚度的碳纳米管中空纤维膜。如图 2.11 所示,利用同一种铜丝制得的碳纳米管中空纤维膜具有相同的内径,但由于不同的沉积时长和沉积次数,它们的外径显著不同。而且,由于铜丝作为模板的灵活性,利用电泳沉积技术可以制备出具有不同结构和形状的碳纳米管中空纤维膜,如双通道的碳纳米管中空纤维膜和三通道的碳纳米管中空纤维膜。考虑到它们独特的结构,这些多通道纤维膜有可能应用在真空膜蒸馏中。除了直线型的碳纳米管膜,该电泳沉积技术还可以制备一些具有特殊结构的膜,包括螺旋状的碳纳米管中空纤维膜和蛇形的碳纳米管中空纤维膜[图2.12(a)、(b)]。有趣的是,螺旋状的碳纳米管中空纤维膜类似于金属弹簧,可以被压缩或拉伸而不断裂[图2.12(c)~(e)],进一步说明该碳纳米管中空纤维膜具有较好的机械强度。蛇形碳纳米管中空纤维膜可以被制备成较长的结构[图2.12(f)],有望应用于微流控、分析等领域中。

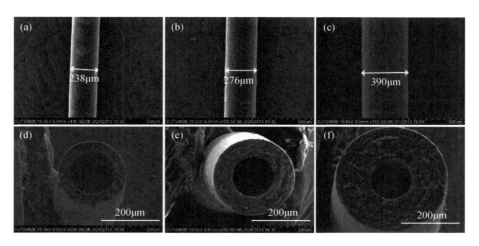

图2.11　不同外径的碳纳米管中空纤维膜

(a)、(d)外径为238μm;(b)、(e)外径为276μm;(c)、(f)外径为390μm

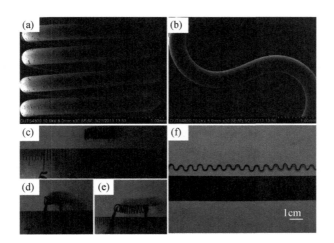

图2.12　具有不同结构形貌的碳纳米管中纤维膜的扫描电镜图和数码照片图

(a)螺旋状;(b)蛇形;(c)螺旋状膜的初始状态;(d)螺旋状膜的压缩状态;(e)螺旋状膜的拉伸状态;

(h)蛇形碳纳米管膜

将制备的碳纳米管中空纤维膜与商业的聚偏氟乙烯中空纤维膜进行对比,结果如表2.2所示。碳纳米管中空纤维膜在0.04MPa下的水通量为(460 ± 50)L/(m²·h),是具有相似孔径(约100nm)的聚偏氟乙烯中空纤维膜水通量的1.8倍。碳纳米管中空纤维膜具有较高通量的原因主要有两个:首先,它具有更高的孔隙率(86%±5%),可以提供更多的膜孔道;其次,碳纳米管相互交错形成的膜孔为通孔,而通过相转化得到的膜孔中部分是死端孔,无法用于水传输。然而,由于碳纳米管中空纤维膜较厚的结构,其渗透性并不是十分优异。

表 2.2　碳纳米管中空纤维膜和聚偏氟乙烯中空纤维膜的主要参数对比

膜	外/内直径 (μm)	平均孔径(nm)	孔隙率 (%)	水通量 $[L/(m^2 \cdot h)]^{(2)}$
聚偏氟乙烯中空纤维膜	~970/~800	100[(1)]	72±4	255±20
碳纳米管中空纤维膜	~610/~450	~90	86±5	460±50

注:(1)数据由厂商提供;(2)过膜压力差为 0.04MPa。

　　用直径为 114nm 和 362nm 的聚苯乙烯微球来模拟水中的悬浮颗粒物,以对比碳纳米管中空纤维膜和聚偏氟乙烯中空纤维膜的抗污染能力。如图 2.13(a)所示,聚偏氟乙烯中空纤维膜对 114nm 的聚苯乙烯微球的初始截留率为 87%。随着运行时间的增加,聚苯乙烯微球的截留率不断升高,原因是被截留在膜表面或孔道内的聚苯乙烯微球减小了膜孔径。当每厘米膜面积过滤水的体积为 6mL 时,截留率达到了 100%。相比之下,碳纳米管中空纤维膜在整个过滤过程中对聚苯乙烯微球的截留率始终为 100%。

　　虽然聚苯乙烯微球的直径增加到 362nm 时,聚偏氟乙烯中空纤维膜能够全部对其截留,但通量下降较为迅速。如图 2.13(b)所示,当每厘米膜面积过滤水的体积为 10.8mL 时,其水通量迅速下降了 39%。当过滤 114nm 的聚苯乙烯微球时,过滤相同水的体积后,其膜通量更是下降了 56%。而对于碳纳米管中空纤维膜,相同条件下的水通量只下降了 29%,明显低于聚偏氟乙烯中空纤维膜的通量下降率,表明碳纳米管中空纤维膜具有更强的抗膜孔堵塞的能力。主要原因是碳纳米管相互交叉、缠绕可形成相互贯通的立体膜孔道结构,污染物颗粒被截留在膜表面后,其阻塞单个膜孔的程度有限,如图 2.14(a)所示。而对于聚偏氟乙烯中空纤维膜,其膜孔通过相转化而形成,入口形状近似圆形且相互独立,很容易被污染物颗粒完全堵塞[图 2.14(b)],造成更显著的通量下降。

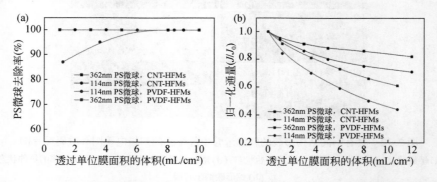

图 2.13　(a)聚苯乙烯微球去除率随过滤水量变化的曲线;(b)归一化的通量随过膜水量变化的曲线(图中 CNT-HFMs 为碳纳米管中空纤维膜,PVDF-HFMs 为聚偏氟乙烯中空纤维膜)

　　碳纳米管具有高的比表面积和独特的性质,能够通过多种机理(静电作用、疏水作用、范德瓦耳斯力、π-π 堆叠等)吸附水中的污染物,因而这种全碳纳米管中空纤维膜具有优异的吸附性能。如图 2.15 中穿透曲线所示,当每克质量的碳纳米管中空纤维膜过滤溶液的体积低于 3250mL(即 3250mL/g)时,滤液中罗丹明 B 无检出,说明在此期间罗丹明 B 能够被完全吸附去除。而对于聚偏氟乙烯中空纤维膜,随着运行时间的增加,滤液中很快检测到罗丹明 B。计算可知,在保证滤液中罗丹明 B 被完全吸附去除的前提下,每克质量的聚偏氟乙烯中空纤维膜只能过滤约 12mL 的溶液。测试结果表明,碳纳米管中空纤维膜对罗丹明 B 分子的动态吸附容量比聚偏氟乙烯中空纤维膜高 2 个数量级。另外,该碳纳米管中空纤维膜可以在高水通量(460 ± 50)L/($m^2\cdot h$)下实现对罗丹明 B 分子的全部去除,与通过非吸附机理去除分子污染物的纳滤膜或渗透膜的通量相比,该通量是它们的 10 ~ 100 倍。由此可见,该碳纳米管中空纤维膜对分子污染物的去除不再依赖孔径的大小,在某种程度上缓解了膜渗透性和选择性之间相互制衡的 trade-off 问题。

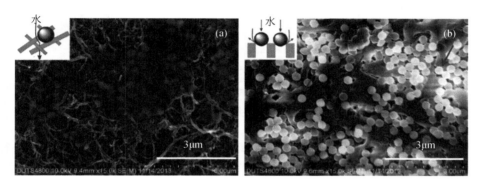

图 2.14　过滤聚苯乙烯微球后碳纳米管中空纤维膜表面(a)和聚偏氟乙烯中空纤维膜表面
(b)的扫描电镜图(插图分别为对应的膜孔堵塞示意图)

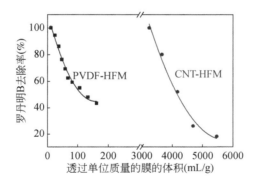

图 2.15　罗丹明 B 去除率随过膜水量(mL/g)变化的曲线(图中 CNT-HFM 为碳纳米管中空纤维膜,
PVDF-HFM 为聚偏氟乙烯中空纤维膜)

2. 全碳纳米管中空纤维膜的湿法纺丝制备

尽管这种全碳纳米管中空纤维膜相较于传统有机高分子中空纤维膜表现出多方面的优异性能,但其电泳沉积制备的方法较为烦琐,必须逐根制备,效率低。另外,该方法需要金属丝作为模板,并消耗大量的有机溶剂,成本高。为了解决这些问题,研发了一种基于湿法纺丝技术的碳纳米管中空纤维膜的制备方法(图 2.16)[15],主要包括以下步骤:

(1)酸化后的多壁碳纳米管在超声辅助下分散到适量的 N,N-二甲基甲酰胺中,之后加入适量的聚乙烯醇缩丁醛,不断搅拌溶解后得到混合均匀的黏稠纺丝液。

(2)水作为芯液、脱泡后的纺丝液作为壳液,分别以合适的流速通过同轴纺丝头进入凝固浴水中,得到碳纳米管/聚乙烯醇缩丁醛中空纤维。

(3)制得的碳纳米管/聚乙烯醇缩丁醛中空纤维在水中浸泡 12~24h 后(其间换 3~5 次水),从水中取出并自然干燥。

(4)将产品在 400~600℃的无氧条件下煅烧 2h,即可得到碳纳米管中空纤维膜。

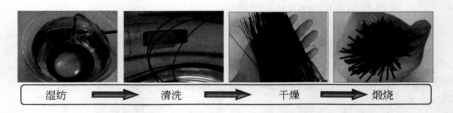

图 2.16　碳纳米管中空纤维膜湿法纺丝制备过程中所得的产品照片

通过扫描电镜直接观察发现,碳纳米管/聚乙烯醇缩丁醛中空纤维具有均一的外径和内径[图 2.17(a)、(c)],碳纳米管镶嵌在聚乙烯醇缩丁醛基质中,表面无明显的孔道结构[图 2.17(e)],结构上也无开裂等现象。在氩气流中 600℃煅烧 2h 后,聚乙烯醇缩丁醛基本被完全去除,原因为其在无氧条件下也能几乎完全分解为挥发性小分子,并随气流排出炉外。热处理后,碳纳米管/聚乙烯醇缩丁醛中空纤维就转变成了碳纳米管中空纤维膜[图 2.17(b)、(d)]。高倍扫描电镜照片显示,聚乙烯醇缩丁醛几乎已被全部去除,碳纳米管之间相互缠绕、交叉形成了不规则的孔道结构[图 2.17(f)]。

制备的碳纳米管中空纤维膜具有良好的机械刚性和柔韧性,一根长度为 9cm 的膜可以被弯成一个半径约为 1cm 的半圆,弯曲后的膜又能自发地回到原来的状态。机械强度测试结果表明,其拉伸强度约为 10MPa。良好的机械强度使它们能够承受至少 1MPa 的水压而不破裂。利用四探针电阻测试仪测得碳纳米管中空纤维膜的电导率为 1.2S/m,比碳纳米管/聚乙烯醇缩丁醛中空纤维的导电率(~6.2×10⁻⁶S/m)高 5 个数量级。

纺丝液中聚乙烯醇缩丁醛的量是影响碳纳米管/聚乙烯醇缩丁醛中空纤维形成的重要参数。当聚乙烯醇缩丁醛和碳纳米管的质量比低于 1∶3 时,得到的碳纳米管/聚乙烯醇缩丁醛中空纤维由于结构不牢固而很难从水中取出;当这个比例超过 1∶1 时,煅烧后得到的碳纳米管中空纤维膜由于孔隙率太高而很容易破碎;比例 1∶2 是它们的最佳质量比。而且,纺丝液中 N,N-二甲基甲酰胺的百分含量与干燥后膜坯的直径具有比较严格的线性关系,碳纳米管中空纤维膜的外直径随着 N,N-二甲基甲酰胺百分含量的降低而增大。例如,当碳纳米管、聚乙烯醇缩丁醛和 N,N-二甲基甲酰胺三者之间的质量比为 1∶0.5∶18 时,制得碳纳米管中空纤维膜的外直径为 0.295mm,而当 N,N-二甲基甲酰胺占比降低到 1∶0.5∶10 时,制得碳纳米管中空纤维膜的外直径增加到 0.710mm,原因是纺丝液的黏稠度决定了碳纳

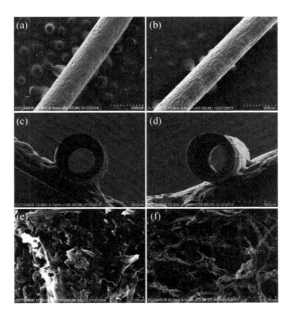

图 2.17　碳纳米管/聚乙烯醇缩丁醛中空纤维(a)、(c)、(e)和碳纳米管中空纤维膜(b)、(d)、(f)的扫描电镜照片:(a)、(b)侧面,(c)、(d)断面和(e)、(f)放大的膜表面

米管/聚乙烯醇缩丁醛中空纤维在干燥过程中的收缩程度,纺丝液越黏稠,所得纤维收缩的程度就越小。因此,除了喷丝头的规格和拉伸速率,碳纳米管中空纤维膜的外直径还可以通过控制 N,N-二甲基甲酰胺在纺丝液中的比例进行调控。

碳纳米管中空纤维膜的孔径可通过所使用的碳纳米管的外直径进行调节。碳纳米管的外直径越小,所对应膜的孔径就越小(图 2.18)。通过截留不同分子量的聚乙二醇,测得由直径 10 ~ 20nm、20 ~ 40nm、40 ~ 60nm 和 60 ~ 100nm 的碳纳米管制备的中空纤维膜的分子截留量分别为 150kDa、220kDa、600kDa 和 3000kDa。

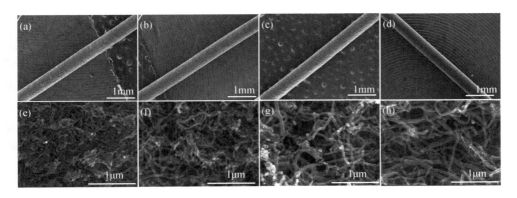

图 2.18　不同直径的碳纳米管制得的中空纤维膜的扫描电镜照片
(a)、(e)10 ~ 20nm;(b)、(f)20 ~ 40nm;(c)、(g)40 ~ 60nm 和(d)、(h)60 ~ 100nm

超滤膜或微滤膜不仅可以通过表面孔的机械筛分原理进行截留,还可以利用内部网格进行截留。后者与膜的厚度有很大关系。一般地,膜的厚度越大,其内部截留的能力就越强。研究发现,膜体厚度与纺丝液和芯液的流速比具有比较严格的定量关系,流速比越小,制得的膜越薄。例如,当这个比例为15:1.5时,所得膜的厚度为184μm,而当这个比例为15:15时,所得膜的厚度降到了105μm。由此可见,碳纳米管中空纤维膜的厚度可以通过调节湿纺过程中纺丝液和芯液的流速比进行控制。聚乙二醇(600kDa)截留能力分析显示(图2.19),厚度为105μm的碳纳米管中空纤维膜对聚乙二醇的截留率为45%,而当厚度增加到150μm和184μm时,截留率相应地分别提高到60%和78%。数据拟合发现,聚乙二醇的截留率与膜的厚度呈正相关的关系($y=0.65+0.4x$, $R^2=0.97$,图2.19),表明分离膜的截留能力会随着厚度的增加而增强。

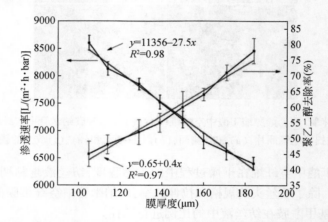

图2.19　纯水通量以及聚乙二醇的去除率与膜体厚度的关系

当碳纳米管、聚乙烯醇缩丁醛和 N,N-二甲基甲酰胺三者之间的质量比为1:0.5:10时,所制得的碳纳米管中空纤维膜断面呈现明显的三维大孔结构[图2.20(a)~(c)],并具有厚度只有1.6μm的分离层[图2.20(d)]。与 N,N-二甲基甲酰胺质量分数高于87%时制得的膜相比,这种具有三维大孔结构的膜的孔隙率更高,高达95%±3%。对这种具有超高孔隙率的碳纳米管中空纤维膜的分子截留量进行分析发现,当截留率为90%时,对应的聚乙二醇的分子量大约为3500kDa,即其分子截留量为3500kDa。根据分子截留量与膜孔径几何尺寸的关系,这种具有大孔结构的膜的平均孔径为100nm。测得其纯水渗透速率高达(12000±1500)L/(m²·h·bar),是具有相似孔径(80~120nm)的聚偏氟乙烯中空纤维膜的近6.3倍。尽管聚碳酸酯膜具有更大的膜孔径(200nm),但是它的水渗透速率只有碳纳米管膜的50%。相较于孔径更大(平均孔径为1000nm)的三氧化二铝陶瓷膜的水渗透速率,该碳纳米管膜的水渗透速率是它们的近10倍(表2.3)。

该碳纳米管中空纤维膜的超高水通量主要归因于三个方面。首先,它们具有超高的孔隙率(95%±3%),相比之下,聚偏氟乙烯中空纤维膜的孔隙率为65%±5%,而三氧化二铝陶瓷膜和聚碳酸酯膜的孔隙率分别只有35%±5%和10%(表2.3)。一般而言,孔隙率越高就表明有更多的膜孔道可以进行水传输。其次,它们具有较薄的分离层,其厚度只有约

1.6μm。较薄的分离层以及大孔的支撑层可以有效减小水在膜中传输时的阻力。最后,碳纳米管中空纤维膜具有更好的亲水性,通过观察水滴在碳纳米管膜上的动态变化,测得其瞬间水接触角只有 23°。制备的碳纳米管中空纤维膜具有良好亲水性的原因为:为了得到均匀分散的纺丝液,对碳纳米管原材料进行了酸化处理,在此过程中一些亲水性的含氧官能团(如—OH、—COOH 等)会被修饰在碳纳米管的表面,而较低温度(600℃)的热处理并不能完全还原它们,而保留下来的含氧基团则会赋予分离膜良好的亲水性。

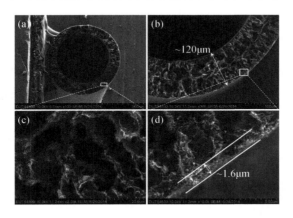

图 2.20　具有三维大孔结构的碳纳米管中空纤维膜的扫描电镜照片

表 2.3　碳纳米管中空纤维膜和其他分离膜部分参数的对比

分离膜	孔隙率 (%)	平均孔径 (nm)	水接触角 (°)	渗透速率 [L/(m²·h·bar)]
碳纳米管中空纤维膜	95±3	~100	23	12000±1500
聚偏氟乙烯中空纤维膜	65±5	80~120	79	1900±210
三氧化二铝陶瓷膜	35±5	~1000	75	1200±200
聚碳酸酯膜	10	200	77	5500±320

3. 碳纳米管–聚偏氟乙烯中空纤维复合膜的规模化制备

上述章节所述的基于碳纳米管的中空纤维膜具有多方面优异的性能,但它们离真正实用化还有一定的差距。碳纳米管/有机聚物中空纤维膜和碳纳米管/纳米纤维中空纤维膜的制备涉及真空抽滤过程,制备效率较低,其工业化生产仍面临诸多技术难题。此外,所用的交联剂聚乙烯醇在水中长时间的稳定性仍需验证。全碳纳米管中空纤维膜虽然具有可规模化制备的潜力,但核心问题是其结构强度与目前商业中空纤维膜的结构强度还有较大差距,实际应用还面临诸多挑战。近年,解决了碳纳米管粉末难分散、膜丝质脆易断、膜导电性与其他性能难以同时具备等难题后,研发了一种可实用、高性能碳纳米管–聚偏氟乙烯中空纤维复合膜及其规模化制备技术。

该碳纳米管–聚偏氟乙烯中空纤维复合膜在很大程度上保留了碳纳米管中空纤维膜的优异性能,同时也具有高分子中空纤维膜良好的柔韧性,具有通量高、抗污染性强、导电性好、机械强度好、成本低等特点,达到了实用化的标准。该碳纳米管–聚偏氟乙烯中空纤维复合膜结构上可细分为:①自支撑碳纳米管–聚偏氟乙烯中空纤维膜,无基底,整体全部由碳纳米管和聚偏氟乙烯的混合物构成;②以尼龙编织管为衬底的碳纳米管–聚偏氟乙烯中空纤维膜,其中碳纳米管和聚偏氟乙烯的混合物为分离层。主要制备步骤如下:

(1)纺丝液的配制:将适量有机溶剂倒入料罐中,再加入一定量的碳纳米管粉末和聚乙烯吡咯烷酮,控制质量比为 2 : 1,将机械搅拌爪放入料罐,油浴保温搅拌混匀 12h。之后,再加入适量聚偏氟乙烯粉末和聚乙二醇–400,控制碳纳米管与聚偏氟乙烯质量比为 1 : 1 ~ 3,油浴保温搅拌 24h,真空脱泡后得到铸膜液。有机溶剂优选 N,N–二甲基乙酰胺或 N,N–二甲基甲酰胺。

(2)湿法纺丝制备碳纳米管–聚偏氟乙烯中空纤维膜。自支撑碳纳米管–聚偏氟乙烯中空纤维膜的制备过程为:将纺丝液作为壳液、水作为芯液,同时通过纺丝机的喷丝板,控制壳液流速与芯液流速按一定比例速度纺进水凝固浴中,纺丝结束后放入水中浸泡去除多余的有机溶剂,再放入丙三醇溶液中 12h,随后收集并自然干燥。生产设备以及主要纺丝步骤如图 2.21 所示。

图 2.21　自支撑碳纳米管–聚偏氟乙烯中空纤维膜的生产设备以及主要纺丝过程的照片

带内衬碳纳米管–聚偏氟乙烯中空纤维膜的制备过程为:将纺丝液作为壳液,控制纺丝液进样泵速度和绕丝辊牵引内衬速度,将纺丝液和内衬通过喷丝板混合纺进水凝固浴中,纺丝结束后放入水中浸泡去除多余的有机溶剂,再放入丙三醇溶液中 12h,随后收集并自然干燥。生产设备以及主要纺丝步骤如图 2.22 所示。该制备技术仅需常规的化学试剂、设备以及装置,过程非常简单。目前,该技术已在国内某公司完成工业级生产示范,日产膜面积可达 250m²,即年生产规模约 100000m²,完全达到工业生产的级别。而且,该技术在碳纳米管的高效分散难题上取得了重要突破,实现了对未经任何改性的初始碳纳米管在有机溶剂里的良好分散。该制备技术利用两亲性聚合物聚乙烯吡咯烷酮的 π-π 共轭作用和空间位阻效应,并合理设计膜制备工艺,使原始碳纳米管能够良好地、高浓度地分散在 N,N–二甲基乙酰胺或 N,N–二甲基甲酰胺中,纺丝中碳纳米管的质量分数可达 5%。此研究中所使用的未经任何改性的碳纳米管粉末的市场价格为 200 ~ 500 元/kg,远低于混酸处理的或其他方法处理的羧基化碳纳米管粉末(市场价 800 ~ 2000 元/kg)。据测算,该碳纳米管–聚偏氟乙烯中空纤维膜的生产成本与目前市场上主流的聚偏氟乙烯中空纤维膜相近,大致约为 30 ~ 40 元/m^2。

图 2.22　带内衬碳纳米管–聚偏氟乙烯中空纤维膜的生产设备以及主要纺丝过程的照片

　　图 2.23 为自支撑碳纳米管–聚偏氟乙烯中空纤维膜的扫描电镜照片。可以看出,制备的膜结构匀称,表面光滑、无缺陷[图 2.23(a)]。膜表面的高倍扫描电镜照片显示,表面呈现很多膜孔,且碳纳米管被包裹在聚偏氟乙烯中[图 2.23(b)]。膜断面扫描电镜图显示[图 2.23(c)、(d)],该中空纤维膜同时存在指状孔和海绵状孔。这种结构有利于减小水传质阻力,同时能提供高支撑强度,防止在运行过程中被挤压变形。拉伸测试结果如图 2.24 所示,无论是拉伸应力和拉伸断裂能,自支撑碳纳米管–聚偏氟乙烯中空纤维膜与商业聚偏氟乙烯中空纤维膜相近,表明该膜满足商业化应用的需求。

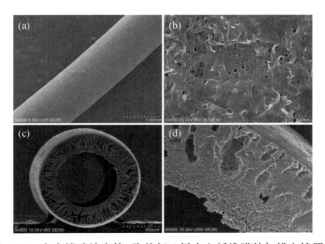

图 2.23　自支撑碳纳米管–聚偏氟乙烯中空纤维膜的扫描电镜照片
(a)低倍的表面图;(b)高倍的表面图;(c)截面的低倍图;(d)截面的高倍图

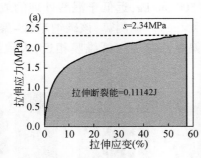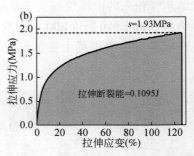

图 2.24　商业聚偏氟乙烯中空纤维膜(a)和自支撑碳纳米管–聚偏氟乙烯中空纤维膜(b)的拉伸强度测试

　　图 2.25 为带衬底的碳纳米管–聚偏氟乙烯中空纤维膜的扫描电镜照片。从图 2.25(a)可以清晰地看出膜的整体结构,呈现近似完美的圆形中空结构,碳纳米管–聚偏氟乙烯分离层包裹在尼龙编织管的外面,厚度约为 200μm。编织管中的尼龙细丝紧密编织在一起[图 2.25(b)],可以提供极强的机械强度。较高倍数的断面照片显示,碳纳米管–聚偏氟乙烯分离层与尼龙衬底接触紧密,无分层现象[图 2.25(c)],表面致密,未观察到明显的缺陷[图 2.25(d)]。制备的带衬碳纳米管–聚偏氟乙烯中空纤维膜和自支撑纳米管–聚偏氟乙烯中空纤维膜都具有优异的柔韧性,可以任意弯曲而不折断。拉伸性能测试结果如图 2.26 所示:无论膜丝在干态或湿态,带衬碳纳米管–聚偏氟乙烯中空纤维膜和商业聚偏氟乙烯中空纤维膜的拉伸断裂载荷几乎一样,均约 150N,原因为尼龙编织管的机械强度远高于碳纳米管–聚偏氟乙烯分离层和聚偏氟乙烯分离层的机械强度,分离膜的拉伸强度实际上取决于编织管的强度。该测试结果表明,碳纳米管–聚偏氟乙烯中空纤维膜具有优异的结构强度,完全能够满足实用化的需求。

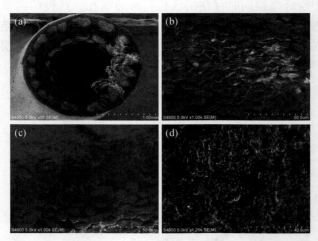

图 2.25　带衬底碳纳米管–聚偏氟乙烯中空纤维膜的扫描电镜照片
(a)整体的断面图;(b)编织管内衬截面放大图;(c)截面放大图;(d)表面图

　　当规模化制备的碳纳米管–聚偏氟乙烯中空纤维膜的平均孔径为 52.5nm 时,其纯水渗透速率可达(1728±67)L/(m² · h · bar)(图 2.27)。为了横向对比,三种市场上购买的有机高

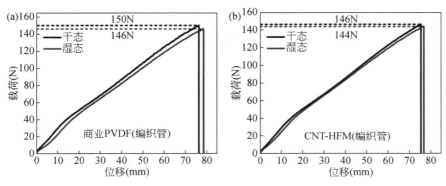

图 2.26　带衬底商业聚偏氟乙烯中空纤维膜(a)和带衬底碳纳米管–聚偏氟乙烯
中空纤维膜(b)的拉伸强度测试

分子中空纤维膜也进行了同条件的测试。它们(编号分别为商业膜 1、商业膜 2 和商业膜 3)的平均孔径分别为 60.0nm、53.5nm、47.5nm,纯水渗透速率分别为(332±23)L/(m² · h · bar)、(461±67)L/(m² · h · bar)、(499±62)L/(m² · h · bar)(图 2.27)。由此可见,当具有相似膜孔径时,该规模化制备的碳纳米管–聚偏氟乙烯中空纤维膜的渗透性能是目前商业膜的 3 ~ 5 倍,甚至是某些品牌商业膜的 5 倍以上。碳纳米管–聚偏氟乙烯中空纤维膜具有高渗透性的原因主要有:①碳纳米管具有未被破坏的石墨化结构,能够减小孔道壁面与水分子之间的摩擦力;②良好的表面亲水性,可降低水分子进入膜孔时的能垒;③高孔隙率,可提供更多的水传输通道。

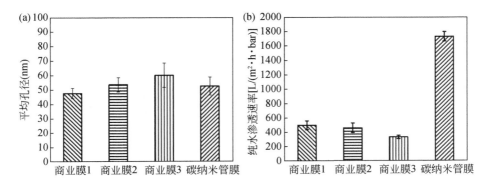

图 2.27　碳纳米管–聚偏氟乙烯中空纤维膜和三种商业中空纤维膜的平均孔径(a)和纯水渗透速率(b)

2.2　石墨烯基分离膜的制备、性能及分离机理

2.2.1　类石墨烯平板/管式超滤膜

目前,高聚物炭化法依旧是制备碳材料分离膜的主要手段之一[16,17],但是该方法在炭化

成膜过程中易发生膜体收缩甚至膜层开裂等现象,不易于规模化生产。同时,该法制备的碳材料多以活性炭为主,难以制备碳纳米材料,制备的分离膜导电性较差。相比较而言,化学气相沉积(chemical vapor deposition,CVD)法制备的碳材料多以石墨相为主,制备的分离膜具有良好的导电性[18]。根据碳热反应原理,采用气相沉积法,通过高温热解甲烷气体可制备类石墨烯/陶瓷分离膜,具体步骤如下:

(1)利用浓硫酸和过氧化氢混合洗液(体积比为3∶1)浸泡去除三氧化二铝陶瓷基底表面的杂质,后用高纯水冲洗至中性,烘干备用。

(2)将该陶瓷基底放入真空管式炉中,在氩气气流中以5℃/min升温至1200℃,然后调节氩气流量为500sccm,同时以80sccm的流量通入氢气,并保持30min。

(3)将甲烷以10sccm的流量通入管式炉中,为达到均匀沉积的目的,每间隔5min改变通入管式炉的气体流向,共沉积60min,后在氢气氛围下冷却至450℃,随后通入空气冷却至室温。

通过实物照片可以看出,白色的三氧化二铝陶瓷基底在化学气相沉积过程后转变为均匀的黑色(图2.28),原因是在温度达到1200℃时,甲烷气体可以通过热解过程生成碳并沉积到陶瓷基底上。根据碳热反应可知,高温条件下碳元素能够和氧化铝发生反应,使得沉积的碳层与氧化铝陶瓷颗粒之间生成铝单质。生成的单质铝既抑制碳热反应的继续进行,又可以作为催化剂促进无定形碳结构向sp^2碳的转变,形成石墨结构[19],未转化的无定形碳成分则可以在450℃的空气中氧化分解。

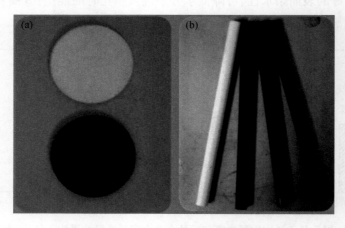

图2.28　类石墨烯/陶瓷分离膜的实物照片
(a)平板膜;(b)管式膜

低倍扫描电镜照片显示,沉积前后分离膜的微观形貌没有明显变化,均由0.2~1μm的颗粒堆积构成,并在颗粒间形成膜孔道(图2.29)。该结果表明化学气相沉积生成的碳并未堵塞膜孔,而是可能包裹在陶瓷颗粒的表面。为证实类石墨烯的形成,利用氢氟酸/磷酸刻蚀液分别处理化学气相沉积前、后的陶瓷膜基底,并通过扫描电镜对其样貌变化进行观察。由于陶瓷颗粒能够被酸刻蚀,而类石墨烯在非氧化性酸中具有良好的稳定性,所以经刻蚀后陶瓷颗粒体积变小,使二者分离开。从图2.30可以看到,化学气相沉积前的陶瓷基底依旧只能观察到陶瓷颗粒,而化学气相沉积后的样品则可观察到明显的薄膜结构包裹在陶瓷颗粒表面。从图 2.31 的透射电镜照片中也可以观察到类石墨烯结构包覆在陶瓷颗粒表面上,厚度约为 3nm。

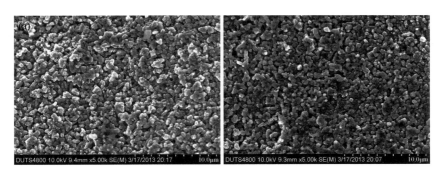

图 2.29 三氧化二铝陶瓷膜基底(a)和类石墨烯/陶瓷分离膜(b)的扫描电镜照片

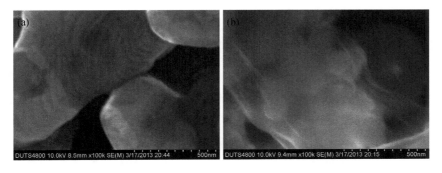

图 2.30 化学气相沉积前(a)、后(b)的陶瓷基底的高倍扫描电镜图片

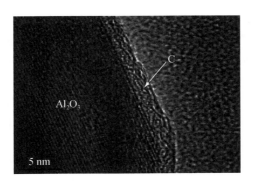

图 2.31 类石墨烯/陶瓷分离膜的透射电镜图

表 2.4 总结了不同沉积时间所制备的类石墨烯/陶瓷分离膜的性能参数。虽然多孔陶瓷基底为绝缘体,但是随着沉积时间的延长,其电导率逐渐升高。如表 2.4 所示,当沉积时间为 20min 时,类石墨烯/陶瓷分离膜的电导率为 0.035S/m,而当沉积时间延长为 60min 时,其电导率提高到 6.25S/m。但是,由于类石墨烯依附于陶瓷颗粒表面生长,造成分离膜

的孔隙率和膜孔径均呈现下降趋势。沉积时间达到 60min 后,其孔隙率从最初的 44% 降至 38%,同时孔径也由 220nm 降至 191nm。而且,分离膜的纯水渗透速率也由初始的 549 L/(m² · h · bar)下降至 503L/(m² · h · bar)。

表 2.4　类石墨烯/陶瓷分离膜的电导率、孔隙率、孔径和纯水渗透速率

沉积时间 (min)	电导率 (S/m)	孔隙率 (%)	孔径 (nm)	纯水渗透速率 [L/(m² · h · bar)]
0	–	44	220	549
20	0.035	43	216	537
40	0.26	41	203	522
60	6.25	38	191	503

2.2.2　超薄石墨烯超滤膜

1. 超薄多孔石墨烯分离膜的气相沉积-刻蚀法制备

对于匀质的对称膜,水力学阻力与其厚度成正比;而对于非对称膜,水力学阻力与其分离层的厚度成正比,结果表现为分离膜的透过性与其膜厚或分离层的厚度成反比[20]。石墨烯是由 sp² 杂化的碳原子构成的蜂窝状平面薄膜。理想的石墨烯是一种只有一个碳原子层厚度的二维纳米材料,也是一种目前已知的最薄固体材料[21]。根据经验推断,单层石墨烯分离膜理论上可具有无可超越的水渗透性。分子动力学模拟发现,多孔石墨烯膜在保证 99% 的盐截留率的情况下,可具有的水透过速率高达 2750L/(m² · h · bar),高出传统反渗透膜的水渗透速率 2~3 个数量级[22]。实验证实,孔径为 0.5~1nm 的石墨烯分离膜在保证盐截留率~100% 的情况下,水透过速率为 250L/(m² · h · bar)[23]。虽然实验值远低于理论值,但它仍比传统反渗透膜渗透速率高 1~2 个数量级。实验还证明,孔径为 50nm 的双层石墨烯超滤膜对气体分子、水分子和水蒸气分子的透过性比最优的高分子膜高若干个数量级[24]。目前,通过实验考察超薄石墨烯膜分离性能的研究还比较有限。而在这些为数不多的工作中,多孔石墨烯膜的制备需要用到活性离子刻蚀,成本高、效率低,并依赖较为昂贵的仪器。鉴于此,基于碳热反应原理,提出了一种低成本、过程简单的超薄石墨烯分离膜的制备方法[25],主要步骤如下:

首先,制备超薄石墨烯。将纯度为 99.99%、厚度为 100μm 的铜箔和不锈钢网分别作阳极和阴极浸没在水和磷酸(体积比 1:2)的混合溶液中,在铜箔和不锈钢网之间施加一个 8.0V 的电压,并持续时长 40s。所得的样品依次用水和丙酮清洗数次后,立即用氮气吹扫干燥。抛光后的铜箔放置到真空管式炉的中心位置,在 10sccm 氢气和 400sccm 氮气的混合气流中加热到 1000℃ 并保温 30min。之后,在维持总压力为 10Torr 的情况下通入 1sccm 甲烷气。化学气相沉积 2min 后,管式炉以 50~80℃/min 的速度降温到 600℃,随后自然冷却到室温。

其次,石墨烯上刻孔。多孔石墨烯膜制备的基本思路是,利用金属氧化物纳米颗粒在高温下和石墨烯上的某些碳原子发生反应,从而在石墨烯上刻蚀出纳米孔,基本流程如图 2.32 所示。具体操作步骤如下:

(1) $Cu(NO_3)_2$/聚甲基丙烯酸甲酯/丙酮溶液的制备。把 2.0g $Cu(NO_3)_2 \cdot 3H_2O$ 溶解在 10mL 的丙酮中。该溶液在初期并不稳定,会慢慢析出沉淀,造成 $Cu(NO_3)_2$ 在丙酮中的浓度不确定。为了确定溶液稳定后 $Cu(NO_3)_2$ 的浓度,静置 24h 后出现的白色沉淀通过离心方式分离出去。上清液随后在搅拌条件下加入到 100mL 质量浓度为 2% 的氢氧化钠溶液中,生成的蓝色沉淀用水清洗 3~4 次后用孔径为 0.22μm 的聚偏氟乙烯滤膜(质量为 m_1)过滤分离。在 60℃ 下烘干 6h 后,测得聚偏氟乙烯滤膜和氢氧化铜沉淀的总质量为 m_2。$Cu(NO_3)_2$ 在丙酮中的浓度(C)可用方程 $C=188(m_2-m_1)/980$ 计算,得到的浓度为 (146 ± 5) g/L。基于这个数值,上清液可以被稀释成不同的浓度。最后,将相应量的聚甲基丙烯酸甲酯在 60℃ 下溶解在该 $Cu(NO_3)_2$ 的丙酮溶液里。

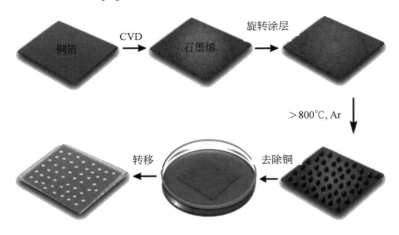

图 2.32　多孔石墨烯膜的制备过程示意图

(2) 石墨烯上刻孔。首先,10μL 不同浓度的 $Cu(NO_3)_2$/聚甲基丙烯酸甲酯/丙酮溶液滴在转速为 1500r/min、尺寸为 1cm×1cm 的石墨烯/铜箔样品上。随后,采用层层堆叠方法得到 4 层石墨烯薄膜。最后,得到的样品在 200sccm 氩气流中升温到 800℃ 并保温一段时间,随后冷却到室温。

(3) 石墨烯的转移。将 10μL 浓度为 2.0g/L 聚乙烯醇缩丁醛的乙醇溶液旋涂在煅烧后的样品上,然后把得到的样品漂浮在 2.5mol/L $FeCl_3$/0.5mol/L HCl 溶液的液面上 12h。完全去除铜箔后,漂浮在液面上的样品用水清洗 3 次,随后轻轻地转移到多孔聚碳酸酯膜上。室温干燥后,把聚碳酸酯膜连同上面的样品一同浸没在无水乙醇中 2h。该过程重复 3 次后,再把它们浸没在质量浓度为 0.5% 的 $(NH_4)_2S_2O_8$/0.5mol/L HCl 溶液中 2h 进一步去除含铜和含铁杂质。得到的多孔石墨烯/聚碳酸酯膜用水清洗 3 次后储存在水中备用。

扫描电镜照片如图 2.33 所示,化学气相沉积 2min 后的铜箔展现出典型的晶界结构。用 2.5mol/L $FeCl_3$/0.5mol/L HCl 溶液刻蚀掉铜箔之后,液面上出现了一层透明的薄膜。用透射电镜观察发现,该样品具有和石墨烯相似的褶皱结构。此样品的拉曼光谱图上出现了两个强吸收峰,分别位于 1580cm^{-1}(G 峰)和 2672cm^{-1}(2D 峰),是石墨烯的典型特征峰。计算得到的 2D 峰与 G 峰强度的比值大约为 2。这些结果表明,制得的样品为单层石墨烯。

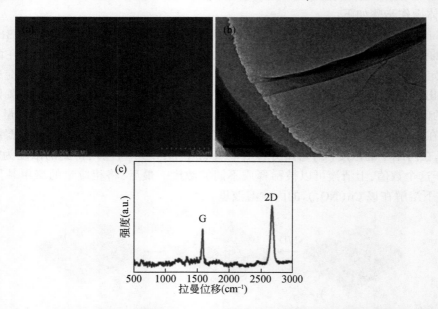

图 2.33　(a)化学气相沉积后铜箔表面的扫描电镜图;(b)去除铜箔后所得薄膜的透射电镜图;
(c)化学气相沉积所得样品的拉曼光谱图

石墨烯上刻孔的基本原理为,金属氧化物纳米颗粒如氧化铜纳米颗粒在高温下可以和它们接触的石墨烯反应,从而选择性地去除石墨烯上的某些碳原子,反应方程式如下:

$$CuO+C \xrightarrow{800℃} Cu+CO \tag{2.1}$$

为了使氧化铜纳米颗粒在石墨烯上均匀分布,含有 1 ~ 20g/L Cu(NO$_3$)$_2$ 的 Cu(NO$_3$)$_2$/聚甲基丙烯酸甲酯/丙酮溶液被旋涂在尺寸为 1cm×1cm 的石墨烯/铜箔样品上。该溶液一旦滴在高速旋转的石墨烯样品上会形成一个液膜薄层,丙酮蒸发后会留下均匀的 Cu(NO$_3$)$_2$/聚甲基丙烯酸甲酯层。

根据理论模拟,具有完美结构的单层石墨烯的机械强度为 130GPa,超过其他任何材料[26]。然而,目前通过化学气相沉积技术得到的石墨烯不可避免地存在缺陷和晶界结构,降低石墨烯的机械强度。为了保证制得的超薄石墨烯膜无任何不可忽略的缺陷(如漏洞、裂缝等)的同时还具有一定的机械强度,四片单独的单层石墨烯样品通过层层堆积的方式制成具有四层结构的石墨烯薄膜作为分离膜的主体结构。四片单层石墨烯相互交错使制得的分离膜具有更高的机械强度,并能承受一定的水压。除了上面提到的能够均匀散布 Cu(NO$_3$)$_2$ 的作用,聚甲基丙烯酸甲酯还具有辅助石墨烯在层层堆叠过程中无破损转移的作用。

当温度高于 170℃时,石墨烯上的硝酸铜就会转化成氧化铜纳米颗粒,反应方程式如下:

$$2Cu(NO_3)_2 \xrightarrow{>170℃} 2CuO+4NO_2+O_2 \tag{2.2}$$

生成的 CuO 纳米颗粒在温度大于 800℃时能够和其界面接触的石墨烯发生反应[式(2.1)]。生成的一氧化碳以气体的形式从石墨烯上溢出,最终石墨烯上特定的碳原子被去除而形成多孔结构。用 FeCl₃/HCl 去除铜基底并清洗 3~4 次后,漂浮在水面上的样品被转移到铜载网上以方便观察其微观形貌。如图 2.34(a)所示,所得的石墨烯样品几乎是透明的,只能通过它的晶界结构辨认。高倍扫描电镜照片清楚地展现了很多以黑点显示的纳米孔[图 2.34(b)]。透射电镜观察发现,石墨烯样品中出现了圆形的空白区域[图 2.34(b)插图],进一步确定了石墨烯上形成了孔结构。此外,扫描电镜观察还发现[图 2.34(b)],每一个纳米孔周围都有一个 Cu 或 CuO 纳米粒子,说明正是这些氧化铜纳米粒子在石墨烯上造出了上下贯通的圆形孔结构。通过以上的论述可知,此多孔石墨烯膜的制备方法不需要昂贵的设备仪器,操作比较简单,具有一定的工业化制备的潜力。

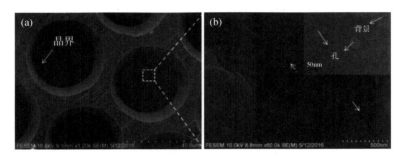

图 2.34　多孔石墨烯膜的扫描电镜图(插图是该样品的透射电镜图)

石墨烯膜的孔径可以通过改变 CuO 纳米颗粒的大小来调控。图 2.35 所示的是当聚甲基丙烯酸甲酯的浓度为 8.0g/L、不同 Cu(NO₃)₂ 浓度下所得石墨烯膜的平均孔径。由该图可知,随着硝酸铜浓度的增加,制得膜的平均孔径也随着增加:当浓度为 1.0g/L 时,膜孔径为约 10nm;而当浓度增加到 20.0g/L 时,所得膜的平均孔径相应地增加到约 90nm。

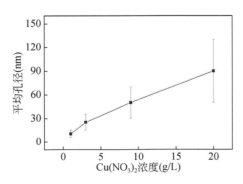

图 2.35　多孔石墨烯膜的平均孔径与 Cu(NO₃)₂ 浓度的关系

图 2.36 展示的是煅烧不同时长后得到的多孔石墨烯膜的扫描电镜照片。由这些照片可以看出,随着煅烧时长的增加,石墨烯膜的平均孔径也随着增加。当煅烧时长由 1h 增加到 3h 时,膜孔径会相应地由约 60nm 增加到约 300nm,主要原因为煅烧时间越长,能够和氧化铜纳米颗粒反应的碳原子也就越多,产生的孔径也就越大。通过以上结果可以得出,多孔石墨烯膜的孔径可以通过改变硝酸铜浓度和煅烧时长进行调控。

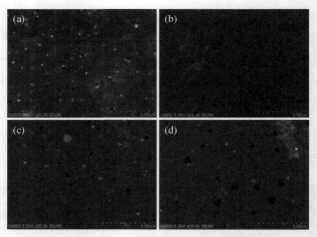

图 2.36 煅烧不同时长后得到的多孔石墨烯膜的扫描电镜照片
(a)1h;(b)1.5h;(c)2h;(d)3h

为了将超薄石墨烯膜完好地转移到其他多孔基底上进行过滤测试,10μL 浓度为 2.0g/L 的聚乙烯醇缩丁醛的乙醇溶液被旋涂在多孔石墨烯/铜箔样品上。用剪刀剪去宽为 0.5mm 的四条边后[图 2.37(a)],把该样品漂浮在 2.5mol/L FeCl₃/0.5mol/L HCl 溶液液面上。一段时间后,铜箔被完全去除,同时背面的石墨烯会自动沉在器皿底部[图 2.37(a)]。由于石墨烯膜的多孔结构,刻孔反应后留在石墨烯上的 Cu/CuO(或 Cu)纳米颗粒也能被同时去除。最后得到的样品可以转移到多种基底上,比如聚碳酸酯膜[图 2.37(b)]。图 2.37(c)和(d)

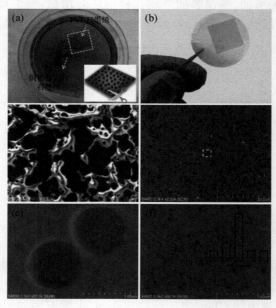

图 2.37 (a)去除铜箔后的现象;(b)多孔石墨烯/聚碳酸酯膜的照片;(c)聚碳酸酯膜的扫描电镜照片;(d)多孔石墨烯/聚碳酸酯膜的扫描电镜照片;(e)所标区域的高倍扫描电镜图;(f)多孔石墨烯膜在铜载网上时的扫描电镜照片(插图显示的是其孔径分布)

分别展示的是聚碳酸酯膜和表面有多孔石墨烯的聚碳酸酯膜的扫描电镜照片。由于聚碳酸酯材料自身超高的电阻,在扫描电镜观察时电荷会在膜表面聚集,所以聚碳酸酯膜的电镜照片上出现了明显的白斑,而表面覆盖有多孔石墨烯的聚碳酸酯膜则没有白斑,说明用乙醇去除聚乙烯醇缩丁醛的过程并不会导致石墨烯膜的破损。此过程选择聚乙烯醇缩丁醛辅助石墨烯转移的原因为其成膜性好,而且可溶于对聚碳酸酯基底无影响的乙醇溶剂中。

在 0.2bar 的压力差下,测得的多孔石墨烯/聚碳酸酯膜的水通量约为 700L/(m² · h)。由于聚碳酸酯膜自身的孔隙率为 15%,即约 15% 的石墨烯膜膜面积能够用于水传输,所以理论上石墨烯膜的水通量应为多孔石墨烯/聚碳酸酯膜通量的 6.67 倍(15% 的倒数),即为 4600L/(m² · h)。此外,石墨烯膜的水通量在 0~0.2bar 范围内会随着压力的升高而呈线性增加,表明石墨烯膜在此压力范围内结构上不会出现破损。过滤实验显示,该石墨烯膜几乎能够完全截留 65nm 的金纳米颗粒,截留率大于 99%。扫描电镜照片显示,过滤实验后的石墨烯膜的结构没有破损,验证了其具有较高的机械强度,此外还证实了所测通量值的有效性。石墨烯片层之间的距离为 0.355nm,远小于膜孔径的大小,因此水分子不太可能穿透如此窄小的空隙,因此石墨烯膜 50nm 的膜孔才是水穿透膜时的唯一路径。该石墨烯膜的透过速率是具有相同孔径的商业分离膜透过速率的 10~100 倍。

根据 Hagen-Poiseuille 方程 $[J = \varepsilon r^2 \Delta p / (8\mu\delta\tau): \varepsilon$ 为表面孔隙率;r 为孔半径;Δp 为压力差;μ 为孔道曲折率;δ 流体的黏度;τ 为膜孔道曲折率],膜的水通量与其厚度和孔道曲折率成反比。传统分离膜的厚度一般在几微米到数百微米之间,而这种四层石墨烯膜的厚度仅为约 2nm,极大地减小了水穿透膜时的阻力。此外,与层层堆积的具有曲折膜孔道的石墨烯膜不同,这种超薄石墨烯膜具有垂直贯通的孔道结构,水分子可以最短的路径穿透膜,因此能够进一步降低水力学阻力。

除了具有垂直贯通的孔道结构外,该石墨烯膜还具有较窄的孔径分布,能够用于精确分离过程。如图 2.38(a)所示,10nm 聚苯乙烯球分散液过滤前后在波长 193nm 处都有很强的吸收峰,表明大部分聚苯乙烯球能够穿透平均孔径为 20nm 的石墨烯膜,而该石墨烯膜几乎能够全部截留 35nm 的聚苯乙烯球[图 2.38(b)],表明石墨烯膜能够选择性地允许 10nm 聚苯乙烯纳米球通过而截留 35nm 的聚苯乙烯纳米球,表现出优异的选择性。在它们混合物的分离实验中,滤液的紫外可见吸收光谱峰强度远小于原液的吸收峰强度但又不为零[图 2.38(c)],同时在滤液的透射电镜中只观察到了 10nm 聚苯乙烯球。这些结果进一步证实了石墨烯膜对 10nm 聚苯乙烯球的单一透过性。第一次分离后,35nm 聚苯乙烯球在混合物中的比例由初始的 25% 增加到了 67%[图 2.38(d)]。将截留在膜上面的聚苯乙烯球分散

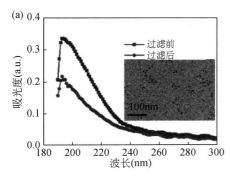
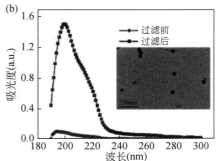

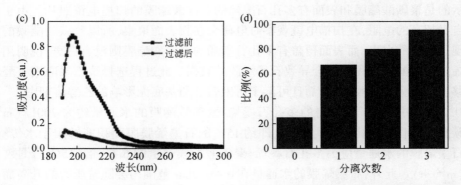

图 2.38　10nm 聚苯乙烯微球(a)、35nm 聚苯乙烯微球(b)和它们混合液(c)过滤前后的紫外
可见吸收光谱;(d)混合液中 35nm 的聚苯乙烯球所占比例与分离次数的关系

到水中后进行后续的分离,重复分离 3 次之后,35nm 聚苯乙烯球的比例升高到了>95%。由此可见,通过石墨烯膜对聚苯乙烯球的单一透过性,可以实现对不同尺寸聚苯乙烯纳米球的选择性分离。

2. 超薄多孔石墨烯分离膜的直接生长制备

如上所述,超薄多孔石墨烯分离膜的制备方法包括石墨烯的制备和石墨烯上打孔两个核心步骤,涉及两次高温过程,而且步骤稍显复杂。针对这些问题,开发了一种直接生长多孔石墨烯膜的制备方法[27],主要包括以下步骤(图 2.39):

(1)铜箔的电化学抛光。具体方法见上一节内容。

(2)$Cu(NO_3)_2$/聚甲基丙烯酸甲酯/丙酮溶液的制备。具体方法见上一节内容。

(3)直接生长多孔石墨烯膜。将 50μL 含有 1~20g/L $Cu(NO_3)_2$ 的 $Cu(NO_3)_2$/聚甲基丙烯酸甲酯/丙酮溶液滴在转速为 1500r/min 的铜箔上,1min 后关闭旋转涂膜机。得到的样品在 200sccm 氩气流中升到 800℃并保温 1h,随后又在 500sccm Ar/50sccm H_2 混合气流中升温到 1000℃并保温 30min,最后自然冷却到室温。

(4)石墨烯膜的无破损转移。将 20μL 浓度为 20.0g/L 聚乙烯醇缩丁醛的乙醇溶液旋涂在石墨烯/铜箔样品上。然后把得到的样品漂浮在 2.5mol/L $FeCl_3$/0.5mol/L HCl 溶液的液面上 12h。完全去除铜箔后,将漂浮在液面上的透明样品用水清洗 3 次后轻轻地转移到多孔聚碳酸酯膜上。室温干燥后,聚碳酸酯膜连同上面的样品被一同浸没在无水乙醇中 2h。该过程重复 3 次后,将得到的样品保存在水中备用。

有研究报道,在高于 800℃的条件下,聚甲基丙烯酸甲酯在铜箔或镍箔上可以转化为层数可控的石墨烯[28]。为了在石墨烯上造孔,首先将 $Cu(NO_3)_2$ 事先溶解在聚甲基丙烯酸甲酯的丙酮溶液里,然后旋涂在抛光的铜箔上。当丙酮蒸发后,铜箔上留下厚度均一的 $Cu(NO_3)_2$/聚甲基丙烯酸甲酯薄膜。在一次高温过程中,$Cu(NO_3)_2$ 会首先分解为氧化铜纳米颗粒,而聚甲基丙烯酸甲酯会转化为石墨烯。氧化铜纳米颗粒会随后和其周围的碳原子发生碳热反应,这样石墨烯上特定的碳原子就会被去除留下多孔的结构。此外,还有可能碳热反应和石墨烯的转化是同时进行的,即氧化铜纳米颗粒周围本身不能生长石墨烯,最终使

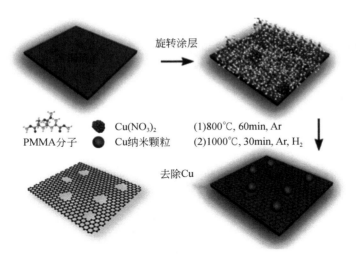

图 2.39　多孔石墨烯膜直接生长制备过程的示意图

得到的石墨烯具有多孔结构。

图 2.40(a)、(b)展示的是所制备样品的扫描电镜图。可以看到,样品上分布着密集的像黑色斑点的圆孔。该样品的透射电镜照片[图 2.40(c)、(d)]显示,样品有很多白色的斑点。高分辨透射电镜照片表明,白色的斑点为无样品区域,实为纳米孔。

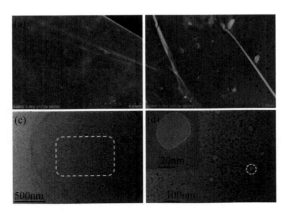

图 2.40　直接生长的多孔石墨烯膜的低倍扫描电镜图(a)、高倍数扫描电镜图(b)、低倍透射电镜图(c)和高倍透射电镜图(d)

样品的拉曼测试结果如图 2.41 所示,上方曲线位于 1590cm^{-1}(G 峰)和 2684cm^{-1}(2D 峰)处出现了两个强吸收峰,它们是石墨烯的典型特征峰。这些结果表明,多孔石墨烯可以通过一次高温过程直接在铜箔上生长制备。此外,从拉曼图谱上还可以看出,多孔石墨烯样品的 D 峰与 G 峰强度的比值($I_D/I_G = 0.65$)要明显大于利用相同热转化过程制得的无孔石墨烯样品的比值($I_D/I_G = 0.26$)。这是因为纳米孔的存在使石墨烯具有更多的缺陷,反映石墨烯缺陷的 D 峰也就越强。多孔石墨烯的高分辨透射电镜照片(图 2.42)显示,其边缘周围大约有 15 条平行的线,表明制备的样品由 15 层单层石墨烯构成,其厚度大约为 5nm。

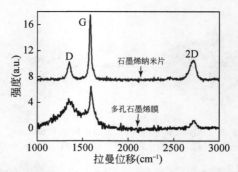

图2.41　一次高温过程制备的多孔石墨烯膜和石墨烯薄膜的拉曼光谱图

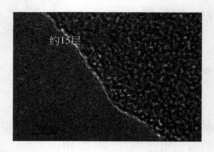

图2.42　多孔石墨烯膜边缘的高分辨透射电镜照片

　　上一节内容论述了丙酮中硝酸铜的浓度对石墨烯膜的孔径有很大影响,而在直接生长多孔石墨烯膜的过程中,$Cu(NO_3)_2$浓度同样会对石墨烯膜膜孔的形成具有至关重要的作用。图2.43展示的是不同$Cu(NO_3)_2$浓度下得到的多孔石墨烯膜的扫描电镜图。可以看

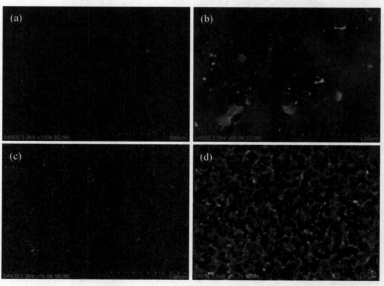

图2.43　不同硝酸铜浓度下制得的多孔石墨烯膜的扫描电镜照片
(a)1.0g/L;(b)2.0g/L;(c)5.0g/L;(d)10.0g/L

出,随着 Cu(NO₃)₂浓度的增加,孔径也随着增加。同时,孔密度也会随着硝酸铜浓度的增加而增加。例如,当 Cu(NO₃)₂浓度为 1.0g/L 时,所制得石墨烯膜的孔密度约为 $2.6×10^9$ cm⁻²,而当 Cu(NO₃)₂浓度增加到 10.0g/L 时,孔密度会相应地增加到 $6.2×10^9$ cm⁻²,原因为硝酸铜浓度越高,产生的氧化铜的粒径越大、数量越多,最后形成的孔径也就越大和孔密度也就越高。

由于石墨烯膜具有分子级的厚度,所以在过滤过程中它们需要被转移到其他多孔基底上。相似的操作已在很多关于其他超薄膜的研究中被报道。在去除铜箔之前,聚乙烯醇缩丁醛被旋涂在石墨烯上,目的是防止铜箔去除后石墨烯膜的结构被破坏。随后,石墨烯膜上的聚乙烯醇缩丁醛用乙醇清洗去除。由于聚碳酸酯膜具有非常光滑的表面和均一的膜孔,所以优选为该多孔石墨烯的基底。实验证明该多孔石墨烯在聚碳酸酯膜基底上至少可承受 0.5bar 的水压而不破损。

当石墨烯膜的平均孔径为 34nm 时,实验测得多孔石墨烯/聚碳酸酯膜在压差为 0.5bar 下的纯水通量为 9220L/(m²·h)。过滤实验显示,此膜对 35nm 聚苯乙烯纳米球的截留率为 >93%。由于聚碳酸酯膜本身的孔隙率为 15%,表明石墨烯膜上大约只有 15% 的面积能够用于水传输,所以理论上石墨烯膜的水渗透速率应为多孔石墨烯/聚碳酸酯膜渗透速率的 6.67 倍(15% 的倒数),即 122000L/(m²·h·bar)。

利用相同的方法也测得了其他孔径的石墨烯膜的水通量,并表现出在 0.1~0.5bar 的压力范围内随着压力的升高而呈线性上升的趋势[图2.44(b)]。这些结果表明石墨烯膜具有稳定的孔道结构,而且该石墨烯膜能够承受至少 0.5bar 的压力。当平均孔径为 10nm 时,石墨烯膜的水渗透速率比传统高分子膜高出 1~2 个数量级,与已报道的碳纳米管阵列膜和纳米晶硅膜的水渗透速率相当。当孔径为 42nm 时,它的水渗透速率为 182000L/(m²·h·bar),比传统陶瓷膜和高分子膜的渗透速率高 2 个数量级,是碳纳米纤维膜的近 20 倍。总体来说,这种具有分子级厚度的石墨烯膜具有优异的渗透性,是目前已报道的具有最高水渗透速率的分离膜之一。

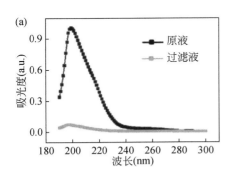 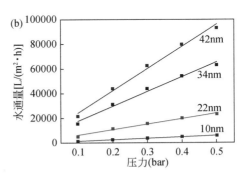

图 2.44　(a)聚苯乙烯球分散液原液和过滤液的紫外–可见吸收光谱图;
(b)不同孔径的石墨烯膜的水通量与压力的关系

据 Hagen-Poiseuille 方程[$J=\varepsilon r^2 \Delta p/(8\mu\delta\tau)$:$\varepsilon$ 为表面孔隙率;r 为孔半径;Δp 为压力差;μ 为孔道曲折率;δ 流体的黏度;τ 为膜孔道曲折率],膜的水通量与其厚度和孔道曲折率成

反比。所得超薄多孔石墨烯膜的厚度仅为 10nm，远小于传统分离膜的厚度(一般在几微米到数百微米之间)。此外，该石墨烯膜还具有跨越整个膜厚度的垂直贯通的膜孔道。石墨烯膜这两个结构性质使得水分子可以沿着几乎最短的路径穿透膜，可极大地减少水力学阻力，是该石墨烯膜具有超高水通量的最主要的原因。

　　研究发现，在截留 89nm 聚苯乙烯球的过程中，平均孔径为 42nm 的石墨烯膜的水通量在 25min 内由最初的 $42000L/(m^2 \cdot h)$ 快速下降到 $12200L/(m^2 \cdot h)$，随后又在 35min 内缓慢地降到 $7200L/(m^2 \cdot h)$[图 2.45(a)]，这表明通量的下降可以分为两个过程：快速下降阶段和准静态阶段。石墨烯膜通量的快速下降是因为 89nm 聚苯乙烯球能够全部被截留而在膜表面迅速形成一个滤饼层。当截留 10nm 聚苯乙烯球的过程中，水通量从快速下降阶段到准静态阶段的过渡就相对较为平缓。对滤液的分析表明，在过滤过程的早期阶段，10nm 的聚苯乙烯球能够穿透膜，而后随着过滤实验的进行而逐渐被截留[图 2.45(b)]，是水通量从快速下降阶段到准静态阶段过渡比较平缓的原因。在聚偏氟乙烯膜过滤过程中也观察到类似的现象[图 2.45(c)、(d)]。然而不同之处在于，由于石墨烯膜的超薄结构，其对 10nm 聚苯乙烯球的截留仅发生在其表面上，而对于聚偏氟乙烯膜，聚苯乙烯球不但可以被截留在膜表面还可以被截留在其膜孔道内，相关示意图分别见图 2.45(b)和图 2.45(d)的插图。

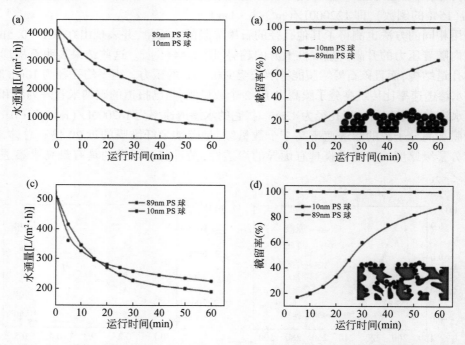

图 2.45　石墨烯膜的水通量(a)以及对聚苯乙烯球的截留率(b)、商业聚偏氟乙烯膜的水通量(c)以及对聚苯乙烯球的截留率(d)随时间变化的关系曲线

　　对于低压过滤膜如超滤膜和微滤膜，它们对纳米粒子的截留可以发生在膜表面，也可以发生在膜孔道内，主要取决于膜孔的大小和形态、表面化学以及纳米粒子和膜界面之间的相互作用力等。相应的污染可以被称为膜表面污染和膜孔道污染。它们与可逆污染和不可逆

污染有很大关系。由于石墨烯膜具有超薄结构,污染物只能被截留在膜表面,在反冲洗过程中很容易被清洗去除,理论上不会造成不可逆污染。而对于传统分离膜,污染物除了能被截留在表面还可能被截留在其内部孔道中,此情况下很难通过简单的水力清洗方法去除,因而会造成严重的不可逆污染。

如图 2.46 所示,对于截留 10nm 聚苯乙烯球后的石墨烯膜,四次"过滤-反冲洗"循环操作后其通量恢复率(J/J_0)为 57%,明显高于商业聚偏氟乙烯膜的通量恢复率(42%)。理论分析认为,由于聚苯乙烯球的粒径远小于石墨烯膜孔径,所以它们能够穿透膜或通过架桥作用被膜表面截留。而对于聚偏氟乙烯膜,它们可以穿透膜或被膜表面截留,也可以被膜孔道内部网格截留。而被膜内部孔道截留的聚苯乙烯球很难通过反冲洗去除。当截留的聚苯乙烯球的粒径为 35nm 时,石墨烯膜和聚偏氟乙烯膜都具有更严重的膜污染。这是因为它们的尺寸与膜孔径相当,能够造成膜孔的完全堵塞。然而,石墨烯膜的通量恢复率(53%)仍然明显高于聚偏氟乙烯膜的通量恢复率(35%)。更大粒径的聚苯乙烯球同样被用来测试这两种膜的抗污染能力,测试结果与上面的结果一致:石墨烯膜具有更强的抗不可逆污染的能力。石墨烯膜具有更高通量恢复率的原因主要有 3 个:第一,聚苯乙烯球不能卡嵌在分子级厚度的石墨烯膜内部;第二,石墨烯膜超薄的结构能够大大减小水力阻力,几乎不消耗反冲洗力,而聚偏氟乙烯膜会消耗掉很大一部分水冲洗力;第三,聚苯乙烯球和聚偏氟乙烯膜界面之间可能具有更强的结合力。综合以上的因素,石墨烯膜具有良好的抗不可逆污染的能力。

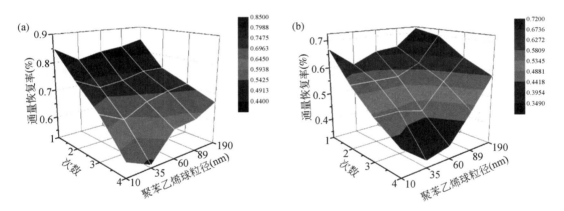

图 2.46 石墨烯膜(a)和聚偏氟乙烯膜(b)的通量恢复率与反冲洗次数和聚苯乙烯球粒径之间的关系

2.2.3 层状石墨烯纳滤膜

虽然超薄多孔石墨烯膜具有几乎无可比拟的高渗透性,但是目前其大面积、低成本、无缺陷制备还面临巨大的困难。而通过化学氧化并剥离石墨粉制得氧化石墨烯或石墨烯纳米片目前已经实现工业化。鉴于此,有很多研究尝试把这些氧化石墨烯或石墨烯纳米片制成层状的分离膜。在这类分离膜中,(氧化)石墨烯纳米片相互堆叠形成二维孔道,氧化石墨烯表面拥有亲水的氧化区域和疏水的非氧化的 sp^2 杂化碳结构区域[29]。其中,氧化区域上的氧基团可以作为撑挡,阻止非氧化区域紧密堆叠成石墨结构,从而形成水传输通道。水分子在氧化石墨烯和石墨烯的非氧化区域内可以无摩擦地超快传输。理论研究表明,水分子在sp²杂化碳结构表面的传输速率比传统牛顿流体理论预测值高4~5个数量级[30,31],可以极大提高水分子跨膜传输的速度。目前,该类分离膜存在的主要问题有:①由于氧化石墨烯和石墨烯具有较大的横向尺寸,膜的孔隙率非常低,甚至小于1%[32];②在这些膜中,孔道取向与跨膜传输方向垂直,使其具有非常高的膜孔曲折度(>1000)[33];③由于氧化石墨烯膜上丰富的亲水含氧基团,在水中易溶胀,造成层间距显著增大,降低其截留性能[34,35];④石墨烯膜中由于部分含氧基团的去除,部分区域会紧密堆叠成石墨结构,无法用于水传输[36,37]。

针对这些问题,目前已开展了大量的研究工作。例如,针对氧化石墨烯膜在水中易溶胀因而对盐离子(特别单价盐离子)的截留率较低的问题,聚苯乙烯磺酸钠(PSSNa)被组装到胺交联的石墨烯纳米层间,可构建一种胺交联的石墨烯–聚苯乙烯磺酸钠(ArGO-PSSNa)复合阳离子限域膜[38],利用阴离子型聚电解质聚苯乙烯磺酸钠,并通过静电吸引作用和阳离子–π作用的同步锚定策略,将阳离子限域在复合膜层间纳米通道中,形成阳离子富集的纳米通道,显著增强离子分区效应,进而提高离子截留性能。如图2.47所示,其主要制备步骤如下:

(1)氧化石墨烯的制备。采用改进的Hummers法制备氧化石墨烯。取一定质量的石墨粉加入浓硫酸中,在冰水浴(0℃)中充分搅拌状态下缓慢加入高锰酸钾,得到墨绿色的混合液。将该混合液超声处理12h后,向其中缓慢加入高纯水,并快速搅拌。该过程会释放出大量的热。随后,在搅拌状态下,加入浓度为30wt%的过氧化氢,混合液迅速转变为金黄色,将其静置6h后,弃去上清液。将底部的固体悬浊液在3000r/min的转速下进行离心分离,将离心后的固体用0.1mol/L的HCl溶液洗涤后继续在5000r/min的转速下离心分离,随后再用高纯水洗涤3次并在8000r/min的转速下离心分离,弃去上清液及底部离心的残渣,得到液晶状的高浓度分散液。最后,将该分散液冷冻6h,再在真空冷冻干燥机中干燥48h,最终得到氧化石墨烯固体。

(2)石墨烯的制备。将得到的氧化石墨烯通过水合肼还原法制备石墨烯分散液。首先,将一定量的氧化石墨烯固体加入到高纯水中,超声分散2h,配制成均匀的分散液。然后,加入氨水(含量25wt%)、水合肼(含量80wt%)和乙二胺(纯度99.5%),充分搅拌均匀。将混合溶液倒入反应釜中,置于鼓风干燥箱中于30℃、60℃、90℃反应2h,得到还原的氧化石墨烯分散液。

(3)ArGO-PSSNa膜的制备。将4mL制备好的石墨烯分散液与5mL聚苯乙烯磺酸钠溶液(1.0wt%,1mol/L NaCl溶液)和5mL间苯二胺(2.0wt%)溶液通过超声混合,然后通过真空辅助过滤装置将其抽滤到聚偏氟乙烯膜基底(孔径0.1μm,直径47mm)上。随后,将得到的膜在0.1w/v%的均苯三甲基氯的正己烷溶液中浸泡60s。去除膜上多余的溶液后,将膜置于烘箱中80℃处理10min,再用去离子水冲洗,得到ArGO-PSSNa复合膜。

扫描电镜照片显示,ArGO-PSSNa膜具有明显的波浪形褶皱表面[图2.48(a)、(b)],但表面无裂缝等缺陷。膜侧面电镜照片显示,膜厚度约为63nm[图2.48(c)]。这种褶皱结构可能是由快速聚合反应以及随后的热处理过程中PSSNa在石墨烯纳米层中的自发扩散引起的。ArGO-PSSNa膜的透射电镜图显示有许多约1nm大小的斑点[图2.48(d)]。此外,层间距从石墨烯膜的1nm增加到ArGO-PSSNa膜的1.3nm[图2.48(e)]。斑点的出现和层间

距的增大都表明 PSSNa 嵌入石墨烯膜层中。由于聚苯乙烯磺酸钠的加入,ArGO-PSSNa 膜的
Zeta 电位达到-105.2mV,数值上明显低于石墨烯膜和胺交联石墨烯膜的 Zeta 电位(分别为
-20.3mV 和-46.4mV),表明 ArGO-PSSNa 膜具有更高的负电荷密度。

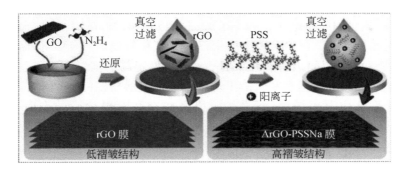

图 2.47　ArGO-PSSNa 膜制备流程的示意图

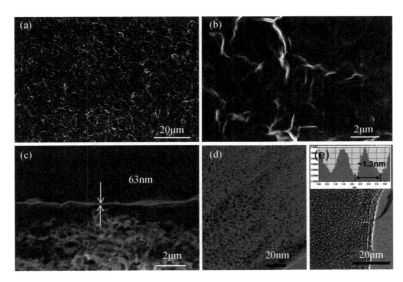

图 2.48　(a)ArGO-PSSNa 膜的扫描电镜图和透射电镜图
(a)表面的低倍扫描电镜图;(b)表面的高倍扫描电镜图;(c)侧面的扫描电镜图;(d)低倍透射电镜图;
(e)高倍透射电镜图

如图 2.49 所示,氧化石墨烯膜的纯水渗透速率为 10.7L/(m² · h · bar),而经过化学还
原后,得到的石墨烯膜的水渗透速率相比下降82%,仅为 1.9L/(m² · h · bar),再经过胺交
联后,石墨烯膜的水渗透速率提高到 16.8L、(m² · h · bar)。ArGO-PSSNa 膜的纯水渗透速
率可达48.6L/(m² · h · bar),分别比氧化石墨烯膜和石墨烯膜高 4.5 倍和25.6 倍。四种膜
的表征结果显示,ArGO-PSSNa 膜的层间距(1.28nm)要大于氧化石墨烯膜和石墨烯膜的层
间距(0.94~0.97nm)。膜层间距的增大会在一定程度上削弱水分子在膜孔道内传输的能
垒,是 ArGO-PSSNa 膜的水渗透速率高于氧化石墨烯膜和石墨烯膜的原因之一。膜的层间
距和通量的关系可由变形化简后的 Hagen-Poiseuille 方程来描述:

$$Q \approx \delta^3 \left(\frac{1}{12\eta} \right) \left(\frac{1}{L} \right) \left(\frac{\Delta P}{l} \right) \rho \qquad (2.3)$$

式中,Q 为膜通量;δ 为膜的层间距;η 为水在20℃时的黏度;L 为纳米片的横向宽度;ΔP 为跨膜压差;l 为有效膜通道长度;ρ 是水的密度。

根据该方程,当膜的层间距从 0.94 ~ 0.97nm 增大至 1.28nm 时,膜的水渗透率将增大约 2.3 ~ 2.5 倍,小于 ArGO-PSSNa 膜比氧化石墨烯膜和石墨烯膜所高出的 4.5 倍和 25.6 倍,表明 ArGO-PSSNa 膜层间距的增大并不是水渗透性提高的唯一原因。表面自由能是膜渗透性的重要影响因素。根据水和二碘甲烷在膜上的接触角,并通过 Owens-Wendt-Rabel-Kaelble 公式,计算氧化石墨烯膜、石墨烯膜以及胺交联石墨烯膜的表面自由能分别为 52.2mJ/m²、46.5mJ/m² 和 50.0mJ/m²,而 ArGO-PSSNa 膜的表面自由能则增大到 55.3mJ/m²。膜的表面自由能呈现出与膜的纯水渗透速率相似的变化趋势,同时也说明高的表面自由能有助于水渗透透过分离膜。上述研究结果表明了 ArGO-PSSNa 膜高的水渗透率是由于胺交联和聚苯乙烯磺酸钠嵌入使得膜层间距增大,同时增加膜表面自由能,使水更容易在分离膜中渗透传输。

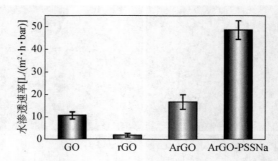

图 2.49　氧化石墨烯(GO)膜、石墨烯(rGO)膜、胺交联石墨烯(ArGO)膜和 ArGO-PSSNa 膜的纯水渗透速率

图 2.50(a)显示的为四种膜对 5mmol/L NaCl 过滤时的渗透速率和截留率。化学还原过程使得膜的水渗透速率和 NaCl 截留率分别由氧化石墨烯膜的 5.5L/(m²·h·bar)和 26.5% 下降到石墨烯膜的 1.7L/(m²·h·bar)和 12.8%。这主要是由于化学还原后使得膜的表面氧基团含量降低,导致膜的亲水性下降、层间通道减少,增加水的传输阻力,同时,膜对离子的静电排斥作用也显著减弱,导致离子截留降低。石墨烯膜经过胺聚合交联后,亲水性增加且荷电性提高,水渗透速率和盐截留率分别增加到 8.3L/(m²·h·bar)和 23.9%。而当聚苯乙烯磺酸钠嵌入膜层中后,ArGO-PSSNa 膜的水通量和盐截留率都大幅度增加,其水渗透速率为 23.0L/(m²·h·bar),是石墨烯膜的 13.5 倍,同时 NaCl 去除率达到 95.5%,是石墨烯膜去除率的 7.5 倍。随着 ArGO-PSSNa 的负载量从 0.06g/m² 增加到 0.24g/m²,ArGO-PSSNa 膜的水通量和盐截留率表现出 trade-off 效应[图 2.50(b)]。当同时考虑水渗透性和盐截留性能时,负载量为 0.18g/m² 的 ArGO-PSSNa 膜表现出优异的单价盐截留性能(95.5%)和水渗透性能[48.6L/(m²·h·bar)],显著优于先前报道的基于氧化石墨烯的分离膜和商业分离膜。

为了理解 ArGO-PSSNa 膜优异分离性能的机理,对上述四种膜进行了电化学 $I-V$ 测试,膜的一侧为 5mmol/L NaCl 溶液,而另一侧为去离子水,依次测试 5mmol/L NaCl 的过膜传输性质。结果如图 2.51 所示,当施加 0～2.0V 的电压(膜作阴极)以驱动 Na^+ 输运时,测得的氧化石墨烯膜的电流从 0 到 $-2.4\mu A$ 线性增加,而 ArGO- PSSNa 膜的电流则线性增加到 $-1.3\mu A$,说明 Na^+ 可以通过膜,并且 ArGO-PSSNa 膜表现出更大的 Na^+ 传输阻力。相反,当施加 0～2.0V 的电压(膜作阳极)以驱动 Cl^- 输运时,氧化石墨烯和石墨烯膜的电流都从 0 线性增加到 $\sim2.4\mu A$;对于胺交联的石墨烯膜来说,电流以较慢的速度呈非线性增加,表明 Cl^- 的传输受阻;对于 ArGO-PSSNa 膜,随着电压的增加,电流并没有明显的增加,基本保持在 $0.1\mu A$ 的低值,说明 Cl^- 很难通过 ArGO-PSSNa 膜。

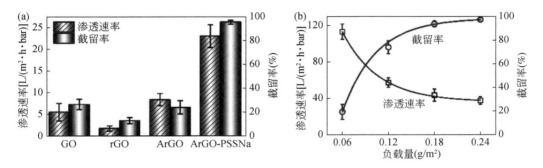

图 2.50　(a)氧化石墨烯(GO)膜、石墨烯(rGO)膜、胺交联石墨烯(ArGO)膜和 ArGO-PSSNa 膜的水渗透速率和 NaCl 截留率;(b)不同 ArGO-PSSNa 负载量的膜的纯水渗透速率和 NaCl 截留率

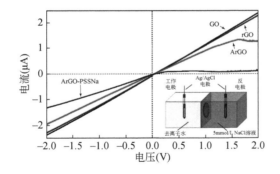

图 2.51　氧化石墨烯(GO)膜、石墨烯(rGO)膜、胺交联石墨烯(ArGO)膜和 ArGO-PSSNa 膜在 5mmol/L NaCl 溶液和去离子水中的 *I-V* 曲线

图 2.52 显示的为 COMSOL 仿真模拟的原液侧和膜通道中的离子浓度分布。如图所示,相比于原液侧,膜孔道中的阳离子(Na^+)浓度明显更高,而阴离子(Cl^-)浓度更低。ArGO-PSSNa 膜通道中的 Na^+ 浓度要显著高于石墨烯膜中的 Na^+ 浓度,而 ArGO-PSSNa 膜通道中的 Cl^- 浓度要低于石墨烯膜中的 Cl^- 浓度。石墨烯膜孔道中的 Na^+ 浓度为 $32mol/m^3$[图 2.52(b)],而 Cl^- 浓度为 $0.78mol/m^3$[图 2.52(c)],说明石墨烯膜表面负电荷可以使离子分布发生阴/阳离子分区效应,其中阳离子/阴离子比为 41。相比之下,ArGO-PSSNa 膜通道中的 Na^+ 浓度可达到 $240mol/m^3$,而 Cl^- 浓度则为 $0.09mol/m^3$,相应的阳离子/阴离子比达 2667,是

石墨烯膜的阳离子/阴离子比的 65 倍,说明聚苯乙烯磺酸钠可以显著提高阴/阳离子分区,同时也表明 ArGO-PSSNa 膜中阳离子浓度远超阴离子浓度,形成阳离子限域膜孔道。

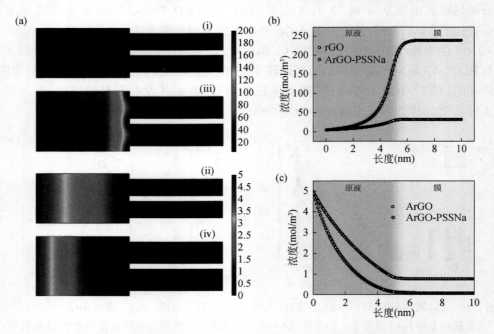

图 2.52　(a)模拟的原液和膜纳米通道内的离子浓度分布情况:(i)石墨烯膜纳米通道中阳离子(Na⁺)浓度,(ii)ArGO-PSSNa 膜纳米通道中阳离子(Na⁺)浓度,(iii)石墨烯膜纳米通道中阴离子(Cl⁻)浓度,(iv)ArGO-PSSNa 膜纳米通道中阴离子(Cl⁻)浓度;(b)从原液侧到石墨烯膜和 ArGO-PSSNa 膜纳米通道的阳离子(Na⁺)浓度变化;(c)从原液侧到石墨烯膜和 ArGO-PSSNa 膜纳米通道的阴离子(Cl⁻)浓度变化

分子动力学模拟结果如图 2.53 所示,Na^+ 和 Cl^- 可以由原液侧通过石墨烯纳米通道到达渗透侧,而无法通过 ArGO-PSSNa 纳米通道[图 2.53(a)、(b)]。而且,在石墨烯纳米通道中 Na^+ 和 Cl^- 几乎以相同的数量通过,类似于以阴-阳离子对的形式共传输。当过滤 1380 个水分子时,4 个 Na^+ 和 4 个 Cl^- 穿过石墨烯纳米通道,对应的盐截留率为 68.14%,而 Na^+ 和 Cl^- 无法传输通过 ArGO-PSSNa 纳米通道,对应的盐截留率为 100%。进一步对石墨烯和 ArGO-PSSNa 纳米通道中的 Na^+ 和 Cl^- 数量的分布进行分析发现,石墨烯纳米通道中的 Na^+ 和 Cl^- 的数量基本相当,在整个模拟期间平均约为 $2Na^+$ 和 $2Cl^-$[图 2.53(c)],表明无离子分区发生。而在 ArGO-PSSNa 纳米通道中,平均约为 10 个 Na^+ 和 2 个 Cl^-[图 2.53(d)]。相应地,石墨烯纳米通道中的 Na^+ 和 Cl^- 的数密度均为 $0.0003/nm^3$,相比之下,ArGO-PSSNa 纳米通道中具有更高的 Na^+ 数密度($0.0015/nm^3$)和更低的 Cl^- 数密度($0.0002/nm^3$),表明 ArGO-PSSNa 纳米通道可以增强离子分区。上述结果表明,ArGO-PSSNa 膜的高盐截留性能是由 ArGO-PSSNa 纳米通道中的离子分区效应引起的。

ArGO-PSSNa 纳米通道中的水合 Na^+ 离子周围的氧和氢的径向分布函数(RDF)计算结果如图 2.54 所示。RDF 图中第一个峰表示为 Na^+ 离子的第一层水合壳(紧密层),峰的位置表示为第一层水合壳中的原子(氧或氢)与 Na^+ 的距离,而峰面积表示为水合离子的平均水

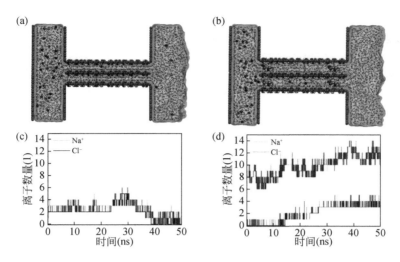

图 2.53　石墨烯(a)和 ArGO-PSSNa 纳米通道(b)过滤 NaCl 的 MD 模拟结果的
快照;石墨烯(c)和 ArGO-PSSNa 纳米通道中(d)Na⁺和 Cl⁻数量随模拟时间的变化

合数。在 NaCl 原液中,氧原子与 Na⁺的距离约为 2.4Å,而氢原子与 Na⁺的距离为 3.0Å,说明水合壳中水分子的氧原子更靠近 Na⁺离子。模拟计算得到的 Na⁺的平均水合数为 5.6,与报道的分子动力学计算的 Na⁺第一层水合壳的最大水合数一致。通过比较原液中和 ArGO-PSSNa 纳米通道中的水合 Na⁺的 RDF,可以发现水合 Na⁺进入纳米通道后,与配位水分子之间的距离没有变化,但平均配位数(水合数)降低为 3.9,低于原液中的平均配位数 5.6,表明 Na⁺在纳米通道中发生了部分脱水合。

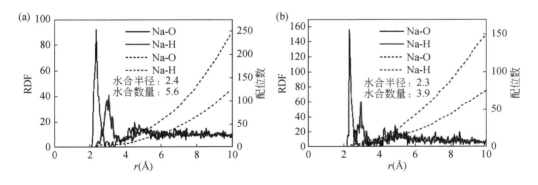

图 2.54　原液侧(a)和 ArGO-PSSNa 纳米通道中(b)Na⁺离子周围水分子中氧和氢的径向
分布函数和配位数

基于上述研究结果,提出 ArGO-PSSNa 膜的优异分离性能的机理为:在 ArGO-PSSNa 纳米通道中,带负电荷的石墨烯表面和聚苯乙烯磺酸钠的磺酸基团可以静电吸引 Na⁺离子,并克服水合 Na⁺的水合能,使部分脱水的 Na⁺被静电力限制在纳米通道中,从而增强了离子分区效应,打破自由移动的阴-阳离子对的动态关联,阻止了阴离子和阳离子的共传输过膜,增加了离子跨膜传输能垒,从而使得盐截留性能提高。

通过正向渗透模式进一步评估了 ArGO-PSSNa 膜的性能。结果发现,氧化石墨烯膜、石墨烯膜、胺交联石墨烯膜以及 ArGO-PSSNa 膜四种膜中,ArGO-PSSNa 膜的水通量最高,达到 47.0L/(m²·h),其 NaCl 渗透通量最低,为 3.8g/(m²·h)[图 2.55(a)]。根据膜的水通量和盐通量,计算的膜截留率呈现出氧化石墨烯膜<石墨烯膜<胺交联石墨烯膜<RArGO-PSSNa 膜的顺序,其最大值为 99.7%[图 2.55(b)]。膜的盐/水比(J_s/J_w)从氧化石墨烯膜的 0.97g/L 降低到 ArGO-PSSNa 膜的 0.08g/L,表明膜的水/盐选择性显著提高。当 NaCl 浓度从 0.05mol/L 增加到 1.0mol/L 时,ArGO-PSSNa 膜的水通量和盐通量均增加,相应地盐截留率从 97.3% 提高到 99.8%,J_s/J_w 从 0.08g/L 增加到 0.10g/L,说明随着盐浓度的增加,水/盐选择性降低。据调查,ArGO-PSSNa 膜的水通量要高于其他的二维结构的纳米层状膜,大约是典型正渗透膜性能的 5~10 倍,并且其脱盐性能也明显优于目前报道的膜。

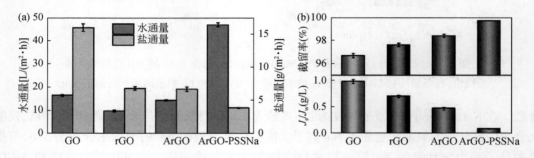

图 2.55　氧化石墨烯(GO)膜、石墨烯(rGO)膜、胺交联石墨烯(ArGO)膜和 ArGO-PSSNa 膜的水通量和 NaCl 通量(a)以及盐截留率和盐/水比(b)

分子动力学模拟结果表明,Na⁺ 和 Cl⁻ 离子可以穿过石墨烯纳米通道。经过 50ns 的模拟时间,2 个 Na⁺ 和 2 个 Cl⁻ 通过了石墨烯纳米通道。然而,Na⁺ 和 Cl⁻ 无法通过 ArGO-PSSNa 纳米通道[图 2.56(a)~(d)]。此外,均方位移(MSD)结果表明,与通过石墨烯纳米通道的离子传输相比,Na⁺ 和 Cl⁻ 通过 ArGO-PSSNa 纳米通道的扩散速率明显降低[图 2.56(e)、(f)]。对整个模拟周期内原液侧、纳米通道和渗透侧的 Na⁺ 和 Cl⁻ 的平均数密度分布进行分析,发现在 ArGO-PSSNa 纳米通道中,Na⁺ 出现显著富集的现象[图 2.56(g)、(h)]。值得注意的是,Na⁺ 不是均匀分布在纳米通道中,而是分布在纳米通道中靠近聚苯乙烯磺酸钠分子的特定位点附近。因此,可以推断,Na⁺ 与嵌入的 PSS 以及石墨烯表面之间的静电吸引作用在调控 ArGO-PSSNa 膜纳米通道中的离子分布方面起到关键的作用。

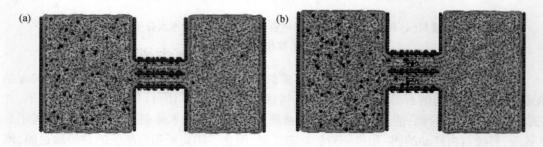

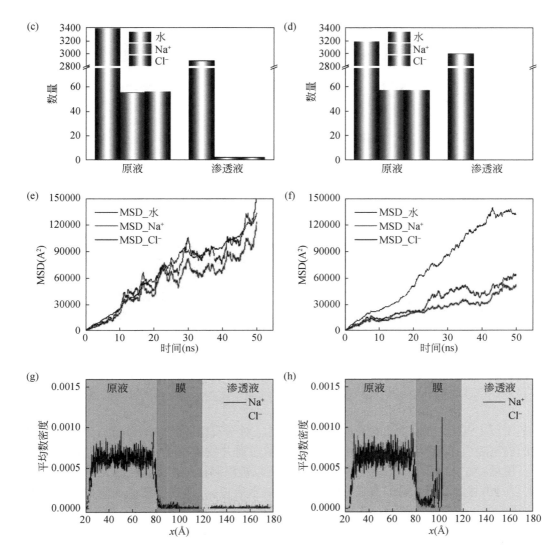

图 2.56　(a)石墨烯和(b)ArGO-PSSNa 纳米通道渗透驱动脱盐过程的分子动力学模拟的快照;(c)石墨烯和(d)ArGO-PSSNa 纳米通道两侧的原液和渗透液中的水分子、Na⁺和 Cl⁻ 的数量;(e)石墨烯和(f)ArGO-PSSNa 纳米通道水分子、Na⁺和 Cl⁻ 的均方位移(MSD)随时间变化情况;(g)石墨烯和(h)ArGO-PSSNa 纳米通道在整个模拟周期内原液侧、纳米通道和渗透侧的 Na⁺和 Cl⁻ 的平均数密度分布

　　采用密度泛函理论(DFT)计算了 Na⁺、石墨烯和聚苯乙烯磺酸根之间的静电相互作用,结果表明石墨烯和聚苯乙烯磺酸根对 Na⁺都具有静电吸引作用,且吸附能分别为−0.12Ha 和−0.16Ha[图 2.57(a)、(c)、(e)]。相比之下,石墨烯和聚苯乙烯磺酸根之间存在较弱的相互作用,吸附能仅为−0.06Ha[图 2.57(b)、(e)]。石墨烯-PSS 和 Na⁺之间的吸附能为−0.16Ha,与聚苯乙烯磺酸根-Na 的吸附能一致。由此推断,聚苯乙烯磺酸根-Na 之间的静电吸引作用在离子分区中占主导地位,而石墨烯-Na 之间的静电吸引作用次之。

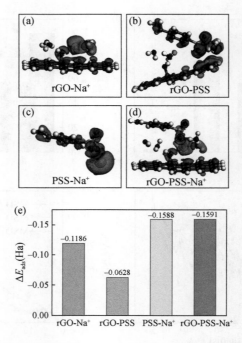

图 2.57　(a)石墨烯与 Na⁺、(b)石墨烯与 PSS、(c)PSS 与 Na⁺、(d)石墨烯-PSS 与 Na⁺之间的差分电子密度分布;(e)DFT 计算的石墨烯-Na⁺(rGO-Na⁺)、石墨烯-PSS(rGO-PSS)、PSS-Na⁺和石墨烯-PSS-Na⁺(rGO-PSS-Na⁺)的吸附能

　　基于以上研究,可以提出盐截留的内在机制。对于石墨烯膜的纳米通道,Na⁺与石墨烯之间的静电吸引作用可以诱导水合 Na⁺进入纳米通道并发生离子脱水。然而,这种相对较弱的石墨烯-Na⁺相互作用使得脱水的 Na⁺离子难以被限制在纳米通道中。因此,Na⁺和伴随的 Cl⁻以自由移动的离子对的形式,共传输通过纳米通道,进而在渗透侧实现脱水离子的再水合,从而导致低的盐截留。相比之下,对于 ArGO-PSSNa 膜的纳米通道,聚苯乙烯磺酸根、石墨烯和 Na⁺之间存在协同的静电吸引作用,可以使水合 Na⁺在进入纳米通道后脱水。由于相对较强的石墨烯-聚苯乙烯磺酸根-Na⁺协同作用,脱水后的 Na⁺离子被限制在纳米通道中,使得 Na⁺在纳米通道中积累,而 Cl⁻在纳米通道中耗散,形成强的阴离子/阳离子分区效应。这种强的离子分区可以打破自由移动的阴离子和阳离子的动态关联,使它们难以形成阴-阳离子对,从而同步增加了阴离子和阳离子的跨膜能垒,并有效阻碍了阴离子和阳离子共传输通过膜纳米通道,导致高的盐截留。

2.2.4　阵列石墨烯纳滤膜

　　水平堆叠的层状石墨烯膜具有很低的孔隙率,且孔道取向与跨膜传输方向垂直,使得膜孔曲折度(>1000)很高,不利于水传输。针对此问题,Abraham 等采用物理约束的方法制备了一种垂直阵列的氧化石墨烯膜[39],通过环氧树脂对膜层进行物理约束,将氧化石墨烯膜的层间距控制在 6.4~9.8Å,有效避免了膜在水中的溶胀。Liu 等制备了一种垂直取向的 Zr

掺杂的氧化石墨烯/环氧树脂(Zr-GO/epoxy)膜[40]。该膜在 100℃、1bar 压力下表现出高的水蒸气通量,可达 180L/(m²·h),远高于水平堆积的氧化石墨烯层状膜的水蒸气通量。尽管这些研究表明垂直的氧化石墨烯膜结构具有优异的性能,但是,其表面丰富的氧基团与水分子之间存在氢键作用,增加了水分子在通道内传输的黏滞阻力,极大地影响水分子的超快传输[41-43]。

鉴于此,基于一种垂直阵列石墨烯(VARGO)膜,通过调控膜孔曲折度和表面含氧基团,并通过物理约束法控制石墨烯层间距,实现了超快水传输和离子的高效截留[44]。如图 2.58 所示,该垂直阵列石墨烯膜的制备过程主要包括以下步骤:

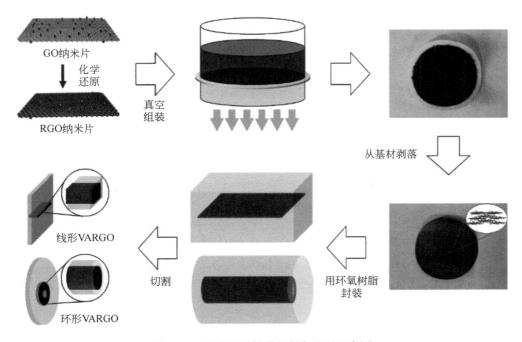

图 2.58　垂直石墨烯膜的制备流程示意图

(1)氧化石墨烯的制备。具体过程见上节内容。

(2)石墨烯薄膜的制备。将一定量的氧化石墨烯固体加入高纯水中,超声分散 2h,配制成氧化石墨烯分散液。然后,加入氨水(含量 25wt%)、水合肼(含量 80wt%)和乙二胺(纯度 99.5%),充分搅拌均匀。将混合溶液倒入反应釜中,置于鼓风干燥箱中于 30℃、60℃、90℃ 反应 2h,得到石墨烯分散液。通过真空抽滤装置将所获得的黑色石墨烯抽滤到聚偏氟乙烯膜基底上,再用高纯水过滤冲洗。干燥后,将石墨烯薄膜从膜基底上剥离下来,获得自支撑的石墨烯薄膜。

(3)垂直石墨烯膜的制备。将自支撑的石墨烯层状薄膜剪裁成 20mm×4mm 的条带,再将剪裁的石墨烯条带放入到稀的环氧树脂胶(GCC1001-A/B)中进行封装,或可将石墨烯条带进行缠绕后封装。随后,将石墨烯-环氧树脂置于真空干燥器中进行脱泡处理 6h,再在室温下继续放置固化 2 天。采用转轮式显微切片机(YD-202)对石墨烯-环氧树脂块体进行切片处理。通过调控切片厚度可以得到不同厚度的垂直石墨烯膜。在机械切片过程中,会不可避免地在石墨烯和环氧树脂的界面处出现缺陷和裂痕。鉴于此,采用氰基丙烯酸盐黏合剂进行二次胶封以去除缺陷和裂痕。最后,采用 O₂ 等离子体刻蚀去除垂直石墨烯表面的黏合剂,操作条件:O_2 流量 300sccm、刻蚀功率 150W、刻蚀时间 20min、压力 80~100Pa。

如扫描电镜照片所示,垂直石墨烯膜被紧密地封装在环氧树脂基质中,且与环氧树脂的界面紧密接触,没有明显的裂痕和孔洞,可以保证水分子通过垂直石墨烯膜的层间通道进行传输[图 2.59(a)、(b)]。从放大的扫描电镜图中可以看到,所制备的线形垂直石墨烯膜的厚度大约为 1.2μm[图 2.59(c)],并且呈现出有序的层状结构。膜截面的扫描电镜图显示,垂直石墨烯膜贯通整个环氧树脂基质,且厚度约为 80μm[图 2.59(d)~(f)]。将垂直石墨烯膜卷成圆筒状可以制备环形的垂直石墨烯膜,呈同心环状平行排布,如图 2.59(g)所示。而且,环氧树脂基质将各垂直石墨烯膜分隔开,并被紧密地物理约束。从截面扫描电镜图中可以看到,各垂直石墨烯膜呈现出有序层状结构,表明垂直石墨烯膜内部具有有序的垂直孔道[图 2.59(h)、(i)]。由于石墨烯纳米片沿着垂直方向堆叠排布,因此由纳米片堆叠形成的层间孔道平行于膜厚度方向,且相互贯通,将有利于水分子在膜孔道内的传输。

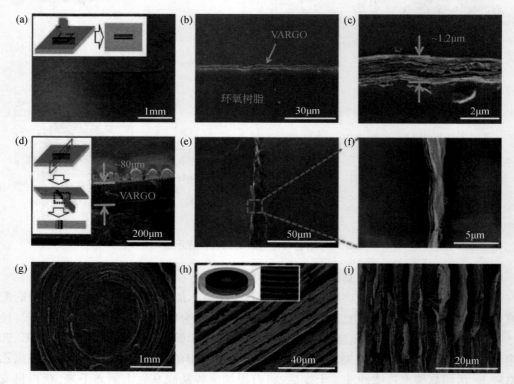

图 2.59   (a)~(c)嵌入环氧树脂基体的线性垂直石墨烯膜表面的扫描电镜图;(d)~(f)厚约为 80μm 的线性垂直石墨烯膜截面的扫描电镜图;(g)和(h)环形垂直石墨烯膜表面的扫描电镜图;(i)环形垂直石墨烯膜截面的扫描电镜图

通过傅里叶红外光谱分析可知,氧化石墨烯表面含有丰富的含氧功能基团,包括羟基(—OH)、羧基(—COOH)、环氧基(C—O—C)等。在不同温度下(30℃、60℃ 和 90℃)化学还原后,氧基团明显减少,且 C—O、C —O 和 O—C —O 基团的占比随着还原温度的增加而降低,C —C sp² 的占比由氧化石墨烯的 42.3% 增加到 90℃ 还原后的 70.8% (表 2.5),sp²/sp³ 比则相应地由 2.8 增加到 5.4。这一结果表明,化学还原在降低表面氧基团的同时也增大了 sp² 杂化碳表面区域,有利于增强水分子在石墨烯层间通道内的传输。

表 2.5　GO、RGO30、RGO60 和 RGO90 表面功能基团占比情况

样品	C —C sp² (%)	C—C sp³ (%)	C—O (%)	C —O (%)	O—C —O(%)	sp²/sp³ 比值
GO	42.3	14.9	31.4	9.1	2.3	2.8
RGO30	52.3	14.7	22.2	8.7	2.1	3.6
RGO60	68.0	14.3	11.0	4.6	2.1	4.8
RGO90	70.8	13.1	10.7	3.5	1.9	5.4

注:GO 为氧化石墨烯;RGO30、RGO60 和 RGO90 分别为在 30℃、60℃ 和 90℃ 下还原后得到的石墨烯。

在 0.8bar 的负压驱动下,测得厚度为 80μm 的垂直石墨烯膜的纯水渗透率为 427.1 L/(m²·h·bar),约是 Hagen-Poiseuille 方程[45,46] 计算值的 1600 倍。相比之下,厚度为 220μm 的垂直石墨烯膜的纯水渗透率为 128.7L/(m²·h·bar),要远小于厚度为 80μm 的垂直石墨烯膜的纯水渗透率。垂直石墨烯膜的水渗透速率要远高于当前报道的水平堆叠的层状氧化石墨烯或石墨烯膜的水渗透速率。

水分子在膜孔道内的传输路径是影响水渗透率的一个关键因素。尽管层状石墨烯膜的厚度仅有几十到几百纳米,但它们的有效传输距离可以达到毫米级甚至是厘米级,越长的传输距离意味着越大的界面水传输阻力。而且,水平堆叠的层状石墨烯膜的孔道取向垂直于跨膜压力方向。因此,垂直石墨烯膜要比层状石墨烯膜具有更高的渗透性。垂直石墨烯膜的水渗透性可达到 33910L·μm/(m²·h·bar),比水平堆积的层状石墨烯膜的渗透性 [296～1507L·μm/(m²·h·bar)] 高 1 个数量级以上。这也说明了垂直取向的膜孔道比水平取向的膜孔道更有利于超快水渗透。

除了膜厚度和膜孔取向,另一个影响超快水传输的重要因素是垂直膜孔道内的含氧基团。由于含氧基团的存在,水分子在通道内的传输会与含氧基团发生氢键相互作用,会极大地降低水分子的传输速度。研究结果显示,随着还原程度的增加,垂直石墨烯膜的水渗透速率逐渐提高,由垂直氧化石墨烯膜的 151.7L/(m²·h·bar) 逐渐增加到垂直石墨烯-90 (90℃ 还原得到的石墨烯) 膜的 427.1L/(m²·h·bar) [图 2.60(a)]。计算得到垂直氧化石墨烯膜的水传输速率为 67.2μm/s,而垂直石墨烯-90 膜的水传输速率可达到 309.9μm/s,是垂直氧化石墨烯膜的 4.6 倍[图 2.60(b)]。这表明减少膜孔道内的含氧基团可以提高膜的水渗透率。

通过分子动力学模拟进一步研究了纳米或埃米尺度下的水分子传输现象及其与通道壁面的相互作用。为了模拟不同氧含量的垂直阵列石墨烯膜,构建了四个尺寸为 25×20.6×9Å³、氧含量分别为 26at.%、20at.%、13at.% 和 10at.% 的纳米通道。纳米通道氧含量的设置分别对应不同还原温度制备的垂直石墨烯膜的氧含量,约为 26.5at.%、19.9at.%、13.3at.% 和 10.3at.%。通道间的宽度设为 9Å,模拟盒子尺寸为 150Å×44Å×20.6Å,模拟的水分子数为 1424。

　　模拟的结果如图 2.60(c) 所示。随着氧含量的降低,水分子更容易通过垂直石墨烯通道。随着模拟时间的增加,透过该通道的水分子数呈现出接近线性增加的趋势[图 2.60(d)]。经过 400ps 后,透过垂直氧化石墨烯通道的水分子数为 247。随着通道氧含量的降低,透过的水分子数逐渐增加,最高达到 841,是透过氧化石墨烯通道水分子数的 3.4 倍。模拟计算的水传输速率由垂直氧化石墨烯孔道的 111/(nm²·ns) 增加到石墨烯通道(10at.% 氧含量)的 378/(nm²·ns)[图 2.60(e)],与实验测得的水传输速率的变化趋势相同。而且,水分子在更低氧含量的石墨烯通道中传输,具有更高的均方差位移(MSD)和更小的水分子–壁面作用能。值得注意的是,水分子可以与通道壁面的含氧基团之间形成氢键,通过氢

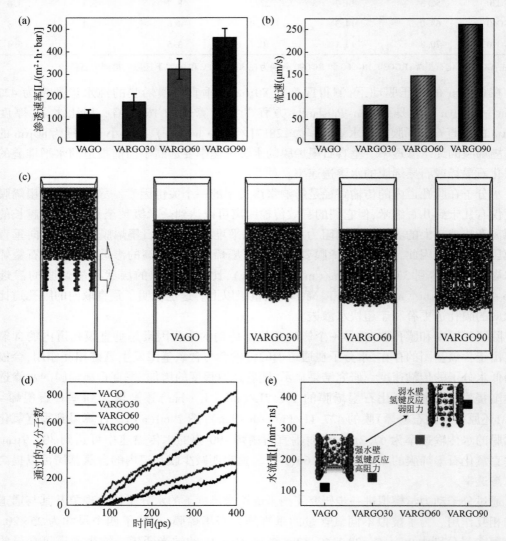

图 2.60　(a)不同还原温度下制备的垂直石墨烯膜的纯水渗透速率;(b)不同还原温度下制备的垂直石墨烯膜的流速;(c)水传输通过垂直石墨烯膜的分子动力学模拟,其中灰色、红色和白色的球分别表示为 C、O 和 H 原子;(d)模拟的通过垂直石墨烯膜的水分子数;(e)模拟的通过垂直石墨烯膜的水流量

键作用水分子会在通道内累积并相互架桥形成拱桥状结构,会极大地增加水分子传输的阻力。相反,对于氧含量少的石墨烯膜(10at% 氧含量),水分子和通道壁面的相互作用力较弱,不足以创建水分子桥接网络结构,因此水分子在通道内的传输速率较快。此外,垂直石墨烯通道表面具有更多的 sp^2 杂化碳区域,sp^2 杂化碳表面与水分子之间能够形成真空区,使得水分子与 sp^2 杂化碳之间的作用力非常小,有利于水分子接近无摩擦的超快传输。因此,相比于氧化石墨烯膜来说,垂直石墨烯-90 膜表现出更高的水渗透性能。

尽管水渗透率随着氧含量的减少而增加,但是膜表面含氧基团的减少会使得膜对离子的截留率降低。分离膜对于离子的截留除了依靠膜孔的筛分作用外,膜表面与离子之间的静电相互作用对离子的截留也非常重要。随着垂直石墨烯膜表面氧功能基团的减少,NaCl 截留率由垂直氧化石墨烯膜的 70.5% 逐渐降低到垂直石墨烯-90 膜的 53.8%。这一截留率数值与报道的氧化石墨烯和石墨烯基膜的截留率相当,但垂直石墨烯-90 膜的水渗透率要远高于相同 NaCl 截留率的氧化石墨烯和石墨烯基膜的水渗透率,具有明显的性能优势。研究还发现,尽管垂直石墨烯-90 膜的平均孔径(约 9Å)要大于离子的尺寸[图 2.61(a)],但它可以有效截留离子,并且截留率(R)呈现出 $R(MgCl_2) < R(MgSO_4) < R(NaCl) < R(Na_2SO_4) < R[K_3Fe(CN)_6]$ 的顺序[图 2.61(b)]。特别注意到,离子截留率与离子价态比(Z^-/Z^+)和离子半径比(r_h^-/r_h^+)呈现出相关性。随着 Z^-/Z^+ 和 r_h^-/r_h^+ 的增加,离子截留率呈现出增加的趋势。而且,这一结果表明离子的截留主要归因于离子和膜之间的静电相互作用(Donnan 排斥效应),而非尺寸筛分效应。

根据 Donnan 排斥效应,荷电的膜表面可以吸附溶液中的反离子(与纳滤膜荷电性相反的离子)而排斥同离子(与纳滤膜荷电性相同的离子),使得膜内的反离子浓度要高于溶液中的反离子浓度,而膜内同离子浓度则低于溶液中的同离子浓度,从而在膜相与溶液相之间形成 Donnan 电势差,阻止溶液中同离子扩散透过膜。为维持溶液中的电平衡,反离子也被截留下来。垂直石墨烯-90 膜在截留离子时,其孔道表面与离子之间的相互作用对于离子的截留非常重要。由于石墨烯纳米片表面同时拥有氧化区域和 sp^2 杂化碳区域,因此垂直石墨烯膜表面与离子之间存在着两种相互作用:荷电基团诱导的静电相互作用和 sp^2 碳诱导的阳离子-π 相互作用。

通过第一性原理计算,结果显示钠离子更倾向于吸附在氧化石墨烯纳米片的氧基团和芳香环附近,且吸附能(ΔE_{ads})为 -2.21eV[图 2.61(c)]。这说明氧化石墨烯表面与钠离子的相互作用同时受到氧基团和芳香环的影响,意味着静电相互作用和阳离子-π 相互作用同

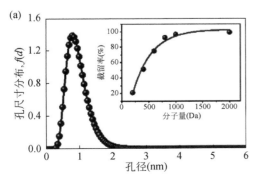

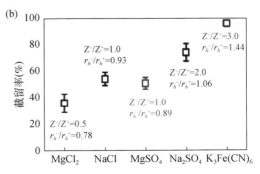

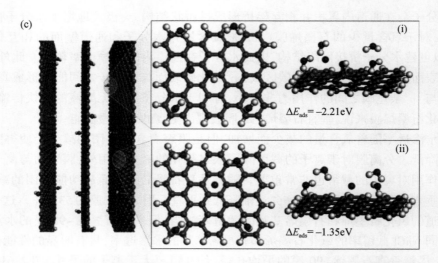

图 2.61　（a）垂直石墨烯-90 膜的孔径分布；（b）垂直石墨烯-90 膜对不同离子的截留率；
（c）垂直石墨烯-90 膜与 Na$^+$ 离子之间界面作用的第一性原理计算模拟

时存在。采用石墨烯纳米片来代替氧化石墨烯纳米片进行计算,结果显示钠离子也可以在石墨烯纳米片表面吸附,其吸附能（ΔE_{ads}）为-1.35eV。这一研究进一步说明阳离子-π 作用在垂直石墨烯膜截留离子过程中起到不可忽视的作用。

2.3　纳米碳基复合膜的制备、性能及分离机理

2.3.1　石墨烯-碳纳米管复合纳滤膜

如前所述,石墨烯二维层状膜由于其制备方法简单、易于实现大面积制备而具有很大的发展潜力,然而,部分 sp^2 区域会紧密堆叠形成非常狭小的层间距,限制了其渗透性。鉴于此,有很多研究报道在其层间嵌入纳米材料（如有机分子、纳米颗粒、碳纳米管、纳米纤维等）可显著提高其渗透性[47-50]。

为了进一步提高石墨烯层状膜的选择性,将高度氧化的碳纳米管插入石墨烯层间内,构建了一种石墨烯-氧化碳纳米管复合纳滤（RGO-OCNT）膜[51]。氧化的碳纳米管不仅可以提高膜表面亲水性,还可以提高纳滤膜的表面荷电性,增强纳滤膜与荷电物质间的静电相互作用,从而实现膜渗透性和选择性的同时提高。如图 2.62 所示,该复合纳滤膜的主要制备步骤如下:

（1）石墨烯分散液的制备。见 2.2.3 小节。

（2）氧化碳纳米管分散液的制备。首先,称取一定量的碳纳米管加入盛有体积比为 1∶3 的 HNO$_3$/H$_2$SO$_4$ 混合溶液的圆底烧瓶中,置于磁力搅拌电热套上,充分搅拌,并加热至 120℃ 保温 4h,实现碳纳米管的氧化。此外,为制备不同氧化程度的碳纳米管,加热温度分别设置为 90℃、60℃和 30℃进行氧化处理。待反应完成后冷却至室温,将混合液用高纯水稀释 20

倍,并静置沉淀,弃去上清液,然后将底部的固体混合液进行真空抽滤,并用高纯水进行清洗,直至清洗到抽滤出水 pH 接近为中性。将过滤得到的氧化碳纳米管真空冷冻干燥。最后,称取一定量的氧化碳纳米管于高纯水中,超声分散后制得浓度为 0.05mg/mL 的分散液。

　　(3)石墨烯–氧化碳纳米管复合膜的制备。采用真空抽滤法制备石墨烯–氧化碳纳米管膜。取 4mL 所制备的石墨烯分散液于 25mL 的烧杯中,加入一定量的氧化碳纳米管分散液。将混合溶液稀释至 20mL,置于超声振荡器中超声 10min,混合均匀。将石墨烯–氧化碳纳米管混合液通过真空抽滤装置抽滤到聚偏氟乙烯膜基底上,形成石墨烯–氧化碳纳米管膜。随后,继续加入 50mL 高纯水抽滤,清洗所制备的膜。最后,将获得的石墨烯–氧化碳纳米管膜在室温下自然干燥。氧化碳纳米管含量为 0、25%、50%、75% 和 83% 的石墨烯–氧化碳纳米管膜分别命名为石墨烯(rGO)膜、石墨烯–氧化碳纳米管–25(RGO-OCNT25)膜、石墨烯–氧化碳纳米管–50(RGO-OCNT50)膜、石墨烯–氧化碳纳米管–75(RGO-OCNT75)膜和石墨烯–氧化碳纳米管–83(RGO-OCNT83)膜。

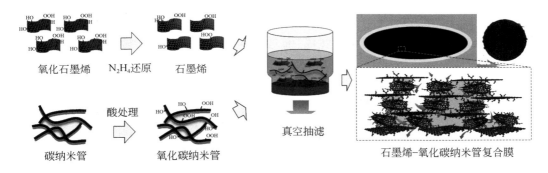

图 2.62　石墨烯–氧化碳纳米管膜的制备流程示意图

　　图 2.63(a)为石墨烯–氧化碳纳米管复合膜表面的扫描电镜图。可以看出,石墨烯纳米片和氧化碳纳米管紧密且均匀地交织在一起,并形成稳定的网状结构。膜表面没有明显的缺陷和裂痕。从高倍扫描电镜图中看出,氧化碳纳米管可以嵌入到石墨烯片层内部[图 2.63(b)]。这有利于增大石墨烯片层间距,在石墨烯–氧化碳纳米管膜中构建三维纳米孔道,从而促进水分子的传输。图 2.63(c)为复合膜截面的扫描电镜图。从图中可以清晰地分辨出聚偏氟乙烯膜基底和石墨烯–氧化碳纳米管分离层。聚偏氟乙烯膜基底较厚,具有肉眼可见的孔道。相比之下,石墨烯–氧化碳纳米管分离层呈现薄层结构,其厚度为 351nm,远小于聚偏氟乙烯膜基底的厚度,且紧密地负载在膜基底上。石墨烯–氧化碳纳米管膜的透射电镜照片显示,石墨烯纳米片具有许多褶皱结构,且氧化碳纳米管可以均匀地插入石墨烯层间内[图 2.63(d)]。

　　具有不同氧化碳纳米管含量的复合纳滤膜的扫描电镜图(图 2.64)显示,随着氧化碳纳米管含量的增加,其在膜内的分布变得愈加浓密,使膜表面变得更加粗糙。氧化碳纳米管含量的增加会增加膜的层间距,使得膜内的纳米孔道更多,有利于提高膜的渗透性。复合膜截面的扫描电镜图显示,随着氧化碳纳米管含量由 0% 增加到 83%,膜的厚度则由石墨烯膜的 71nm 增大到了石墨烯–氧化碳纳米管–83 膜的 532nm。

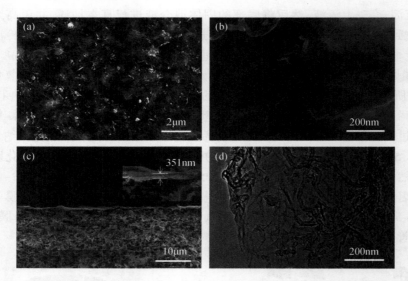

图 2.63 石墨烯–氧化碳纳米管–75 膜的低倍扫描电镜图片(a);高倍扫描电镜图片(b);
截面的扫描电镜图片(c);透射电镜图片(d)

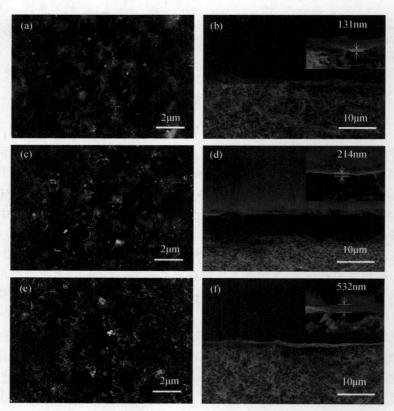

图 2.64 石墨烯–氧化碳纳米管–25 膜(a)、(b);石墨烯–氧化碳纳米管–50 膜(c)、
(d)和石墨烯–氧化碳纳米管–83 膜(e)、(f)的表面与截面的扫描电镜图

实验发现,石墨烯-氧化碳纳米管膜的孔径主要分布在 1～3nm,且随着氧化碳纳米管含量的增加,膜孔径逐渐增大;石墨烯膜的平均孔径为 1.25nm,而嵌入氧化碳纳米管后,膜孔径逐渐增大到 1.77nm。而且,膜孔径的变化与膜厚度、膜层间距的变化相一致。此外还发现,由于氧化碳纳米管结构上非常弯曲,且外直径并不均一,氧化碳纳米管含量的增加也使得膜孔径分布稍稍变宽。以上结果证实,可以通过调节复合膜中氧化碳纳米管的含量实现对石墨烯层间距的调控。

不同氧化碳纳米管含量的石墨烯-氧化碳纳米管膜的 Zeta 电位如图 2.65(a)所示。可以发现,所有石墨烯-氧化碳纳米管膜的表面都带负电,且 Zeta 电位的绝对值会随着氧化碳纳米管含量的增加而增大。当氧化碳纳米管含量由 0% 增加到 83% 时,Zeta 电位由 -18.7mV 逐渐降低到 -49.2mV。相应地,膜表面电荷密度由 4.6mC/m² 增加到 12.9mC/m²,同时,接触角由 90.1° 减小到 47.4°[图 2.65(b)]。这些结果说明氧化碳纳米管的嵌入可以增加膜表面含氧官能团,进而增加膜的表面电荷和亲水性。

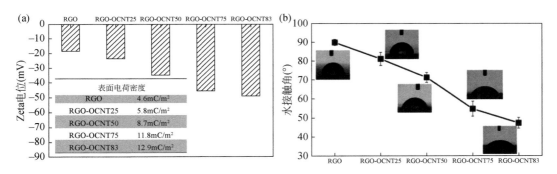

图 2.65　不同氧化碳纳米管含量的石墨烯-氧化碳纳米管膜的 Zeta 电位和表面电荷密度(a)
以及水接触角(b)

表 2.6 总结了通过拟合 X 射线光电子能谱图中 C 1s 峰计算的各含氧官能团的含量。结果表明,随氧化碳纳米管含量的增加,复合膜中—COOH 基团的含量明显增加:由石墨烯膜的 2.2% 增加到石墨烯-氧化碳纳米管-83 膜的 7.7%,增加为原来的近 3.5 倍;而 C—OH 基团的含量由石墨烯膜的 6.1% 增加到石墨烯-氧化碳纳米管-83 膜的 10.8%,约为原来的 1.8 倍。这表明嵌入的氧化碳纳米管主要增加了膜内的—COOH 和 C—OH 基团。

表 2.6　不同氧化碳纳米管含量的复合纳滤膜中各官能团的含量(at%)

样品	$C\!\!=\!\!C\ sp^2/C\!\!-\!\!C\ sp^3$	C—OH	C=O	—COOH
RGO	79.1	6.1	5.7	2.2
RGO-OCNT25	76.8	7.5	4.2	3.1
RGO-OCNT50	74.9	8.1	3.9	4.4
RGO-OCNT75	71.4	9.8	3.7	6.4
RGO-OCNT83	71.2	10.8	2.2	7.7

图 2.66 为不同氧化碳纳米管含量的石墨烯-氧化碳纳米管膜的纯水渗透速率。由图可

知,随着氧化碳纳米管含量由 0% 增加到 83%,膜的纯水渗透速率从 1.2L/(m²·h·bar)增加到 11.3L/(m²·h·bar),增加到原来的 9.4 倍。引起纯水渗透速率大幅度提高的主要原因有:①氧化碳纳米管的嵌入增大了膜的层间距,进而增大了膜孔径,同时也在膜内创造了更多的纳米孔道,使更多的水分子透过膜,增强了膜的水传输能力;②氧化碳纳米管的嵌入增加了膜表面的含氧官能团,进而增强膜的亲水性,使得水分子更容易进入膜孔,减小了水分子的传输阻力。

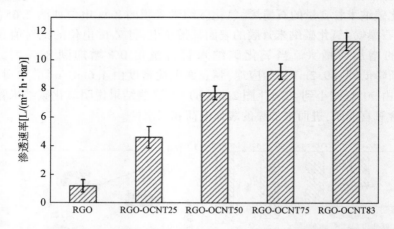

图 2.66　不同氧化碳纳米管含量的石墨烯–氧化碳纳米管膜的纯水渗透速率

　　不同氧化碳纳米管含量的石墨烯–氧化碳纳米管膜在过滤 Na₂SO₄ 或 NaCl 时的水渗透速率如图 2.67(a)所示。对于 Na₂SO₄ 溶液,随着氧化碳纳米管含量由 0% 增加到 83%,膜的水渗透速率由 0.9L/(m²·h·bar)增加到 10.6L/(m²·h·bar),增加了约 10.8 倍;而对于 NaCl 溶液,水渗透速率则由 1.0L/(m²·h·bar)增加到 11.1L/(m²·h·bar),增加了约 10.1 倍。实验发现,石墨烯–氧化碳纳米管膜在过滤 Na₂SO₄ 或 NaCl 时的水渗透速率要比纯水渗透速率略低,可能原因为 Na₂SO₄ 或 NaCl 溶液中的盐离子在过滤过程中会因空间位阻效应和浓差极化效应阻碍水分子的传输。此外,还发现膜在过滤 NaCl 时的水渗透速率要比过滤 Na₂SO₄ 时水的渗透速率稍高,原因为 Cl^- 的尺寸小于 SO_4^{2-} 的尺寸,所产生的空间位阻较小,对水分子的传输影响也较小。

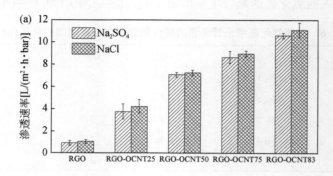

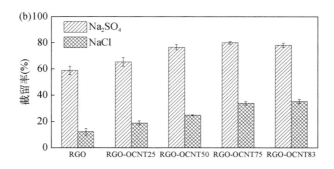

图 2.67　不同氧化碳纳米管含量的石墨烯–氧化碳纳米管膜的水渗透速率(a)和盐截留率(b)
(原液浓度:5mmol/L;跨膜压差:2bar)

　　石墨烯–氧化碳纳米管膜在 2bar 压力下对 Na₂SO₄ 和 NaCl 的截留率如图 2.67(b)所示。由图可知,石墨烯膜能够截留 58.8% 的 Na₂SO₄ 和 12.1% 的 NaCl。随着膜中氧化碳纳米管含量的增加,膜对 Na₂SO₄ 的截留率逐渐提高到 80.0%(石墨烯–氧化碳纳米管–75 膜),随后又稍稍下降到 78.1%(石墨烯–氧化碳纳米管–83 膜),而对 NaCl 的截留率则持续增加到 35.3%。尽管石墨烯–氧化碳纳米管–83 膜对 Na₂SO₄ 的截留率稍有下降,但随氧化碳纳米管含量的增加,膜对 Na₂SO₄ 和 NaCl 的截留率都有增加的趋势。这一结果表明嵌入膜内的氧化碳纳米管不仅可以提高膜的渗透性,还可以增强膜对离子的截留能力。

　　图 2.68 为不同氧化碳纳米管含量的石墨烯–氧化碳纳米管膜在 5bar 压力下对 Na₂SO₄ 和 NaCl 的截留情况。可以发现,提高压力使得所有膜的水渗透速率都有所下降,特别是氧化碳纳米管含量相对高的膜。这可能是由于膜结构在高压力下会变得更加紧实,膜孔尺寸略有下降所致。此外,压力的提高使得所有膜对离子截留性能都明显增加,最高的 Na₂SO₄ 截留率为 90.7%,而最高的 NaCl 截留率为 59.1%。而且,随着氧化碳纳米管含量的增加,膜的渗透性和选择性在 5bar 压力下与在 2bar 压力下有相同的变化趋势。由此可见,调控膜中氧化碳纳米管的含量可以实现膜的渗透性和选择性的共增强。

　　通常,膜的渗透性和选择性之间存在矛盾的关系,具有较高渗透性的分离膜往往会有较低的选择性,反之亦然。通过增加石墨烯–氧化碳纳米管膜中氧化碳纳米管的含量,在增强膜渗透性的同时也提高了膜的选择性,实现了渗透性和选择性的共增强。这一现象的作用机制对于新型膜的制备及膜性能的提高具有重要意义。

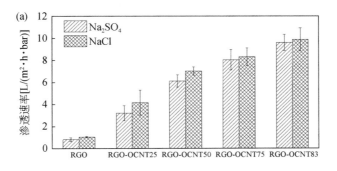

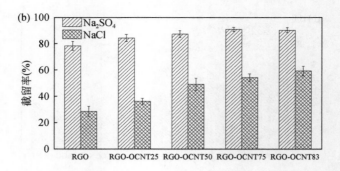

图 2.68　不同氧化碳纳米管含量的石墨烯–氧化碳纳米管膜的水渗透速率(a)和盐截留率(b)
(原液浓度:5mmol/L;跨膜压差:5bar)

　　Donnan 位阻孔模型可以描述纳滤膜或者超滤膜的跨膜传输过程。该模型已被证实能够很好地预测无机盐(如 Na_2SO_4 和 NaCl 等)及其与有机染料混合物的截留率。Donnan 位阻孔模型基于三个参数:膜平均孔径(r_p)、等效膜厚(膜厚与孔隙率比值,$\Delta x / A_k$)和膜电荷密度(X)。不同氧化碳纳米管含量的石墨烯–氧化碳纳米管膜的平均孔径和电荷密度可通过实验测得。膜的等效膜厚则可以通过 Hagen-Poiseuille 方程由膜平均孔径、纯水通量和跨膜压差来计算得到。图 2.69 显示了不同氧化碳纳米管含量的石墨烯–氧化碳纳米管膜的纯水通量随跨膜压差的变化趋势,据此可得到不同氧化碳纳米管含量的石墨烯–氧化碳纳米管膜的等效膜厚,如表 2.7 所示。可以看出,随着氧化碳纳米管含量的增加,等效膜厚由 5.9×10^{-6} m 逐渐减小到 4.1×10^{-6} m。五种膜的等效膜厚的平均值为 4.6×10^{-6} m,标准偏差为 7.3×10^{-7} m。标准偏差数值要远小于等效膜厚数值,表明嵌入到膜内的氧化碳纳米管对膜等效膜厚的影响较小。

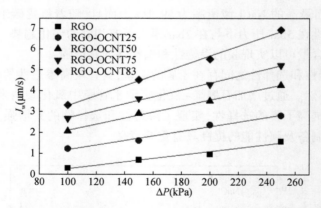

图 2.69　不同氧化碳纳米管含量的石墨烯–氧化碳纳米管膜的纯水通量随跨膜压差的变化趋势

表 2.7　不同氧化碳纳米管含量的石墨烯-氧化碳纳米管膜的等效膜厚（$\Delta x/A_k$）

样品	$\Delta x/A_k$（m）	平均值（m）	标准偏差（m）
石墨烯	5.9×10^{-6}		
石墨烯-氧化碳纳米管-25 膜	4.8×10^{-6}		
石墨烯-氧化碳纳米管-50 膜	4.3×10^{-6}	4.6×10^{-6}	7.3×10^{-7}
石墨烯-氧化碳纳米管-75 膜	4.2×10^{-6}		
石墨烯-氧化碳纳米管-83 膜	4.1×10^{-6}		

　　根据 Donnan 位阻孔模型计算得到的石墨烯-氧化碳纳米管膜的预测截留率如图 2.70 所示。可以看出，无论是在 2bar 还是在 5bar 过膜压差下，随着氧化碳纳米管含量的增加，预测的截留率都与实验的结果表现出相同的变化趋势。随着氧化碳纳米管含量由 0% 增加到 75%，预测的 Na_2SO_4 截留率逐渐增加，随后截留率稍有下降（氧化碳纳米管含量为 83%）；而预测的 NaCl 截留率则随氧化碳纳米管含量的增加而逐渐提高。此外还可以看出，在 5bar 压力下的截留率要高于在 2bar 压力下的截留率。将预测的截留率与实验得到的截留率比较，可以发现预测结果和实验结果具有很好的一致性，所有结果的偏差都小于 5%（图 2.71）。这表明石墨烯-氧化碳纳米管膜的离子截留性能可以通过 Donnan 位阻孔模型模拟和预测。由于该模型对截留率的预测会受到膜平均孔径、等效膜厚和电荷密度三个参数的影响，且石墨烯-氧化碳纳米管膜的等效膜厚对膜截留率的影响要远小于膜平均孔径和电荷密度的影响，所以膜孔径和表面电荷是引起膜渗透性和选择性共增强的两个关键因素。

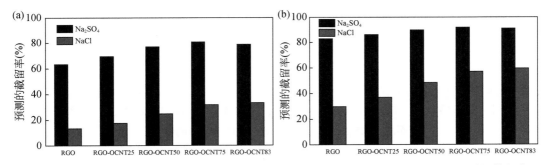

图 2.70　不同氧化碳纳米管含量的石墨烯-氧化碳纳米管膜在 2bar（a）和 5bar（b）下预测的截留率

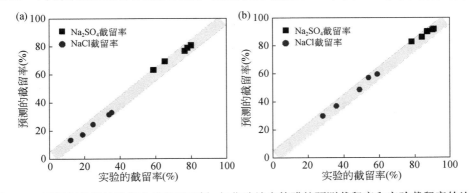

图 2.71　不同氧化碳纳米管含量的石墨烯-氧化碳纳米管膜的预测截留率和实验截留率的比较

（灰色区域：<5% 偏差）

（a）2bar；（b）5bar

在纳滤膜分离过程中,膜的截留性能同时受到膜孔径和表面电荷的影响。因此,为了研究膜孔径和表面电荷分别在增强膜分离性能中所起到的作用,需采取控制变量法研究单因素对膜分离性能的影响:通过控制氧化碳纳米管的含量,调控氧化碳纳米管的氧化程度调控膜的表面电荷,从而研究膜表面电荷对分离性能的影响;而通过控制氧化碳纳米管和石墨烯的 Zeta 电位,调控氧化碳纳米管的含量来调控膜的孔径,从而研究膜孔径对分离性能的影响。为了制备具有相似孔径但不同表面电荷的膜,采用不同温度(30℃、60℃、90℃ 和120℃)氧化的氧化碳纳米管制备石墨烯–氧化碳纳米管膜,且保持膜内氧化碳纳米管含量相同(均为 75%)。制备的四种膜的膜孔径的标准偏差很小,仅为 0.06nm,表明四种膜的膜孔径非常接近。此外,为了制备具有相似表面电荷但不同孔径的膜,采用 30℃ 氧化的氧化碳纳米管制备不同氧化碳纳米管含量的石墨烯–氧化碳纳米管膜。制备的四种膜的 Zeta 电位的标准偏差很小,仅为 2.3mV。图 2.72 显示了所制备的不同电荷和不同孔径的膜的截留性能。由图可知,相同膜孔径下,增加膜的表面电荷可以提高膜对 Na_2SO_4 和 NaCl 的截留率;相反,当膜的表面电荷保持恒定时,随膜孔径增大,膜对 Na_2SO_4 和 NaCl 的截留率逐渐下降。这一结果表明,增加膜的表面电荷可以提高膜的选择性,而扩大膜孔径则会降低膜的选择性。以上分析证实,在石墨烯–氧化碳纳米管膜过滤过程中,膜截留同时依靠膜孔和膜表面电荷。

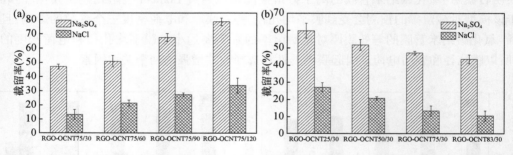

图 2.72　具有不同氧化程度的碳纳米管的石墨烯–氧化碳纳米管 75/x 膜(a)和具有不同氧化碳纳米管含量的石墨烯–氧化碳纳米管 y/30 膜(b)的 Na_2SO_4 和 NaCl 截留率(x:30、60、90 或 120,代表碳纳米管的氧化温度;y:25、50、75 或 83,代表氧化碳纳米管的含量)

石墨烯–氧化碳纳米管膜的分离性能与膜孔径、表面电荷之间的构效关系可通过 Donnan 位阻孔模型分析。图 2.73 为膜的平均孔径、表面电荷密度与其在 2bar 下的 Na_2SO_4 和 NaCl 截留率之间的关系。可以看出,随着膜平均孔径的增大,膜对 Na_2SO_4 和 NaCl 的截留率都呈现出下降的趋势,而随着膜表面电荷密度的增加,截留率则呈现出增加的趋势,且这两者同时影响膜的截留性能。而且,膜平均孔径和表面电荷密度对膜截留率的影响是不同的。当膜孔径较小时,膜平均孔径和表面电荷密度都会影响膜的截留率,而当膜孔径较大时,膜平均孔径对截留率的影响则很小,截留率主要受到表面电荷密度的影响。为此,可以将图划分为两个区域:区域 I 和区域 II。区域 I 为电荷主导区域,膜孔径对截留性能的影响较小,膜的截留性能主要受膜表面电荷主导;区域 II 为孔径–电荷共主导区域,膜的截留性能由孔径和表面电荷两者共同主导。对于 Na_2SO_4 的截留[图 2.73(a)],区域 I 和区域 II 的划分界限在平均孔径 1.8nm 处(如图中白线所示)。然而,对于 NaCl 截留[图 2.73(b)],划分界限则位于平均孔径 1.2nm 处,要小于 Na_2SO_4 截留时的界限,是因为 Cl^- 的离子半径(0.12nm)要小于 SO_4^{2-} 的离子半径(0.23nm)。

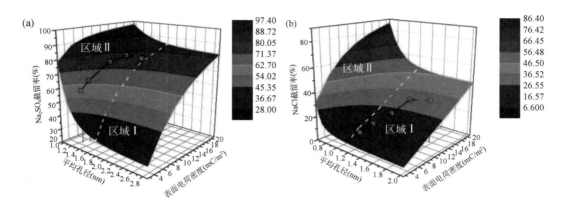

图 2.73　膜平均孔径、表面电荷密度与 Na_2SO_4(a)和 NaCl(b)截留率之间的关系

　　根据石墨烯–氧化碳纳米管膜的平均孔径和表面电荷密度,可以在图 2.73 显示出石墨烯–氧化碳纳米管膜对 Na_2SO_4 和 NaCl 的截留率(图中蓝绿色的点)。如图 2.73(a)所示,代表石墨烯–氧化碳纳米管膜对 Na_2SO_4 截留率的点全部位于区域 II 中,表明石墨烯–氧化碳纳米管膜孔径和表面电荷同时主导 Na_2SO_4 的截留。随着膜中氧化碳纳米管含量由 0% 增加到 75%,膜的平均孔径和表面电荷密度都增加。尽管膜孔径的增大不利于膜对离子的截留,但增大的表面电荷密度却增强了膜与离子之间的静电作用,从而使得离子截留率提高。然而,当继续增加膜内氧化碳纳米管含量到 83% 时,膜孔径进一步增大,而表面电荷却增加较缓慢。增大的膜孔径不仅减小了膜孔的筛分能力,还增大了膜表面和膜内离子的相互作用距离。这一相互作用距离可以通过 Debye 长度(λ_D)来描述:

$$\lambda_D = \sqrt{\varepsilon \varepsilon_0 k_B T / 2 n_{bulk} z^2 e^2} \tag{2.4}$$

式中,ε_0 为真空介电常数;ε 为水的介电常数;k_B 为玻尔兹曼常数;T 为温度;n_{bulk} 为原液相中离子浓度;z 为离子价数;e 为电荷量。

　　从式(2.4)可知,静电作用力与作用距离的平方呈反比,即增大膜孔径会削弱膜与离子之间的静电作用。由此可知,当膜内氧化碳纳米管含量由 75% 增加到 83% 时,膜的平均孔径和表面电荷密度虽然都增加,但是静电作用的增强却被增大的膜孔径所削弱,使得其难以补偿由孔径增大所造成的截留下降。在这种情况下,膜孔径对离子截留的主导作用要强于表面电荷,从而使膜对 Na_2SO_4 的截留率稍有下降。从图 2.73 可以看出,随着氧化碳纳米管含量的增加,尽管最后的截留率稍有下降,但 Na_2SO_4 的截留率整体上呈现增加的变化趋势。代表石墨烯–氧化碳纳米管膜的 NaCl 截留率的点全部位于区域 I 中[图 2.73(b)],说明膜孔径对 NaCl 截留率的影响较小,也表明石墨烯–氧化碳纳米管纳滤膜对 NaCl 的截留主要受膜表面电荷主导。随着氧化碳纳米管含量的增加,膜表面电荷密度逐渐增加,纳滤膜和离子之间的静电作用逐渐增大,从而使 NaCl 的截留率逐渐提高。基于以上分析可知,在膜孔径和表面电荷的共同作用下,膜渗透性和选择性实现了共增强。

2.3.2　石墨烯-碳纳米管 pH 响应性膜

由于纳滤膜表面的基团以及溶液中分子、离子的电离都受到 pH 的影响,因此传统纳滤膜的分离性能可随进料液 pH 的变化而变化。例如,当 pH 降低时,磷酸盐形态从 PO_4^{3-} 转变为 HPO_4^{2-} 再转变为 $H_2PO_4^-$,离子电荷数和水合半径都将变小[52,53]。此外,当 pH 在酸性范围内进一步降低时,膜表面的负电荷密度降低[54,55]。这两方面的变化都会导致静电相互作用的减弱,最终导致纳滤膜分离性能的下降。

受细胞膜可以根据周围环境自动调节其渗透性和选择性的启发,近年来 pH 响应膜得到了广泛研究。具有 pH 响应特性的材料如聚电解质,可以根据弱碱或弱酸官能团的电离度改变自身结构。聚合物链上带有羧基的聚丙烯酸(PAA)是最常用的 pH 响应性聚电解质之一。当 pH 低于 PAA 的 pKa(约 4.5)时[56,57],羧基质子化而产生氢键,形成致密的结构。而当 pH 高于其 pKa 值时,由于游离羧基之间的静电排斥作用,聚合物链呈伸展状态。

受此启发,设计并制备了一种基于石墨烯、PAA 和碳纳米管的新型 pH 响应的纳滤膜[58]。石墨烯纳米片用来构建纳米通道,实现分子级别的精确分离,并允许水分子快速传输。接枝有 PAA 的碳纳米管(碳纳米管-PAA)被插入石墨烯层间内,从而实现 pH 响应性。该膜的制备流程如下:

(1)石墨烯分散液的制备。氧化石墨烯的制备方法见 2.2.3 小节。将氧化石墨烯固体超声分散在水中,制成浓度为 0.05mg/mL 的均匀分散液。取 50mL 该分散液与 300μL 氨水和 20μL 水合肼溶液充分混合,然后转移到带聚四氟乙烯内衬的不锈钢高压釜中,在 90℃ 下还原 2h。

(2)碳纳米管-PAA 的制备。氧化碳纳米管的制备方法见 2.3.1 小节。在 100mL 超纯水中加入 0.5g 氧化碳纳米管、2g 丙烯酸、400mg 乙二醇和 20mg 过硫酸铵,搅拌均匀后,在超声清洗仪中超声分散碳纳米管。将该混合物充氮气 30min,去除水中溶解氧后,在 60℃ 以及氮气气氛下搅拌 2h。所得产品用超纯水洗涤数次,除去额外的丙烯酸单体和未接枝的PAA。最后,将碳纳米管-PAA 在真空下干燥。

(3)石墨烯-碳纳米管-PAA 膜的制备。称取适量的碳纳米管-PAA 并超声分散在水中,制成浓度为 0.05mg/mL 的分散液。量取 4mL 石墨烯分散液与 8mL 碳纳米管-PAA 分散液充分混合,然后通过抽滤装置将石墨烯和碳纳米管-PAA 真空抽滤在聚偏氟乙烯膜上。最后,将制备好的样品在室温下自然干燥。

图 2.74 为氧化碳纳米管和碳纳米管-PAA 的傅里叶变换红外光谱图。可以看出,氧化碳纳米管的光谱图分别在 3440cm^{-1} 和 1630cm^{-1} 处有两个特征峰,分别对应—OH 和—COOH。而碳纳米管-PAA 的光谱图在 1736cm^{-1} 处出现一个新峰,属于 C=O 的特殊振动区间,表明 PAA 被成功接枝到碳纳米管上。透射电镜图显示,碳纳米管-PAA 外包裹一层PAA,厚度约为 2.5nm(图 2.75)。扫描电镜图像表明,石墨烯-碳纳米管-PAA 膜表面没有裂纹和缺陷,膜的横截面具有良好的层状结构(图 2.76)。由于石墨烯之间的范德瓦耳斯力和 π-π 键,所制得的石墨烯-碳纳米管-PAA 膜在 pH 3~8 较宽范围内结构都比较稳定。

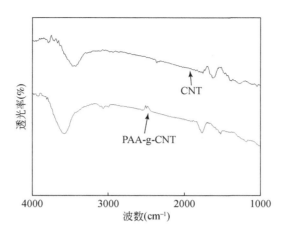

图 2.74 碳纳米管和碳纳米管–PAA(图中 PAA-g-CNT)的傅里叶变换红外光谱图

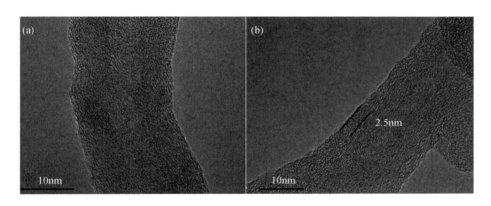

图 2.75 氧化碳纳米管(a)和碳纳米管–PAA(b)的透射电镜图

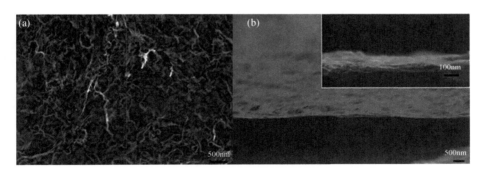

图 2.76 石墨烯–碳纳米管–PAA 膜表面(a)和横截面(b)的扫描电镜图

为了研究碳纳米管–PAA 含量对膜性能的影响,实验制备了具有相同石墨烯负载量但不同碳纳米管–PAA 负载量的四种石墨烯–碳纳米管–PAA 膜。四种膜中碳纳米管–PAA 与石墨烯的质量比为 0∶1、1∶1、2∶1 和 3∶1,分别命名为石墨烯膜、石墨烯–碳纳米管–PAA-1

膜、石墨烯–碳纳米管–PAA-2 膜、石墨烯–碳纳米管–PAA-3 膜。研究发现,石墨烯–碳纳米管–PAA 膜的厚度随碳纳米管–PAA 含量的增加而呈现线性增加的趋势[图 2.77(a)]。例如,石墨烯膜的厚度为 ~83nm,而石墨烯–碳纳米管–PAA-3 膜的厚度增加到 ~216nm。通过截留聚乙二醇测得石墨烯膜、石墨烯–碳纳米管–PAA-1 膜、石墨烯–碳纳米管–PAA-2 膜和石墨烯–碳纳米管–PAA-3 膜的孔径分别为 1.14nm、1.19nm、1.31nm 和 2.16nm[图 2.77(b)],表明碳纳米管–PAA 的嵌入增大了石墨烯纳米片的层间距。此外,碳纳米管–PAA 的嵌入还提高了膜表面的亲水性,水接触角从 80.6° 降低到了 57.5°,如图 2.77(c)所示。相应地,纯水渗透速率从石墨烯膜的 2.9L/(m² · h · bar)逐渐增加到石墨烯–碳纳米管–PAA-3 膜的 23.6L/(m² · h · bar)[图 2.77(d)]。

利用磷酸盐考察了碳纳米管–PAA 负载量对膜分离性能的影响。如图 2.77(d)所示,石墨烯膜对磷酸盐的截留率为 75.4%,而石墨烯–碳纳米管–PAA-1 膜和石墨烯–碳纳米管–PAA-2 膜的截留率分别提高到 81.0% 和 84.4%。但进一步增加碳纳米管–PAAs 的含量后,石墨烯–碳纳米管–PAA-3 膜对磷酸盐的截留率降低到 79.7%。该现象是膜孔径筛分和静电排斥共同作用的结果。

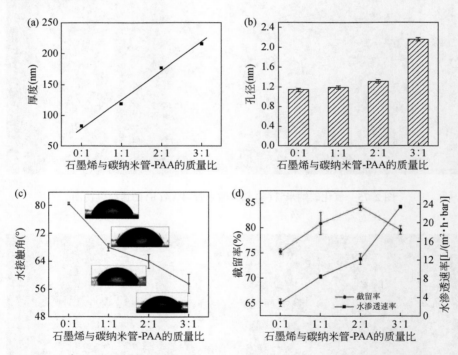

图 2.77 四种石墨烯–碳纳米管–PAA 膜的厚度(a)、孔径(b)、水接触角(c)、
水渗透速率和磷酸盐截留率(d)

不同 pH 下四种石墨烯–碳纳米管–PAA 膜的纯水渗透速率如图 2.78(a)所示。在 pH 3.0~8.2,石墨烯和石墨烯–碳纳米管膜的渗透速率几乎不变。然而,当 pH 降低时,所有的石墨烯–碳纳米管–PAA 膜的渗透性都降低。在 pH 3.0 时,石墨烯–碳纳米管–PAA-1 膜、石墨烯–碳纳米管–PAA-2 膜和石墨烯–碳纳米管–PAA-3 膜的纯水渗透速率分别为 4.1

L/(m²·h·bar)、4.5L/(m²·h·bar)和 7.3L/(m²·h·bar),而在 pH 8.2 时,它们的纯水渗透速率分别增加到 8.8L/(m²·h·bar)、12.7L/(m²·h·bar)和 24.3L/(m²·h·bar)。将 pH 8.2 时的纯水渗透速率与 pH 3.0 时的纯水渗透速率之比定义为 pH 响应系数,可评估膜的 pH 响应灵敏度。实验发现,石墨烯–碳纳米管–PAA-1 膜、石墨烯–碳纳米管–PAA-2 膜和石墨烯–碳纳米管–PAA-3 膜的 pH 响应系数分别为 2.14、2.81 和 3.32。由此可见,嵌入的碳纳米管–PAA 的量越多,膜对 pH 变化的响应越灵敏。

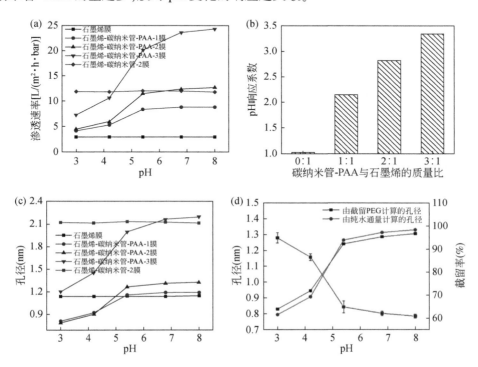

图 2.78　(a)不同 pH 下石墨烯–碳纳米管–PAA 膜的水渗透速率;(b)石墨烯–碳纳米管–PAA 膜的 pH 响应系数;(c)纯水渗透速率计算的石墨烯–碳纳米管–PAA 膜在不同 pH 下的孔径;(d)不同 pH 下石墨烯–碳纳米管–PAA-2 膜对聚乙二醇 800 的截留率以及计算的膜孔径

根据经典流体动力学理论 Hagen-Poiseuille 方程,在其他因素不变的情况下,膜的水渗透速率与膜孔径的平方成正比。因此,可以根据水渗透速率与孔径的关系,计算不同 pH 下的理论孔径。如图 2.78(c)所示,在 pH 3.0~8.2,石墨烯膜和石墨烯–碳纳米管膜的孔径保持不变,但随着 pH 的降低,石墨烯–碳纳米管–PAA 膜的孔径逐渐变小。在 pH 3.0 时,石墨烯–碳纳米管–PAA-1 膜、石墨烯–碳纳米管–PAA-2 膜和石墨烯–碳纳米管–PAA-3 膜的孔径分别为 0.81nm、0.79nm 和 1.20nm[图 2.78(c)]。在 pH 4.2 和 3.0 时,石墨烯–碳纳米管–PAA-1 膜和石墨烯–碳纳米管–PAA-2 膜的孔径明显小于石墨烯膜。

研究发现,与石墨烯–碳纳米管–PAA-1 膜相比,石墨烯–碳纳米管–PAA-2 膜在 pH 3.0 时具有更小的孔径但更高的透水性。为了进一步验证这一有趣的现象,测量了各膜在 pH 3 下对聚乙二醇 800 的截留率。如图 2.79(a)所示,截留能力由强到弱的顺序为:石墨烯–碳纳米管–PAA-2 膜>石墨烯–碳纳米管–PAA-1 膜>石墨烯>石墨烯–碳纳米管–PAA-3 膜。根据聚乙二醇截留率计算的石墨烯膜、石墨烯-碳纳米管-PAA-1 膜、石墨烯-碳纳米管-PAA-2 膜和石墨烯-碳纳米管-PAA-3 膜的孔径分别为 1.19nm、0.89nm、0.79nm 和 1.31nm [图 2.79(b)]。实验结果进一步证实,与石墨烯和石墨烯-碳纳米管-PAA-1 膜相比,尽管石墨烯-碳纳米管-PAA-2 膜的孔径更小,但具有更高的渗透性。上述结果表明,碳纳米管-PAA 的嵌入使膜具有 pH 响应性,并产生额外的水迁移通道,从而提高膜的渗透性。

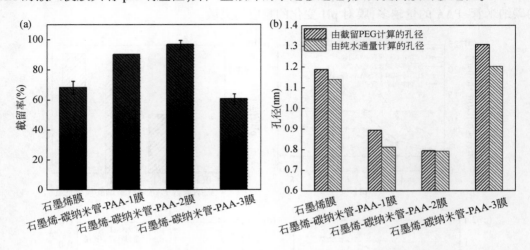

图 2.79 (a)pH 3 时膜对聚乙二醇 800 的截留率;(b)通过聚乙二醇 800 截留率和水渗透速率计算的膜孔径大小

图 2.80 为石墨烯-碳纳米管-PAA 膜具有 pH 响应性的机理。PAA 是一种分子链上带有羧基的聚电解质,对 pH 敏感。当 pH<pK_a(约 4.5)时,PAA 中的羧基被质子化,接枝在碳纳米管表面的 PAA 链由于彼此之间形成氢键而收缩。而在碱性溶液中,脱质子后的羧基之间产生静电排斥作用,导致 PAA 链呈现出伸展状态。因此,pH 的变化将触发 PAA 链的收缩或延伸,将进一步收缩或扩大石墨烯层间距离,从而使石墨烯-碳纳米管-PAA 膜产生 pH 响应性。

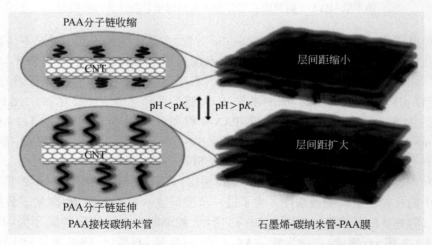

图 2.80 石墨烯-碳纳米管-PAA 膜 pH 响应特性示意图

石墨烯–碳纳米管膜和石墨烯–碳纳米管–PAA-2 膜对磷酸盐的截留率如图 2.81(a)所示。在 pH 7 时,石墨烯–碳纳米管膜对磷酸盐截留率为 82.3%,当溶液 pH 升高到 8.2 时,其对磷酸盐的截留率进一步升高到 91.6%。因此,石墨烯–碳纳米管膜在中性和碱性条件下对磷酸盐具有较高的截留率。但随着溶液 pH 的降低,石墨烯–碳纳米管膜对磷酸盐的截留能力急剧下降,在 pH 3.0 时的截留率仅为 11.1%。该现象是因为,当 pH 降低时,磷酸根阴离子由高价态 HPO_4^{2-} 转变为低价态 $H_2PO_4^-$,并伴随着水合离子半径的减小,导致了磷酸盐截留率的大幅度下降。

具有 pH 响应性的石墨烯–碳纳米管–PAA 膜在 pH 3.0~8.2 对磷酸盐的截留率均比石墨烯–碳纳米管膜高[图 2.81(a)]。并且,当 pH 降低时,其对磷酸盐截留率的下降趋势也比石墨烯–碳纳米管膜弱。在 pH 3.0 时,石墨烯–碳纳米管–PAA 膜对磷酸盐的截留率为 74.2%,远高于石墨烯–碳纳米管膜的 11.1%。石墨烯–碳纳米管–PAA 膜在不同 pH 下也具有优异的阴离子染料截留性能。如图 2.81(b)所示,随着 pH 的降低,石墨烯–碳纳米管膜对曙红 Y 的截留率逐渐降低,在 pH 3 时的截留率为 71.6%,而石墨烯–碳纳米管–PAA-2 膜对曙红 Y 的截留率均在 90% 以上,在 pH 3 时的截留率为 90.7%。这些结果表明,具有 pH 响应性的石墨烯–碳纳米管–PAA 膜在较宽的 pH 范围内都具良好的截留能力。

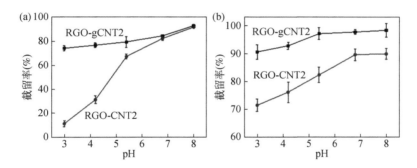

图 2.81   不同 pH 下石墨烯–碳纳米管–2 膜和石墨烯–碳纳米管–PAA-2 膜对磷酸盐(a)和曙红 Y(b)的截留率

2.3.3   石墨烯/碳纳米管中空纤维正渗透膜

与压力驱动的膜过程不同,渗透驱动的正渗透是一种自发现象,无须外界提供压力,能耗较低。传统的正渗透膜具有典型的不对称结构,主要包括致密的活性层和高度多孔的基底。其中,活性层应具有高水输送率和脱盐率。石墨烯是一种典型的二维纳米材料,可用来构建具有超快水输送速率的纳米孔道。因此,层状的石墨烯膜可作为非对称正渗透膜的活性层。目前,基底层中严重的内部浓差极化是正渗透膜面临的重要问题之一,其可能导致约 80% 的通量损失[59]。由于内浓差极化与结构参数正相关,因此制备低结构参数的基底层对正渗透过程具有重要意义。

作为另一种重要的纳米碳材料,一维碳纳米管已被广泛用于分离膜的构建。与相转化的常规聚合物膜不同,碳纳米管分离膜具有相互连接的孔道结构,具有高孔隙率和低孔道曲折度等优点。这些特征使得碳纳米管分离膜具有低的结构参数。因此,碳纳米管分离膜可能是制备低内浓差极化正渗透膜的理想基底层。鉴于此,研发了一种基于石墨烯和碳纳米管的高性能正渗透分离膜[60],以期应用于苦咸水和海水的淡化。该石墨烯/碳纳米管中空纤维(RGO/CNT)正渗透膜的主要制备过程如下:

(1)自支撑碳纳米管中空纤维膜的制备。具体方法见 2.1.2 小节。

(2)氧化石墨烯的制备。具体方法见 2.2.3 小节。

(3)石墨烯/碳纳米管正渗透膜的制备。将氧化石墨烯固体超声分散在纯水中,制成浓度为 1.0mg/mL 的分散液,并在 8000r/pmin 条件下离心 5min 去除未剥离的石墨。然后利用电泳沉积的方法,以碳纳米管中空纤维为阳极,钛管为阴极,在 3.5V 电压下电泳沉积 30s。最后利用氢碘酸蒸汽在中空纤维内腔化学还原 5min,制得石墨烯/碳纳米管正渗透膜。

该制备方法的基础在于氧化石墨烯的荷负电性。如图 2.82 所示,氧化石墨烯在 pH 3 ~ 11 均呈负电性,且 pH 越高,电负性越强,原因为氧化石墨烯表面含有大量的—COOH,在水中电离而产生—COO⁻,而且随着 pH 的升高,其电离程度逐渐增强。

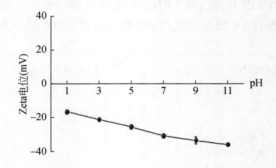

图 2.82　不同 pH 下氧化石墨烯的 Zeta 电位

图 2.83(a)为所制备的碳纳米管中空纤维膜基底的实物照片图,可以看到其呈现碳纳米管的黑色,外径为 915μm[图 2.83(b)]。图 2.83(c)为碳纳米管中空纤维膜基底的截面扫描电镜图,可以看到基底厚度为 128μm,且具有相转化过程中形成的指状大孔结构,原因为纺丝液遇到水浴时,溶剂 N-甲基吡咯烷酮快速扩散溶解到水里,而聚乙烯醇缩丁醛迅速凝固,从而形成指状孔结构。经过高温热解聚乙烯醇缩丁醛后,中空纤维结构并未发生坍塌。高倍扫描电镜观察发现,由于碳纳米管的一维结构,膜孔道呈现相互交错的类脚手架的网格结构。而且,这种结构遍布整个碳纳米管中空纤维的外表面、内表面和截面[图 2.83(d)~(f)]。对于各种类型的分离膜而言,指状大孔结构和交错的网状孔结构均能够提高分离膜的孔隙率,进而降低水的传输阻力并提高出水通量。通过重量法测量发现,该碳纳米管中空纤维基底的孔隙率达到 91%,远高于传统陶瓷分离膜的 40% ~ 60% 和有机高分子聚合物分离膜的 60% ~ 80%。利用气液排除法测得其最大孔径约为 194nm。得益于上述优点,该碳纳米管中空纤维膜基底的纯水渗透速率达到 8500L/(m² · h · bar)。图 2.84 为完整的石墨烯/碳纳米管中空纤维正渗透分离膜的扫描电镜图片,可以观察到其外表面呈现典型的石墨烯褶皱结构,且未发现结构上的缺陷。

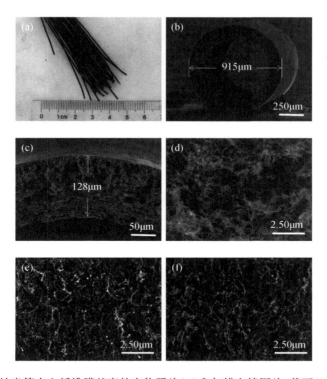

图 2.83　碳纳米管中空纤维膜基底的实物照片(a)和扫描电镜图片:截面(b)、(c)、(d)、
外表面(e)和内表面(f)

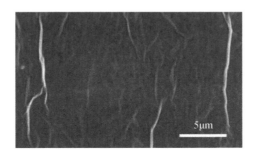

图 2.84　石墨烯/碳纳米管中空纤维正渗透分离膜表面的扫描电镜图

　　石墨烯正渗透层的厚度可通过控制电泳电压和沉积时长进行调控。如图 2.85 所示,当电泳电压为 3.5V 时,沉积 30s 所得的厚度为 51nm,当电泳电压升至 4.0V 时,相同的沉积时间内其厚度达到了 64nm,继续升高电泳电压至 4.5V,厚度进一步增加到 95nm。这是因为高的电泳电压所形成的电场力大,驱动更多的氧化石墨烯沉积在基底层上。当电压不变时(3.5V),石墨烯层的厚度随着沉积时长的增加而增加。当沉积时间为 30s 时,制备的石墨烯层厚度为 51nm,延长沉积时间到 60s 时,厚度增加到了 79nm,进一步将沉积时间延长至 120s 时,石墨烯层的厚度达到了 135nm。

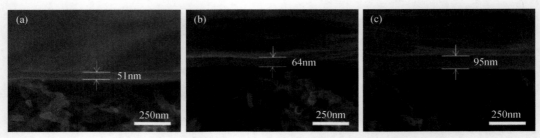

图 2.85　不同电泳电压条件下得到的石墨烯层厚度

(a)3.5V、30s；(b)4.0V、30s；(c)4.5V、30s

图 2.86 显示了不同厚度石墨烯/碳纳米管中空纤维正渗透分离膜的分离性能(运行条件:0.5mol/L NaCl 溶液作为汲取液,去离子水为进水,错流速率为 25cm/s,操作温度为 25℃,运行模式为正渗透模式)。如图 2.86(a)所示,膜水通量(J_w)随着分离层厚度的增加而减小:当石墨烯层的厚度为 51nm 时,正渗透水通量为 22.6L/($m^2 \cdot$ h);当分离层厚度增加 95nm 时,水通量下降至 16.5L/($m^2 \cdot$ h)。这是因为分离层厚度的增加导致水传输阻力增大。但是,较厚的石墨烯层可实现更低的溶质逆扩散量(J_s),95nm 厚的石墨烯层的溶质逆扩散通量为 1.2g/($m^2 \cdot$ h),而 51nm 厚时溶质逆扩散通量达到 1.6g/($m^2 \cdot$ h)[图 2.86(b)]。特定盐通量(J_s/J_w)表示单位产水量所损失的汲取溶质量,是评价正渗透分离膜性能的重要指标。图 2.86(c)显示所有厚度的石墨烯/碳纳米管中空纤维正渗透分离膜均表现出较低的特定溶质通量,约为 0.06~0.07g/L。

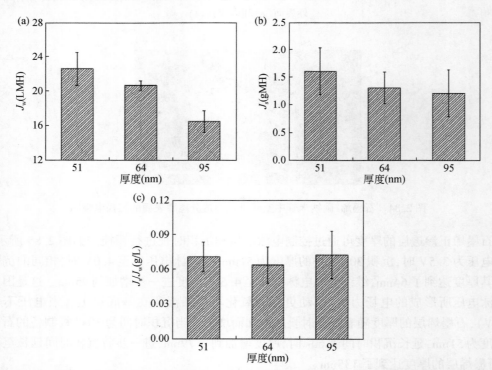

图 2.86　不同厚度的石墨烯/碳纳米管中空纤维正渗透分离膜的水通量(a)、汲取溶质逆扩散量(b)和特定盐通量(c)

为了评估石墨烯/碳纳米管中空纤维膜的分离性能,其性能与石墨烯/聚醚砜正渗透(RGO/PES)膜和聚酰胺/碳纳米管(PA/CNT)中空纤维正渗透膜的性能进行了对比,测试条件为 0.5mol/L NaCl 溶液作为汲取液,去离子水为进水,错位速率为 25cm/s,操作温度为 25℃,运行模式为正渗透模式。如图 2.87(a)、(b)所示,石墨烯/碳纳米管中空纤维膜比石墨烯/聚砜膜具有更高的水通量,而它们的汲取溶质逆渗透通量基本一致,可能因为石墨烯/碳纳米管中空纤维分离膜的结构参数为 202μm,仅为石墨烯/聚砜正渗透膜(377μm)的 1/2。低的结构参数意味着更小的内浓差极化。虽然石墨烯/碳纳米管中空纤维膜的水通量低于聚酰胺/碳纳米管膜,但是具有更低的溶质逆扩散通量,说明石墨烯分离层比聚酰胺分离层具有更高的选择性。图 2.87(c)为 3 种正渗透分离膜的特定盐通量图。从中发现,石墨烯/碳纳米管中空纤维正渗透膜具有最低的特定盐通量,表现出最好的综合正渗透性能。此外,测试的某商业正渗透分离膜的水通量仅为 6.9L/(m² · h),汲取溶质逆扩散通量高达 2.2g/(m² · h),特定盐通量超过 0.32g/L,均差于石墨烯/碳纳米管中空纤维正渗透膜,其水通量、汲取溶质逆扩散通量和特定盐通量分别为 22.5L/(m² · h)、1.7g/(m² · h)和 0.7g/L。

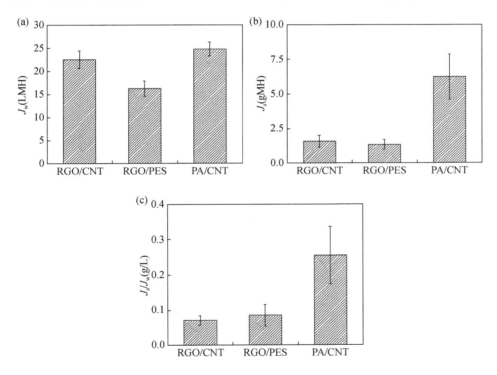

图 2.87　石墨烯/碳纳米管膜、石墨烯/聚砜膜和聚酰胺/碳纳米管膜的水通量(a)、
汲取溶质逆扩散量(b)和特定盐通量(c)

2.3.4　碳纳米管/石墨烯中空纤维纳滤膜

前面研究已经证实,层状石墨烯分离膜具有优异的选择性和渗透性,具有广阔的发展前

景。然而,它们真正实用化之前还需要解决以下问题:

(1)如何提高石墨烯分离层与基底之间的结合力。现有层状石墨烯膜中,石墨烯分离层往往仅通过弱相互作用附着在基底上,在水流的剪切力下易从基底上剥离、脱落[61]。

(2)如何提高石墨烯分离膜的抗污染能力。膜污染问题是膜分离技术中不可回避的一个重要问题,它可以显著降低水处理效率、提高处理单位体积废水的能耗。尽管有研究报道,利用羟基自由基的强氧化作用可以实现氧化石墨烯膜的污染控制[62,63],但是,这些高活性自由基亦可以氧化石墨烯本身,因此长时间暴露羟基自由基有可能造成石墨烯膜结构的破坏和性能的下降[64]。

(3)如何实现高效膜再生。膜污染是膜分离过程中不可避免的伴生现象,因此其污染后如何再生是一个重要问题。经验推断,由于石墨烯分离膜的薄层非对称结构,常用于传统分离膜再生的机械清洗和水力冲洗方法已不再适用。

(4)如何规模化制备高性能层状石墨烯膜。尽管目前层状石墨烯膜的制备方法很多,但制备效率都较低,难以满足工业化生产。

针对前两个问题,报道了一种带碳纳米管保护层的石墨烯非对称中空纤维膜,利用碳纳米管把石墨烯分离层机械束缚在其与基底层之间,从而提高其结构稳定性,利用碳纳米管的逐级截留和吸附减少到达石墨烯分离层的待截留物质的量,进而显著提高石墨烯膜的抗污染能力[65]。该分离膜的主要制备过程如下:

(1)石墨烯分散液的制备。氧化石墨烯采用改进的 Hummers 法制备,具体步骤见 2.2.3 小节。之后,称量 10mg 氧化石墨烯固体超声分散在 200mL 纯水中,得到 50mg/L 的氧化石墨烯分散液。随后向该分散液中再加入 140μL 25wt% 的氨水和 9μL 80wt% 的水合肼溶液,在 80℃加热 30min 后得到均匀分散的石墨烯分散液。

(2)碳纳米管分散液的制备。约 0.5g 碳纳米管和 0.1g 十二烷基硫酸钠加入到 200mL 纯水中,搅拌 10min。随后,该混合物利用超声波细胞破碎仪超声分散 30min(1.5s 开/1.5s 关模式)。未分散的碳纳米管通过离心(5000r/min)去除,最后得到均匀分散的碳纳米管分散液。其浓度通过重力分析测得,具体步骤为:把一片孔径为 0.22μm 的混合纤维素酯膜在 60℃下烘干 12h 后测得其质量为 m_1;然后利用此膜抽滤 10mL 的碳纳米管分散液,再抽滤 100mL 的清水去除十二烷基硫酸钠;此混合纤维素酯膜连同其上面的碳纳米管薄层一同在 60℃下烘干 12h;之后,测其质量为 m_2。碳纳米管在分散液中的浓度则为$(m_2-m_1)/10$,最后把分散液的浓度稀释为 100mg/L。

(3)碳纳米管/石墨烯中空纤维膜的制备。聚丙烯腈中空纤维膜一端用胶水封闭后竖直地插入石墨烯分散液中,另一端连接真空泵。开动真空泵后,石墨烯纳米片会被抽滤到聚丙烯腈膜表面形成薄层。随后,该聚丙烯腈膜基底从石墨烯分散液中移除并插入碳纳米管分散液中,继续抽滤一段时间。碳纳米管会被抽滤到石墨烯上形成三明治结构,即石墨烯层夹在碳纳米管层和聚丙烯腈基底之间。用清水多次洗涤后,该具有碳纳米管保护层的石墨烯膜在室温下干燥 24h。

(4)碳纳米管层的交联。干燥后的石墨烯膜两端封闭后在 0.5wt% 的聚乙烯醇溶液中浸泡 30min,之后再在 0.5wt% 的乙二酸溶液中浸泡 30min。得到的膜用纯水清洗掉多余的乙二酸后在室温下干燥 24h。

如图 2.88(a)所示,制备的碳纳米管/石墨烯膜呈现出典型的中空纤维结构,石墨烯分离层被夹在碳纳米管层和聚丙烯腈基底之间[图 2.88(b)]。从高倍扫描电镜图上可以明显看到石墨烯层的层状结构[图 2.88(c)]。从膜表面的扫描电镜图上可以看到碳纳米管相互缠绕、交错形成的多孔网状结构,而且聚乙烯醇交联并不会堵塞这些膜孔[图 2.88(d)]。

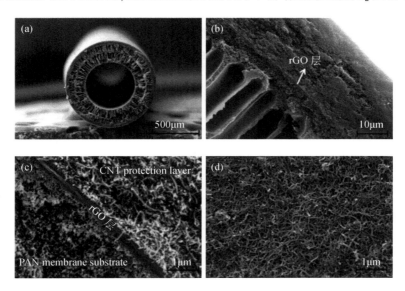

图 2.88　(a)碳纳米管/石墨烯中空纤维膜断面的扫描电镜图;(b)膜断面放大的扫描电镜图;(c)碳纳米管层、石墨烯层和支撑层三层交界处的扫描电镜图;(d)碳纳米管/石墨烯中空纤维膜表面的扫描电镜图

由于碳纳米管层的保护,该石墨烯膜具有优异的结构稳定性,可承受功率为 270W 的细胞破碎仪施加的强超声。超声后,膜结构依然完好,碳纳米管层和石墨烯层无破损、无脱落。利用扫描电镜观察也证实,膜体并没有裂痕和缺陷出现。除了具有防止石墨烯层从基底上脱落的作用,碳纳米管层还可以在反冲洗过程中作为石墨烯层的支撑层。研究发现,该碳纳米管/石墨烯膜至少可承受 0.1MPa 的反冲洗压力。这些结果充分表明,这种具有碳纳米管保护层的新型石墨烯分离膜克服了石墨烯分离层在水中易脱落的问题,且允许进行反冲洗实现自身的物理再生。

利用腐殖酸(10mg/L)和甲基蓝(10mg/L)溶液作为模拟废水考察了碳纳米管/石墨烯膜的分离性能。试验结果发现,当石墨烯分离层的厚度为 48nm 时,其对腐殖酸和甲基蓝都有很好的截留效果,截留率分别为 96.2%±1.2% 和 99.5%±0.5%,同时具有较高的水透过速率[~(7.2±0.3)L/(m^2·h·bar)]。

试验测得该石墨烯膜在水中的 Zeta 电位为 -53.8mV(pH 6.7),表明石墨烯分离层在水中带有负电荷。重新润湿的石墨烯膜的 X 射线衍射光谱在 24.2° 和 8° 处有两个明显的峰[图 2.89(a)],分别对应层间距(d-space)0.37nm 和 1.1nm。出现 0.37nm 层间距的原因是:含氧官能团可以作为石墨烯之间的支撑体,而化学还原会去除一部分含氧官能团,从而造成石墨烯层间距的明显缩小,甚至某些区域重新堆积成石墨结构。由于低强度的化学还原难以完全去除这些含氧官能团,残留的含氧官能团会继续作为石墨烯之间的支撑,形成

1.1nm 的层间距。

通过截留不同分子量的电中性的聚乙二醇分子(400Da、600Da、800Da、1000Da和3000Da)测定了石墨烯膜的平均孔径,结果如图2.89(b)所示。从图中可以看出,当截留率为50%时,相对应的聚乙二醇分子量约为1000Da。根据文献中已报道的计算方法[51],石墨烯膜的平均孔径定义为分子量为1000Da的聚乙二醇分子的平均几何尺寸。Stokes半径(r)和聚乙二醇分子量(M_w)之间的关系可以通过下面的公式表示:

$$r = 16.73 \times 10^{-12} \times M_w^{0.557} \tag{2.5}$$

石墨烯膜的平均孔径(D^*)则为:

$$D^* = 2r_{PEG50\%} = 33.46 \times 10^{-12} \times M_w^{0.557} \tag{2.6}$$

最后计算可得,石墨烯膜的平均孔径为1.57nm。这个值要大于通过X射线衍射光谱仪测得的层间距(1.1nm),可能原因是石墨烯纳米片本身具有的褶皱结构会形成较大的水传输通道[66]。这些测试和表征表明,尺寸筛分和Donnan效应是该石墨烯膜的主要分离机理。

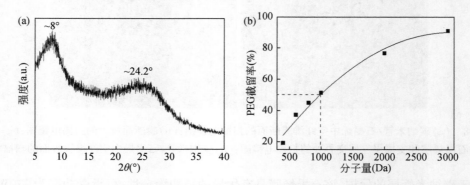

图2.89　(a)重新润湿的石墨烯薄膜的X射线衍射光谱图;(b)石墨烯膜对不同分子量的聚乙二醇的截留率

图2.90(a)、(b)显示的是碳纳米管/石墨烯膜和石墨烯膜在过滤甲基蓝溶液和腐殖酸溶液过程中的水透过速率随时间变化的曲线。如图所示,当过滤甲基蓝溶液12h后,石墨烯膜的水透过速率从最初的7.3L/(m²·h·bar)降到3.8L/(m²·h·bar)[图2.90(a)]。相比之下,碳纳米管/石墨烯膜表现出更好的抗污染性能,在相同条件下其水透过速率只下降到6.5L/(m²·h·bar)。研究还发现,当过滤腐殖酸溶液12h后,碳纳米管/石墨烯膜的水透过速率[6.0L/(m²·h·bar)]要明显高于石墨烯膜的水透过速率[3.1L/(m²·h·bar),图2.90(b)],同样证实了碳纳米管/石墨烯膜比石墨烯膜具有更好的抗污染能力。由于疏水性相互作用、π-π堆积、静电作用和氢键等原因,甲基蓝分子优先被吸附在碳纳米管上,意味着在前期的过滤过程中,只有很少部分的甲基蓝分子穿透碳纳米管层而被石墨烯层截留。理论分析还表明,碳纳米管层还可以作为外过滤层,尺寸比较大的腐殖酸分子被截留在其表面,而尺寸较小的则被截留在其内部。这种分级截留作用可以避免在碳纳米管层表面形成密实的滤饼层,同时还能保留足够多的孔道进行水传输,如图2.90(c)左图所示。对于石墨烯膜,过滤同样体积的腐殖酸溶液后,更多的腐殖酸分子会被石墨烯层截留,并快速形成滤饼层,如图2.90(c)右图所示。这些测试结果表明,碳纳米管层除了具有机械束缚石墨烯

层、保护其结构不被破坏的作用之外,还能通过吸附和截留作用显著提高石墨烯膜的抗污染能力。

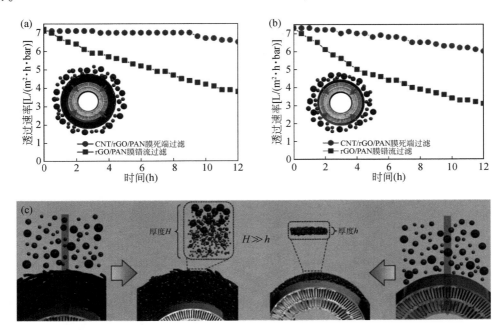

图 2.90　(a)碳纳米管/石墨烯膜(CNT/rGO/PAN)和石墨烯膜(rGO/PAN)在过滤甲基蓝溶液过程中的水透过速率随时间变化的曲线;(b)碳纳米管/石墨烯膜和石墨烯膜在过滤腐殖酸溶液过程中的水透过速率随时间变化的曲线;(c)碳纳米管层过滤作用的示意图

理论上,碳纳米管层的厚度越大,其吸附和过滤的作用就越明显,碳纳米管/石墨烯膜的抗污染能力就越强。研究发现,运行一段时间后,归一化通量(膜污染后的通量与初始通量的比值)随着碳纳米管层厚度的增加而增加[图 2.91(a)]。实验结果与理论分析一致。然而,运行一段时间后的最终通量并不是随着碳纳米管层厚度的增加而增加[图 2.91(b)]。例如,碳纳米管层厚度为 28.9μm 的膜在连续过滤腐殖酸溶液 12h 后,其水透过速率为 5.9L/(m^2·h·bar),低于碳纳米管层厚度为 10μm 膜的 6.1L/(m^2·h·bar)。这是因为如果其厚度过大,碳纳米管/石墨烯膜的水通量会因增加了额外的无效膜面积和传质阻力而明显降低。例如,当碳纳米管层的厚度由 10.0μm 增加到 28.9μm 时,碳纳米管/石墨烯膜的纯水渗透速率会相应地由 7.2L/(m^2·h·bar)降低到 6.5L/(m^2·h·bar)。

进一步研究发现,碳纳米管的直径对抗污染性能也有很大的影响。定量分析表明,当单壁碳纳米管、20~40nm 直径的碳纳米管和 60~100nm 直径的碳纳米管作为保护层时,相应的碳纳米管/石墨烯膜在连续过滤甲基蓝溶液 12h 后的归一化通量分别为 0.97、0.89 和 0.73[图 2.91(c)]。这是因为单壁碳纳米管比 20~40nm 直径的碳纳米管和 60~100nm 直径的碳纳米管具有更高的比表面积,因而具有更高的吸附能力。然而,在过滤腐殖酸溶液时,膜归一化的通量与碳纳米管直径并非简单的相关关系,而是 20~40nm 直径的碳纳米管能赋予更高的抗污染能力[图 2.91(c)]。过滤后碳纳米管层的微观形貌结构如图 2.92 所示。可以明显看到,在单壁碳纳米管层的表面上完全覆盖了腐殖酸,其孔道已被完全堵塞,应该是单壁碳纳米管/石墨烯膜对腐殖酸具有相对较弱的抗污染能力的原因。对于另外两种膜,20~40nm 直径的碳纳米管层上明显比 60~100nm 直径的碳纳米管层上具有更多的腐殖酸,表明其对腐殖酸具有更强的截留能力。因此,更多的腐殖酸分子会穿透 60~100nm 直径的碳纳米管层后被石墨烯分离层截留。综合以上两点原因,20~40nm 直径的碳纳米管层在过滤腐殖酸溶液时能赋予更强的抗污染能力。

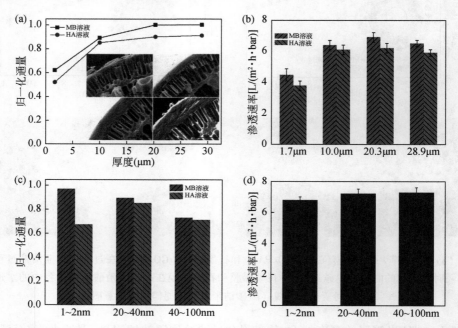

图 2.91 (a)膜污染后归一化的通量与碳纳米管层厚度之间的关系;(b)具有不同厚度的碳纳米管层的石墨烯膜在连续过滤甲基蓝溶液和腐殖酸溶液 12h 后的最终通量;(c)膜污染后归一化的通量与碳纳米管直径的关系;(d)碳纳米管的直径与碳纳米管/石墨烯膜初始水渗透速率的关系

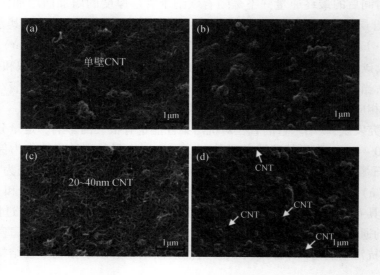

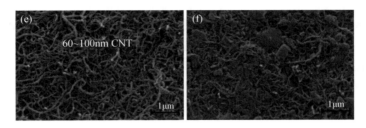

图 2.92 不同直径的碳纳米管制得的碳纳米管/石墨烯膜在过滤腐殖酸溶液前(a)、(c)、(e)
和过滤后(b)、(d)、(f)表面的扫描电镜图
(a)、(b)单壁碳纳米管;(c)、(d)直径 20~40nm;(e)、(f)直径 40~100nm

2.3.5 石墨烯-MXene 超滤膜

如前所述,石墨烯纳米片具有原子级光滑的区域,可构建具有超快水传输通道的分离膜,用于高效水处理。但是,石墨烯膜较强的疏水性和窄的层间距使得水分子进入膜通道的能垒较高。此外,石墨烯膜表面较少的含氧官能团使得膜与荷电物质之间的静电相互作用较弱,不利于其对荷电物质的截留。针对此问题,设计了一种具有润湿性通道的导电石墨烯-MXene 膜[67],通过增强水与膜通道入口处的亲和力,降低水分子进入膜通道的阻力提高膜通量。该分离膜的主要制备步骤如下:

(1)石墨烯分散液的制备。氧化石墨烯采用改进的 Hummers 法制备,具体步骤见 2.2.3 小节。之后,称取适量的氧化石墨烯固体加入到盛有高纯水的烧杯中,通过超声分散得到浓度为 0.05mg/mL 的分散液。然后,取 30mL 制备好的氧化石墨烯分散液置于烧杯中,加入 80μL 浓度为 25wt% 的 $NH_3 \cdot H_2O$ 和 12μL 浓度为 80wt% 的 $N_2H_4 \cdot H_2O$,搅拌均匀。最后,将混合溶液转移至 50mL 的反应釜中,放置在 90℃ 的干燥箱中反应 1.5h,制得石墨烯分散液。

(2)MXene 分散液的制备。通过原位氟化氢刻蚀 Ti_3AlC_2 制备 MXene[68]。称取 1.6g LiF 和 1.0g Ti_3AlC_2 缓慢加入到 20mL HCl 溶液(9mol/L)中,充分搅拌均匀。将得到的混合溶液在搅拌条件下置于水浴锅中,于 45℃ 条件下反应 24h。经过多次离心清洗,得到 pH 6 的 Ti_3C_2TX 分散液。随后进行超声剥离,离心去除沉淀物后得到 MXene 分散液。最后将制备好的 MXene 分散液稀释到 0.05mg/mL,在氩气保护下保存在−4℃冰箱中备用。

(3)石墨烯-MXene 膜的制备。将不同比例的石墨烯和 MXene 分散液加入 20mL 的超纯水中,超声处理 10min。然后以聚偏氟乙烯膜为基底,通过真空抽滤制备石墨烯-MXene 膜。通过调节混合物中 MXene 与石墨烯的比例,得到 MXene 质量百分比为 30wt%、50wt%、60wt%、65wt% 和 70wt% 的石墨烯-MXene 膜,分别标记为 RM-30、RM-50、RM-60、RM-65 和 RM-70 膜。

如图 2.93(a)所示,随着 MXene 质量百分比的增加,膜的纯水渗透速率逐渐增加,从石墨烯膜的 3.7L/(m²·h·bar)增加到 RM-70 膜的 62.3L/(m²·h·bar),增加了约 16.8 倍。在过滤橙黄 G 模拟废水时,石墨烯-MXene 膜的水渗透速率同样随着 MXene 含量的增加而

逐渐增大,从石墨烯膜的 1.8L/(m² · h · bar) 增加到 RM-70 膜的 29.9L/(m² · h · bar) [图 2.93(b)],但同时,膜对橙黄 G 的截留率从石墨烯膜的 88.8% 降低到了 RM-70 膜的 27.8%。当 MXene 的质量百分比为 30wt% 时,膜的渗透速率由石墨烯膜的 1.8L/(m² · h · bar) 增加到 6.3L/(m² · h · bar),而膜对橙黄 G 的截留率几乎没有降低。综上所述,适量 MXene 的嵌入可以显著提高石墨烯膜的渗透性能。

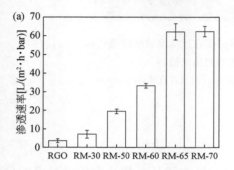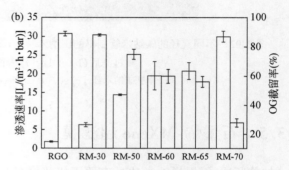

图 2.93　(a)不同 MXene 百分含量的石墨烯-MXene 膜的纯水渗透速率;(b)不同 MXene 百分含量的石墨烯-MXene 膜的水渗透速率以及对橙黄 G 的截留率

为了考察嵌入 MXene 后石墨烯膜水渗透速率提高的原因,通过测量膜表面的水接触角表征了石墨烯-MXene 膜的亲疏水性,测得 RGO、RM-30、RM-50、RM-70 膜的水接触角分别为 80.1°、65.5°、54.3° 和 44.0°,表明石墨烯-MXene 膜的亲水性随 MXene 质量百分比的增大而逐渐增强。亲水性的提高意味着水分子与膜表面的亲和力增大,有利于水与膜表面接触,降低水进入膜孔道的能垒。同时,随着 MXene 质量百分比的增加,膜的 Zeta 电位从石墨烯膜的 -20mV 降低到 RM-70 膜的 -37mV,膜表面自由能从石墨烯膜的 47.4mJ/m² 逐渐增加到 RM-70 膜的 59.4mJ/m²。以上结果表明,MXene 的嵌入可以增强石墨烯-MXene 膜的亲水性,从而使膜更容易被水润湿,增大了水与膜之间的亲和力,降低了水进入膜通道的阻力。

为了进一步理解水通量提高的原因,通过分子动力学模拟了水分子进入石墨烯–石墨烯和石墨烯-MXene 两个通道的速率(图 2.94)。通过分析通道内水分子数量随时间的变化情况以及水分子与通道之间的相互作用能的变化可深层次地揭示石墨烯-MXene 膜具有高通量的机理。

图 2.95(a)显示了两个通道内水分子数量随时间的变化情况。结果显示,在时间超过 41ps 时,石墨烯–石墨烯通道的水分子数量趋于恒定,约为 129 个。相比之下,在时间超过 15ps 时,石墨烯-MXene 通道的水分子数量趋于恒定,约为 187 个。由此可见,在通道宽度相同的条件下,可进入石墨烯-MXene 通道中的水分子数量更多。通过计算水分子进入两个通道的速率发现,水分子进入石墨烯-MXene 通道的速率为 12.5/ps,远高于石墨烯–石墨烯通道的 3.1/ps[图 2.95(b)],说明 MXene 的嵌入使得水分子可以快速进入通道内。图 2.95(c)显示水分子与石墨烯-MXene 通道的相互作用能为 3505.2kcal/mol,是石墨烯–石墨烯通道(541.3kcal/mol)的 6.5 倍。此外,水分子与石墨烯-MXene 通道之间的相互作用能在 8ps 内迅速达到了稳定状态,而水分子与石墨烯–石墨烯通道之间的相互作用能达到稳定的时间约为 40ps。这表明 MXene 的嵌入增强了水分子和膜通道之间的相互作用,而且水分子在石

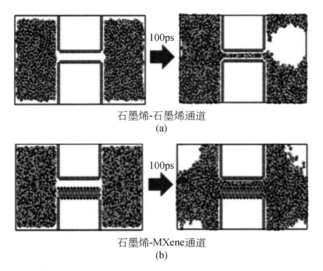

石墨烯-石墨烯通道
(a)

石墨烯-MXene通道
(b)

图 2.94　水分子进入石墨烯-石墨烯通道(a)和石墨烯-MXene 通道(b)的分子动力学模拟：
模拟时间为 0ps 和 100ps 时系统中两个通道水分子的快照

墨烯-MXene 通道内能更快地达到稳定状态。综上，通过在石墨烯膜中嵌入亲水性 MXene，可以降低水进入石墨烯通道的能垒，能允许更多的水分子进入通道内，从而提高膜的水通量。

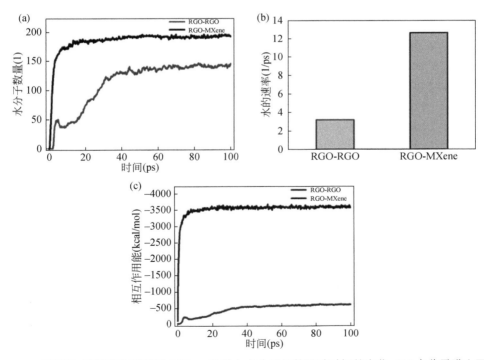

图 2.95　(a)石墨烯-石墨烯和石墨烯-MXene 通道中水分子的数量随时间的变化；(b)水分子进入石墨烯-石墨烯和石墨烯-MXene 通道的速率；(c)水分子与石墨烯-石墨烯和石墨烯-MXene 通道之间的相互作用能随时间的变化

2.3.6 石墨烯–MoS₂纳滤膜

硫化钼(MoS_2)是一种二维过渡金属硫化物,具有原子级光滑表面,能够有序堆叠成薄膜结构。在层间的弱范德瓦耳斯力作用和刚性结构的共同影响下,MoS_2膜具有两倍于石墨烯膜的层间距。鉴于此,将二维 MoS_2 纳米片插入石墨烯层间内,构建了一种具有高渗透性水通道和良好导电性的石墨烯-MoS_2复合纳滤膜[69],其主要制备过程如下:

(1)石墨烯分散液的制备。具体流程见 2.3.2 小节。

(2)MoS_2纳米片的制备。将硫化钼粉末加入异丙醇中,并超声处理 30min。将混合物转移到旋转蒸发器中,在氮气气氛下旋转蒸发,将异丙醇挥发去除。将得到的硫化钼前驱体在氩气保护下加入正己烷中,超声处理 30min 后制得硫化钼前体悬浮液。然后,将混合液在氩气保护、温度 25℃ 的条件下搅拌 72h 进行锂插层反应,反应结束后在氩气氛围下通过真空抽吸将产物 Li_xMoS_2 单晶分离出来并用正己烷纯化,纯化后的 Li_xMoS_2 单晶置于水溶液中,离心 3~5 次后获得层状 MoS_2 纳米片。

(3)石墨烯-MoS_2膜的制备。首先将等体积的石墨烯分散液(0.2mg/mL)与剥离制备的 MoS_2分散液(0.1mg/mL)混合,然后在 500W 的功率下超声 20min,得到分散均匀的分散液。最后,通过真空抽滤将石墨烯纳米片和 MoS_2纳米片抽滤到聚偏氟乙烯基底上,得到石墨烯-MoS_2分离膜。抽滤的混合液的体积分别为 0.5mL、1.0mL、2.0mL 和 3.0mL,对应的石墨烯-MoS_2膜分别标记为石墨烯-MoS_2-0.5 膜、石墨烯-MoS_2-1.0 膜、石墨烯-MoS_2-2.0 膜和石墨烯-MoS_2-3.0 膜。

随着抽滤在基底上的石墨烯和 MoS_2 纳米片的增加,石墨烯-MoS_2分离层呈现出灰色到黑色的变化,并且表面均没有缺陷和裂痕。图 2.96(a)为所制备的石墨烯-MoS_2膜的扫描电镜照片。透过 MoS_2纳米片可以清晰地看到下面的氧化铝基底,表明成功剥离了具有单层或少层结构的 MoS_2纳米片。石墨烯-MoS_2膜表面的高倍扫描电镜图显示膜表面并没有膜孔 [图 2.96(b)],但可以观察到明显的层状堆叠的边缘褶皱结构,表明石墨烯-MoS_2膜的水传输通道主要由层间的纳米级空隙提供,是一种典型的二维层状分离膜。图 2.96(c)显示石墨烯-MoS_2膜的厚度可以达到 298nm,而相同负载量的石墨烯分离层的厚度仅为 ~82nm,这表明通过硫化钼的插层可以显著增大相邻石墨烯纳米片之间的层间距,从而提供具有低流体传输阻力的二维水传输通道,有利于水的快速渗透。

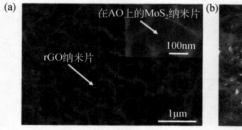

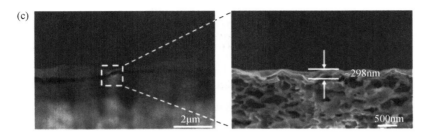

图 2.96　(a)石墨烯纳米片和 MoS₂纳米片的扫描电镜图；(b)石墨烯-MoS₂膜表面的扫描电镜图；
(c)石墨烯-MoS₂膜截面的低倍和高倍扫描电镜图

从高分辨的透射电镜图可以看出,石墨烯膜的层间距约为 0.42nm[图 2.97(a)],而石墨烯-MoS₂膜的层间距为 0.74nm[图 2.97(b)],约是石墨烯膜的两倍。同时可以看到,石墨烯-MoS₂膜的孔道相比于石墨烯膜更加有序整齐,层间相互交错的现象显著减少。二维 X 射线衍射图谱如图 2.97(c)、(d)所示,单纯的石墨烯分离膜的图谱为多个弓形的衍射峰,表明石墨烯膜中存在一部分非平行于基底的无序堆叠,而石墨烯-MoS₂膜呈现出衍射更为集中的点状图谱,表明 MoS₂纳米片的插入提升了纳米片在水平方向上堆叠的有序性,有利于减少水分子在层间传输的阻力。

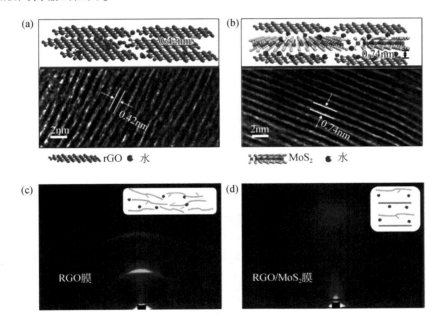

图 2.97　石墨烯膜(a)、(c)和石墨烯-MoS₂膜(b)、(d)的透射电镜图片(a)、
(b)与二维广角 X 射线衍射图谱(c)、(d)

图 2.98(a)、(b)为石墨烯-MoS₂膜的 X 射线光电子能谱的 Mo 3d 与 S 2p 图谱,其中 Mo 3d 图谱在 228.18eV 和 231.38eV 的峰分别代表了 Mo 3d$_{5/2}$和 Mo 3d$_{3/2}$。这两个峰的峰面积表明 1T 金属相的 MoS₂约占 MoS₂纳米片的 72%,而非金属相的 2H 相 MoS₂约占 28%。拉曼

光谱的结果表明,石墨烯–MoS₂膜在 386cm⁻¹ 和 408cm⁻¹ 处均有明显的峰[图 2.98(c)],分别来自于 1T 相与 2H 相硫化钼纳米片在平面内和垂直平面方向的振动,进一步证实了硫化钼纳米片是以金属相和非金属相的形式共同存在。金属相的硫化钼纳米片具有良好的导电性,而非金属相的硫化钼具有较高的比电容(约 700F/cm³)。因此,硫化钼的插层对于石墨烯分离膜的表面静电效应以及对带电粒子的电相互作用有重要影响。图 2.98(d)显示的是石墨烯-MoS₂膜的 X 射线衍射图谱以及根据峰位置计算得到的层间距。石墨烯分离层的层间距较小,仅为 0.44nm,难以输运水分子,而插入 MoS₂后形成的石墨烯-MoS₂异质通道的层间距增大到了 0.77nm,形成了能够加速水传输的二维层间通道。

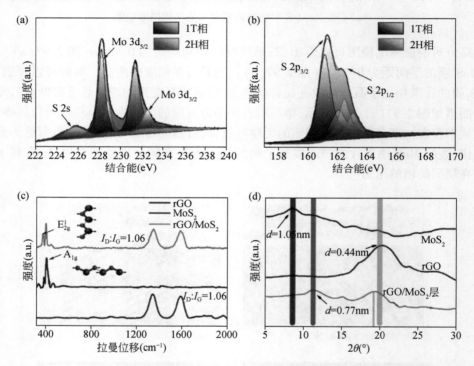

图 2.98　(a)石墨烯-MoS₂膜在 Mo 3d 处的高分辨 X 射线光电子能谱图;(b)石墨烯-MoS₂膜在 S 2p 处的高分辨 X 射线光电子能谱图;(c)石墨烯-MoS₂膜的拉曼光谱;(d)石墨烯-MoS₂膜的 X 射线衍射图谱

　　在 pH 7.0 的测试条件下,石墨烯和 MoS₂的表面 Zeta 电位分别为 -28.7mV 和 -61.2mV。对于石墨烯-MoS₂膜,当 MoS₂和石墨烯的混合液从 0.5mL 增加到 3mL 时,石墨烯-MoS₂膜的表面 Zeta 电位从 -49.2mV 增加到了 -59.1mV,进一步提高混合液体积至 4mL 时,膜表面的 Zeta 电位并没有明显的增加,其值为 -59.6mV。通过 Gouy-Chapman 公式计算的石墨烯-MoS₂膜的电荷密度为 10.6~12.3mC/cm²,明显高于还原石墨烯膜的 5.8mC/cm²,表明 MoS₂纳米片的插入有利于增加石墨烯膜的表面电荷密度,有助于提升分离膜对荷电离子的截留性能。

　　石墨烯-MoS₂膜截留 Na₂SO₄和 NaCl 的性能测试结果如图 2.99 所示。在 1bar 压力、错流过滤时,虽然石墨烯膜对 Na₂SO₄和 NaCl 具有较高的截留率,分别为 61.8% 和 39.3%,但其渗透速率仅为 1.1L/(m²·h·bar)。相比于石墨烯分离膜,石墨烯-MoS₂分离膜的渗透速率为 7.5~34.3L/(m²·h·bar)。当抽滤的石墨烯/硫化钼混合液体积为 0.5mL 时,制得的石墨烯/MoS₂-0.5 分离膜的水渗透速率为 34.3L/(m²·h·bar),但由于还原石墨烯的含量较小,其对 Na₂SO₄ 的截留率只有 39.3%。当进一步提高石墨烯/硫化钼混合液体积到 3.0mL 时,石墨烯-MoS₂-3 分离膜的水渗透速率为 14.6L/(m²·h·bar),对 Na₂SO₄ 和 NaCl 的截留率也分别达到了 87.5% 和 66.7%。这一结果表明 MoS₂ 纳米片的嵌入能够提升石墨烯膜的水通量,并且能够提高对盐的截留率。

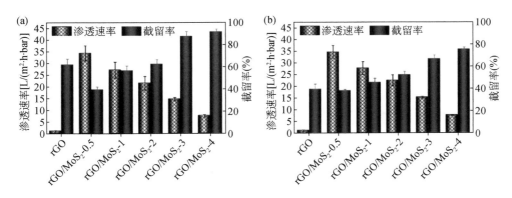

图 2.99　石墨烯膜和石墨烯-MoS₂膜对 Na₂SO₄(a)和 NaCl(b)的截留率以及水渗透速率

具有不同比例的 MoS₂ 纳米片的石墨烯-MoS₂ 膜的水通量与盐截留率如图 2.100 所示。随着 MoS₂ 纳米片的比例从 25% 提高到 75%,石墨烯-MoS₂ 膜的表观孔径从 1.27nm 增大到了 1.40nm[图 2.100(a)]。对于 MoS₂ 纳米片比例为 25% 的石墨烯-MoS₂-25% 膜,其水渗透速率比单纯石墨烯膜增大了 9.5 倍,达到了 10.5L/(m²·h·bar)[图 2.100(b)]。进一步提高 MoS₂ 的比例至 50% 和 75% 所制得石墨烯-MoS₂-50% 膜和石墨烯-MoS₂-75% 膜的水渗透速率分别提高到 14.5L/(m²·h·bar)和 16.6L/(m²·h·bar)。水渗透速率增加的同时,石墨烯-MoS₂ 分离膜对 Na₂SO₄ 的截留性能并没有明显的下降,达到了 85.1%。由此可见,硫化钼插层不仅能够调节分离膜的孔径,还可以形成更多用于流体传输的石墨烯-MoS₂ 异质通道,从而提升水通量并保证盐截留率。

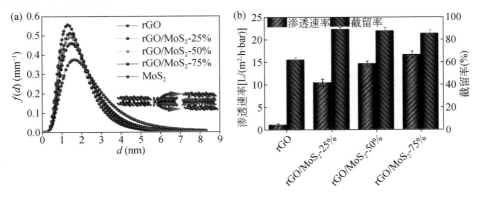

图 2.100　不同 MoS₂ 含量的石墨烯-MoS₂膜的表观孔径(a)以及水渗透速率、截盐率(b)

为了探究 MoS_2 提升石墨烯膜的水渗透速率的机理,利用分子动力学模拟研究了水分子在石墨烯-MoS_2 膜的异质通道内的传输行为。如图 2.101(a)所示,当水分子在石墨烯-MoS_2 异质纳米通道内传输时,水分子的传输速度分布在层间通道的垂直方向上呈现出不对称的抛物线形状,从 MoS_2 边界出发的水分子能够以更快的速度达到通道内水传输速度的极值(91m/s),原因可能为石墨烯通道壁上有难以彻底还原去除的部分官能团,阻碍了水分子的传输,而 MoS_2 一侧具有原子级光滑的水–膜界面,有利于水分子无摩擦地流动。具体的拟合结果表明,从石墨烯边界出发的水分子达到最大速度 91m/s 所需要的传输路径长度约为 15Å,而从 MoS_2 边界出发进行达到最大速度的传输路径长度仅为 4Å,意味着 MoS_2 纳米片的插入能够提升水分子在二维纳米通道内传输的平均速度。模拟还发现,水在 H_2O/MoS_2 界面的加速梯度为 14.1/s,远高于水在 $H_2O/$石墨烯界面的加速梯度[图 2.101(b)]。这些因素在宏观上表现为石墨烯–MoS_2 膜具有更高的水渗透速率。

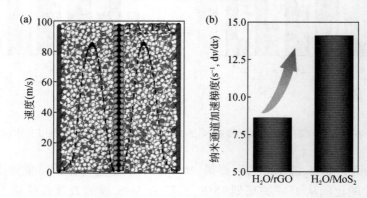

图 2.101　(a)水分子在石墨烯-MoS_2 异质通道内的传输速度分布;(b)水分子在 $H_2O/$石墨烯和 H_2O/MoS_2 界面的加速梯度

2.4　本章小结

碳纳米材料具有特殊的一维/二维结构、原子级光滑的石墨化表面,可用来构建具有高孔隙率、原子/分子级厚度、纳米限域孔道的分离膜,表现出超高的选择性和渗透性。通过本章内容的论述,可归纳出以下结论:

(1)一维碳纳米管可用来构建相互贯通的膜孔道,孔道曲折度低、孔密度大,制备的分离膜具有高的水渗透速率、强抗污染能力,其中水渗透速率可达到具有相似孔径的商业膜的数倍甚至是数十倍。成功研发基于湿法纺丝技术的碳纳米管中空纤维膜的可规模化制备技术,制备的碳纳米管中空纤维膜具有通量高、抗污染性强、导电性好、机械强度好、成本低等特点,已经达到了实用化的标准。

(2)基于碳热反应原理,利用金属氧化物在石墨烯上刻孔,可制备具有分子级的厚度以及垂直贯通孔道结构的多孔石墨烯膜,具有极小的水传质阻力。该类超薄石墨烯膜具有较窄的膜孔分布和超薄的分离层结构,因为具有超高的水渗透速率和良好的选择性分离能力,其中水渗透速率比具有相似膜孔径商业分离膜的水渗透速率高 1～2 个数量级。另外,由于其极小的厚度且垂直贯通的膜孔,污染物无法被其内部孔道截留,因而该多孔石墨烯膜具有优异的抗不可逆污染的能力。

（3）利用石墨烯纳米片可构建水平堆叠的层状石墨烯膜和竖直堆叠的阵列石墨烯膜。其中,胺交联且聚苯乙烯磺酸钠功能化的石墨烯层状膜具有优异的性能,综合性能明显优于目前报道的膜。其优异性能的机理为,膜孔道和 Na^+ 之间存在的静电吸引作用可以诱导水合 Na^+ 发生离子脱水合,使脱水合的 Na^+ 被限制在纳米通道中,从而阻止了阴离子和阳离子的共传输过膜现象。由于具有极低的孔道曲折度和高的孔道密度,阵列石墨烯膜具有优异的水渗透速率,约是 Hagen-Poiseuille 方程计算值的 1600 倍。

（4）很多纳米材料如一维的碳纳米管和二维的石墨烯、MXene 和 MoS_2 等,都可以嵌入层状石墨烯膜的层间内,进一步提高其分离性能,其主要机理有:作为支撑体,阻止石墨烯纳米片紧密堆叠,构建超快水传输通道;提高石墨烯膜表面的电荷密度,强化 Donnan 效应,提高对离子的截留能力;提高石墨烯膜的亲水性,减小水分子进入膜孔道的能垒;构建异质超快水传输二维孔道等。

参 考 文 献

[1] Holt J K, Park H G, Wang Y, Stadermann M, et al. Fast mass transport through sub-2-nanometer carbon nanotubes. Science, 2006, 312(5776):1034.

[2] 赵斌,张磊,王现英,等. 基于碳纳米管的纳滤膜研究进展. 新型碳材料,2011,26(5):321-328.

[3] Feng C Y, Khulbe K C, Matsuura T, et al. Recent progresses in polymeric hollow fiber membrane preparation, characterization and applications. Separation and Purification Technology, 2013, 111:43-71.

[4] Wan C F, Yang T, Lipscomb G G, et al. Design and fabrication of hollow fiber membrane modules. Journal of Membrane Science, 2017, 538:96-107.

[5] 杜磊,魏朔,全燮,等. 碳纳米管-PVDF 复合中空纤维膜的制备及其电辅助抗膜污染性能. 环境工程学报,2020,14(04):864-874.

[6] Ong Y K, Chung T-S. Mitigating the hydraulic compression of nanofiltration hollow fiber membranes through a single-step direct spinning technique. Environmental Science & Technology, 2014, 48(23):13933-13940.

[7] Sukitpaneenit P, Chung T-S. High performance thin-film composite forward osmosis hollow fiber membranes with macrovoid-free and highly porous structure for sustainable water production. Environmental Science & Technology, 2012, 46(13):7358-7365.

[8] Du L, Quan X, Fan X, et al. Conductive CNT/nanofiber composite hollow fiber membranes with electrospun support layer for water purification. Journal of Membrane Science, 2020, 596:117613.

[9] Greiner A, Wendorff J H. Electrospinning: A fascinating method for the preparation of ultrathin fibers. Angewandte Chemie International Edition, 2007, 46(30):5670-5703.

[10] Fennessey S F, Farris R J. Fabrication of aligned and molecularly oriented electrospun polyacrylonitrile nanofibers and the mechanical behavior of their twisted yarns. Polymer, 2004, 45(12):4217-4225.

[11] Decarolis J, Hong S, Taylor J. Fouling behavior of a pilot scale inside-out hollow fiber UF membrane during dead-end filtration of tertiary wastewater. Journal of Membrane Science, 2001, 191(1):165-178.

[12] Kumar M, Grzelakowski M, Zilles J, et al. Highly permeable polymeric membranes based on the incorporation of the functional water channel protein *Aquaporin Z*. Proceedings of the National Academy of Sciences, 2007,

104(52):20719.

[13] Liang H W, Wang L, Chen P Y, et al. Carbonaceous nanofiber membranes for selective filtration and separation of nanoparticles. Advanced Materials,2010,22(42):4691-4695.

[14] Wei G, Yu H, Quan X, et al. Constructing all carbon nanotube hollow fiber membranes with improved performance in separation and antifouling for water treatment. Environmental Science & Technology,2014,48 (14):8062-8068.

[15] Wei G, Chen S, Fan X, et al. Carbon nanotube hollow fiber membranes: High-throughput fabrication, structural control and electrochemically improved selectivity. Journal of Membrane Science,2015,493:97-105.

[16] Sakoda A, Nomura T, Suzuki M. Activated carbon membrane for water treatments: Application to decolorization of coke furnace wastewater. Adsorption-Journal of the International Adsorption Society,1996,3(1):93-98.

[17] Strano M S, Zydney A L, Barth H, et al. Ultrafiltration membrane synthesis by nanoscale templating of porous carbon. Journal of Membrane Science,2002,198(2):173-186.

[18] Fan X, Zhao H, Liu Y, et al. Enhanced permeability, selectivity, and antifouling ability of CNTs/Al_2O_3 membrane under electrochemical assistance. Environmental Science & Technology,2015,49(4):2293-2300.

[19] Park J, Lee J, Choi J, et al. Growth, quantitative growth analysis, and applications of graphene on γ-Al_2O_3 catalysts. Scientific Reports,2015,5:11839.

[20] Zhang Q, Ghosh S, Samitsu S, et al. Ultrathin freestanding nanoporous membranes prepared from polystyrene nanoparticles. Journal of Materials Chemistry,2011,21(6):1684-1688.

[21] Berry V. Impermeability of graphene and its applications. Carbon,2013,62:1-10.

[22] Cohen-Tanugi D, Grossman J C. Water desalination across nanoporous graphene. Nano Letters,2012,12(7): 3602-3608.

[23] Surwade S P, Smirnov S N, Vlassiouk I V, et al. Water desalination using nanoporous single-layer graphene. Nature Nanotechnology,2015,10(5):459-464.

[24] Celebi K, Buchheim J, Wyss R M, et al. Ultimate permeation across atomically thin porous graphene. Science, 2014,344(6181):289.

[25] Wei G, Quan X, Chen S, et al. Superpermeable atomic-thin graphene membranes with high selectivity. ACS Nano,2017,11(2):1920-1926.

[26] Lee C, Wei X, Kysar J W, et al. Measurement of the elastic properties and intrinsic strength of monolayer graphene. Science,2008,321:385-388.

[27] Wei G, Quan X, Li C, et al. Direct growth of ultra-permeable molecularly thin porous graphene membranes for water treatment. Environmental Science: Nano,2018,5(12):3004-3010.

[28] Sun Z, Yan Z, Yao J, et al. Growth of graphene from solid carbon sources. Nature,2010,468:549-552.

[29] Liu G, Jin W, Xu N. Graphene-based membranes. Chemical Society Reviews,2015,44(15):5016-5030.

[30] Nair R R, Wu H A, Jayaram P N, et al. Unimpeded permeation of water through helium-leak-tight graphene-based membranes. Science,2012,335(6067):442-444.

[31] Huang H, Song Z, Wei N, et al. Ultrafast viscous water flow through nanostrand-channelled graphene oxide membranes. Nature Communications,2013,4(1):2979.

[32] Han Y, Xu Z, Gao C. Ultrathin graphene nanofiltration membrane for water purification. Advanced Functional Materials,2013,23:3693-3700.

[33] You Y, Sahajwalla V, Yoshimura M, et al. Graphene and graphene oxide for desalination. Nanoscale,2016,8: 117-119.

[34] Zheng S, Tu Q, Urban J J, et al. Swelling of graphene oxide membranes in aqueous solution: Characterization

of interlayer spacing and insight into water transport mechanisms. ACS Nano,2017,11(6):6440-6450.

[35] Hu M,Mi B. Enabling graphene oxide nanosheets as water separation membranes. Environmental Science & Technology,2013,47(8):3715-3723.

[36] Zhao Z Y,Ni S N,Su X,et al. Thermally reduced graphene oxide membrane with ultrahigh rejection of metal ions' separation from water. ACS Sustainable Chemistry & Engineering 2019,7:14874-14882.

[37] Yuan S,Li Y,Xia Y,et al. Minimizing non- selective nanowrinkles of reduced graphene oxide laminar membranes for enhanced NaCl rejection. Environmental Science & Technology Letters,2020,7:273-279.

[38] Zhang H,Xing J,Wei G,et al. Electrostatic- induced ion- confined partitioning in graphene nanolaminate membrane for breaking anion- cation co- transport to enhance desalination. Nature Communications,2024, 15:4324.

[39] Abraham J,Vasu K S,Williams C D,et al. Tunable sieving of ions using graphene oxide membranes. Nature Nanotechnology,2017,12(6):546-550.

[40] Liu M,Weston P J,Hurt R H. Controlling nanochannel orientation and dimensions in graphene- based nanofluidic membranes. Nature Communications,2021,12(1):507.

[41] Chen B,Jiang H,Liu X,et al. Observation and analysis of water transport through graphene oxide interlamination. The Journal of Physical Chemistry C,2017,121(2):1321-1328.

[42] Wei N,Peng X,Xu Z. Understanding water permeation in graphene oxide membranes. ACS Applied Materials & Interfaces,2014,6(8):5877-5883.

[43] Wei N,Peng X,Xu Z. Breakdown of fast water transport in graphene oxides. Physical Review E,2014,89 (1):012113.

[44] Zhang H,Quan X,Du L,et al. Electroregulation of graphene- nanofluid interactions to coenhance water permeation and ion rejection in vertical graphene membranes. Proceedings of the National Academy of Sciences of the United States of America,2023,120:e2219098120.

[45] Fornasiero F,Park H G,Holt J K,et al. Ion exclusion by sub-2-nm carbon nanotube pores. Proceedings of the National Academy of Sciences,2008,105(45):17250-17255.

[46] Ahmad A L,Ooi B S,Mohammad A W,et al. Composite nanofiltration polyamide membrane:A study on the diamine ratio and its performance evaluation. Industrial & Engineering Chemistry Research,2004,43(25): 8074-8082.

[47] Han Y,Jiang Y,Gao C. High- flux graphene oxide nanofiltration membrane intercalated by carbon nanotubes. ACS Applied Materials & Interfaces,2015,7(15):8147-8155.

[48] Hung W S,Tsou C H,Guzman M D,et al. Cross- linking with diamine monomers to prepare composite graphene oxide- framework membranes with varying *d*- spacing. Chemistry of Materials, 2014, 26 (9): 2983-2990.

[49] Wang W,Eftekhari E,Zhu G,et al. Graphene oxide membranes with tunable permeability due to embedded carbon dots. Chemical Communications,2014,50(86):13089-13092.

[50] Gao S J,Qin H,Liu P,et al. SWCNTs- intercalated GO ultrathin films for ultrafast separation of molecules. Journal of Materials Chemistry A,2015,3(12):6649-6654.

[51] Zhang H,Quan X,Chen S,et al. Combined effects of surface charge and pore size on co- enhanced permeability and ion selectivity through RGO- OCNT nanofiltration membranes. Environmental Science & Technology,2018,52(8):4827-4834.

[52] Hong S U,Ouyang L,Bruening M L. Recovery of phosphate using multilayer polyelectrolyte nanofiltration membranes. Journal of Membrane Science,2009,327(1-2):2-5.

[53] Kiriukhin M Y, Collins K D. Dynamic hydration numbers for biologically important ions. Biophysical Chemistry, 2002, 99(2):155-168.

[54] Nghiem L D, Schäfer A I, Elimelech M. Role of electrostatic interactions in the retention of pharmaceutically active contaminants by a loose nanofiltration membrane. Journal of Membrane Science, 2006, 286(1-2): 52-59.

[55] Verliefde A R D, Cornelissen E R, Heijman S G J, et al. The role of electrostatic interactions on the rejection of organic solutes in aqueous solutions with nanofiltration. Journal of Membrane Science, 2008, 322(1): 52-66.

[56] Borisova O V, Billon L, Richter R P, et al. pH- and electro- responsive properties of poly(acrylic acid) and poly(acrylic acid)-block-poly(acrylic acid-grad-styrene) brushes studied by quartz crystal microbalance with dissipation monitoring. Langmuir, 2015, 31(27):7684-7694.

[57] Luo T, Lin S, Xie R, et al. pH-responsive poly(ether sulfone) composite membranes blended with amphiphilic polystyrene-block-poly(acrylic acid) copolymers. Journal of Membrane Science, 2014, 450:162-173.

[58] Yi G, Fan X, Quan X, et al. A pH- responsive PAA- grafted- CNT intercalated RGO membrane with steady separation efficiency for charged contaminants over a wide pH range. Separation and Purification Technology, 2019, 215:422-429.

[59] Zhao S, Zou L, Tang C Y, et al. Recent developments in forward osmosis: Opportunities and challenges. Journal of Membrane Science, 2012, 396:1-21.

[60] Fan X F, Liu Y M, Quan X. A novel reduced graphene oxide/carbon nanotube hollow fiber membrane with high forward osmosis performance. Desalination, 2019, 451:117-124.

[61] Meng N, Zhao W, Shamsaei E, et al. A low-pressure GO nanofiltration membrane crosslinked via ethylenediamine. Journal of Membrane Science, 2018, 548:363-371.

[62] Jiang W L, Xia X, Han J L, et al. Graphene modified electro-Fenton catalytic membrane for in situ degradation of antibiotic florfenicol. Environmental Science & Technology, 2018, 52:9972-9982.

[63] Han J L, Haider M R, Liu M J, et al. Borate inorganic cross- linked durable graphene oxide membrane preparation and membrane fouling control. Environmental Science & Technology, 2019, 53:1501-1508.

[64] Radich J G, Krenselewski A L, Zhu J, et al. Is graphene a stable platform for photocatalysis? Mineralization of reduced graphene oxide with UV-irradiated TiO$_2$ nanoparticles. Chemistry of Materials, 2014, 26:4662-4668.

[65] Wei G L, Dong J, Bai J, et al. Structurally stable, anti-fouling and easily renewable reduced graphene oxide membrane with carbon nanotube protective layer. Environmental Science & Technology, 2019, 53: 11896-11903.

[66] Qiu L, Zhang X H, Yang W R, et al. Controllable corrugation of chemically converted graphene sheets in water and potential application for nanofiltration. Chemical Communication, 2011, 47:5810-5812.

[67] Wang X Y, Zhang H G, Wang X, et al. Electroconductive RGO-MXene membranes with wettability-regulated channels: Improved water permeability and electro- enhanced rejection performance. Frontiers of Environmental Science & Engineering, 2023, 17:1.

[68] Liu T, Liu X Y, Graham N, et al. Two-dimensional MXene incorporated graphene oxide composite membrane with enhanced water purification performance. Journal of Membrane Science, 2020, 593:117431.

[69] Xing J, Zhang H, Wei G, et al. Improving the performance of the lamellar reduced graphene oxide/ molybdenum sulfide nanofiltration membrane through accelerated water- transport channels and capacitively enhanced charge density. Environmental Science & Technology, 2023, 57:615-625.

第3章 电化学增强纳米材料导电分离膜的分离性能及机理

※本章导读※

● 主要介绍电化学增强膜渗透性的原理,包括电润湿增强膜的渗透性、电动现象增强膜的渗透性以及电化学增强膜的渗透性。

● 主要介绍电化学辅助增强纳米碳基分离膜截留性能的方法和原理,包括电吸附/脱附和吸附−电氧化过程增强污染物分子的去除、电辅助增强油水分离性能以及电辅助增强离子的截留性能和选择性分离性能。

3.1 电化学耦合增强膜的渗透性及机理

在水处理中,分离膜的渗透性是一个非常重要的性能指标,主要用来表征膜的透水能力。理想的分离膜应具有优异的渗透性。分离膜的渗透性与流体的性质、分离膜的结构以及流体与膜之间的相互作用密切相关。具体地讲,影响分离膜渗透通量的因素主要有:①流体的黏度;②孔径大小;③孔道的密度,通常用孔隙率量化;④膜的等效厚度,可用膜厚与孔道曲折率的乘积量化。这些因素可用 Hagen-Poiseuille 方程表达。

由于该公式基于毛细管模型推导而来,假设的条件为层流条件下的流体流动,所以它一般适用于孔径较大的、传统的亲水分离膜。对于一个单独的纳米孔,水分子穿透该纳米孔主要受到的阻力为:①水分子进入膜孔的能垒;②水分子在膜孔内传输时的阻力。它们与膜孔入口的亲疏水性、水分子与孔道壁的相互作用、水分子在孔道内的有序性等有关。本节内容主要讨论电化学降低水传输阻力,进而提高膜渗透性的方法和原理。

3.1.1 电润湿增强膜渗透性

由于水具有较高的表面张力,所以它很难进入疏水的膜孔中。为了使水分子能够克服较小的能垒而进入膜孔道中,膜表面一般具有亲水的性质。有研究报道,电化学能够改变纳米碳材料表面的亲疏水性,由超疏水转变为超亲水,引发电润湿或电毛细现象[1-7]。2.2.1小节讨论了一种类石墨烯/陶瓷分离膜,由于其通过化学气相沉积方法制备,因此它的表面含氧量较少,亲水性相对较差。研究发现,当 $2\mu L$ 的 $10mmol/L\ Na_2SO_4$ 溶液滴加至类石墨烯/陶瓷分离膜的表面后,水滴随着时间以 $0.08°/ms$ 的恒定速率渗透至膜体中,表明该膜在分离过程中能够保持一个相对稳定的亲水性(图3.1)。当在该分离膜(作阳极)和对电极之间施加 $1.5V$ 电压后,水接触角下降速率增加至 $0.18°/ms$(图3.1),表明施加的电压能够增强该类石墨烯/陶瓷分离膜的亲水性。

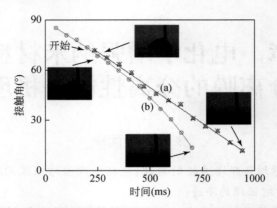

图 3.1　类石墨烯/陶瓷分离膜水接触角在 0V(a) 和 1.5V 电压(b)下随时间的变化

　　图 3.2 是不同电压下类石墨烯/陶瓷分离膜的纯水通量变化曲线。可以看出,当分离膜为阳极时,纯水通量随着电压的升高而逐渐增大。在电压达到 2.0V 时,分离膜的纯水通量相较于 0V 时增加了 20%,且撤掉电压后该通量并未即刻恢复。然而,当分离膜改为阴极时,发现纯水通量随着电压的增大而逐渐下降,当电压同样达到 2.0V 时,纯水通量恢复到初始值。先将分离膜作为阴极,发现纯水通量随着电压的增大呈现下降趋势,在电压达到 2.0V 时,纯水通量为初始值的 90%,同时也表现出滞后性,并未因停止施加电压而恢复。但是改变分离膜为阳极时,纯水通量则逐渐恢复,且当电压差达到 2.0V 时,纯水通量显著升高,最后达到了初始值的 1.2 倍。以上结果表明,电化学能够改变类石墨烯/陶瓷膜的亲水性,使其纯水通量发生改变,且具备一定的可逆性和可控性。

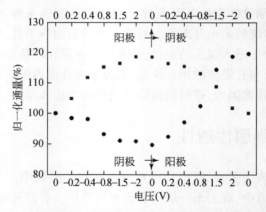

图 3.2　类石墨烯/陶瓷分离膜在不同电压下的纯水通量

3.1.2　电动现象增强膜渗透性

　　电动现象驱动的膜过程,特别是水分子或离子在由二维材料(如氧化石墨烯和石墨烯等)构成的纳米或亚纳米通道中的传输行为,在微/纳米流体领域具有广泛的应用前景。理论分析认为,如果在荷电纳米通道上施加外部电压,电驱动力可以诱导纳米通道内的流体运动(电渗现象)和带电溶质/粒子的运动(电泳现象)。电动现象可以诱导纳米通道内流体的传输,因此有望通过电动作用增强分离膜的渗透通量。

鉴于此,设计并制备了一种乙二胺(EDA)-聚苯乙烯磺酸盐(PSS)插层的氧化石墨烯/碳纳米管非对称膜,简写为氧化石墨烯 &EDA-PSS/碳纳米管膜,并考察了其在电场辅助下膜的过滤性能[8]。其制备流程为:将制备的氧化石墨烯超声分散在高纯水中,形成均匀的分散液;随后,取 EDA 于高纯水中,配制 EDA 溶液,再向其中加入 PSS,形成 EDA-PSS 溶液;然后,将氧化石墨烯分散液与 EDA-PSS 溶液混合,配制成均匀的氧化石墨烯 &EDA-PSS 混合液;将氧化碳纳米管真空抽滤到聚偏氟乙烯膜基底上,再抽滤氧化石墨烯 &EDA-PSS 混合液,在碳纳米管层上沉积氧化石墨烯 &EDA-PSS 层;最后,将氧化石墨烯 &EDA-PSS/碳纳米管非对称膜置于鼓风干燥箱中干燥。

所制备的氧化石墨烯 &EDA-PSS/碳纳米管膜的微观形貌如图 3.3(a)所示。在碳纳米管层中,碳纳米管之间相互堆叠、交错形成网状结构,且该网状结构具有丰富的相互贯通的网孔,有利于水的快速渗透。同时,碳纳米管之间相互接触,有利于电子在它们之间的传导。相比于碳纳米管层,氧化石墨烯 &EDA-PSS 层的表面较为平整[图 3.3(b)],没有观察到膜孔。高倍扫描电镜照片显示氧化石墨烯 &EDA-PSS 层的表面有很多褶皱结构。由于氧化石墨烯 &EDA-PSS 层为二维层状结构,其层间纳米孔道作为膜孔,因此该褶皱结构可以提供更多的水传输通道。图 3.3(c)为氧化石墨烯 &EDA-PSS/碳纳米管膜截面的扫描电镜图。从图中可以清晰地分辨出聚偏氟乙烯基底、碳纳米管层和氧化石墨烯 &EDA-PSS 层。碳纳米管层的厚度约为 1.73μm,而氧化石墨烯 &EDA-PSS 层的厚度远小于碳纳米管层,约为 0.40μm。从高倍扫描电镜图可以看出,氧化石墨烯 &EDA-PSS 层紧密地附着在碳纳米管层

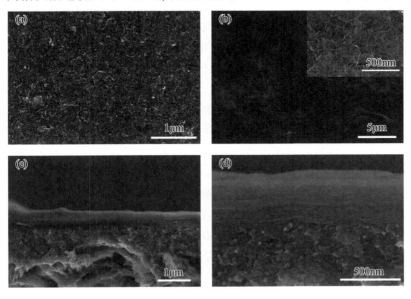

图 3.3　碳纳米管层(a)、(c)和氧化石墨烯 &EDA-PSS 层(b)、(d)的表面扫描电镜图(a)、(b)与断面扫描电镜图(c)、(d)

上,呈现出有序的层状结构[图 3.3(d)],且层状结构紧凑、密集,层间孔道尺寸明显小于碳纳米管层的孔尺寸。

在电化学辅助膜过滤过程中,碳纳米管层作为阴极,钛网作为阳极。氧化石墨烯 &EDA-PSS 层为非导电层,处于两电极之间的电场中。如图 3.4(a)所示,碳纳米管层具有优异的导电性,达到了 8.3S/cm,相比之下,氧化石墨烯 &EDA-PSS 层的导电性要低 5 个数量级,仅为 $4.9×10^{-5}$S/cm。尽管氧化石墨烯 &EDA-PSS 层紧密负载在碳纳米管层上,但由于其具有很低的导电性,因此外电压主要施加在碳纳米管层和对电极之间。从图 3.4(b)可以看出,施加电压会引起氧化石墨烯 &EDA-PSS/碳纳米管膜渗透通量的显著增加:在 1bar 压力下,当电压由 0V 增加到 3.0V 时,通量从 9.1L/(m²·h)增加到 17.4L/(m²·h),当进一步增加电压到 3.5V 时,通量则继续增大到 18.4L/(m²·h)。

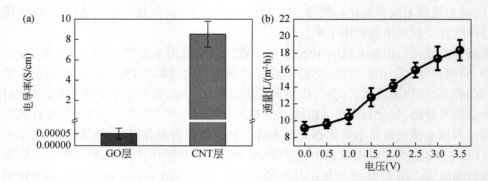

图 3.4　(a)氧化石墨烯 &EDA-PSS 层(GO 层)和碳纳米管层(CNT 层)的导电性;(b)不同电压下氧化石墨烯 &EDA-PSS/碳纳米管膜的水通量(NaCl 浓度:2mmol/L,跨膜压差:1bar)

COMSOL Multiphysics 是一款多物理场仿真软件,可以将外加电场和跨膜压力产生的流场相耦合研究物质的传输行为。为了研究氧化石墨烯 &EDA-PSS 层中流体的传输,采用该软件对氧化石墨烯 &EDA-PSS/碳纳米管膜的跨膜传输过程进行数值模拟,并构建了一个 20nm×10nm 的几何模型。该模型设置了三层石墨烯,且石墨烯表面荷负电。单层石墨烯的厚度设为 0.3nm。石墨烯层间距设为 1.4nm。压力和电场方向垂直指向膜层表面。该软件多物理场模拟在稳态条件下进行。模拟结果如图 3.5 所示。在外加 2.5V 电压的情况下,原液侧中流体的流速非常小,接近于零,而在进入膜层的入口处,流速明显增加[图 3.5(a)]。流体在二维纳米通道内传输的速度要小于入口处的速度,但明显高于原液中流体的速度,表明施加外部电压产生的电场可以使氧化石墨烯 &EDA-PSS 层中的流体产生流动。图 3.5(b)是在跨膜压差为 1bar 情况下的流体流动的模拟情况。通过对比可以发现,电场与压力产生的流体流速相当,表明电场驱动的流体传输在跨膜传输过程中起到重要作用。

为了进一步探究电动现象对氧化石墨烯 &EDA-PSS/碳纳米管膜水渗透的影响,建立了 800nm×100nm 的模型来研究在外加电压下氧化石墨烯 &EDA-PSS 层中流体的传输行为。模型包括两部分区域:400nm×100nm 的原液区域和 400nm×100nm 的氧化石墨烯 &EDA-PSS 层区域。压力和电场方向垂直指向膜层表面。该软件多物理场模拟在稳态条件下进行。图 3.6(a)显示在 1bar 压力条件下的流体流速的模拟情况。可以看出,在垂直于膜表面的方向

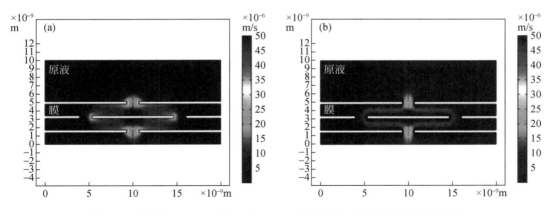

图 3.5 流体在 2.5V 电压(a)和在 1bar 跨膜压差(b)下流动的模拟情况

上,原液侧的流体流速接近于 0μm/s,原液与膜界面处的流速则快速增加,且膜内流速稳定,约为 30.0μm/s。在 2.5V 电压条件下模拟的结果显示,原液中的流体流速也接近于 0μm/s,膜内流速约为 19.8μm/s[图 3.6(b)]。当 2.5V 电压和 1bar 压力同时存在时,膜内的流体流速明显增大[图 3.6(c)],说明在电场和压力的共同作用下膜内水传输可以增强。通过调节电压的大小可以模拟得到不同电压下的流体流速情况。如图 3.6(d)所示,随着电压由 0V 增加到 3.0V,原液中流体的流速没有变化,接近于 0μm/s,而膜内的流体流速却有明显变化,由 0μm/s 逐渐增加到 23.7μm/s。将电场和压力场相结合,可以得到在 1bar 压力下和不同电压下的流体流速。如图 3.6(e)所示,膜内流体的总流速由 30.0μm/s 增加到

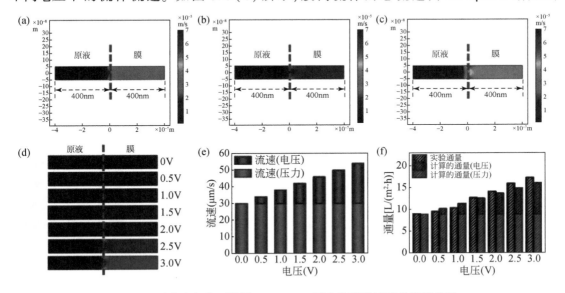

图 3.6 原液和氧化石墨烯 &EDA-PSS 层中的流体流速的模拟情况
(a)1bar 压力、(b)2.5V 电压、(c)1bar 压力和 2.5V 电压;不同电压下流体的
模拟情况(d)和计算的流速(e);(f)计算的和测试的水通量之间的对比

53.7μm/s。这一结果表明外加电压可以增加膜内流体的流动,而且电压越高,电场强度越大,所产生的流速就越大。根据流体的流速,可以计算得到水通量。图3.6(f)显示在不同电压下计算得到和测试得到的水通量之间的对比,可以发现它们有较好的一致性,偏差小于1.0L/(m²·h),表明氧化石墨烯&EDA-PSS/碳纳米管膜水通量的提高是由于电场驱动的流体传输(电动效应)引起的。

氧化石墨烯&EDA-PSS层的表面荷负电,可以吸附溶液中的钠离子而排斥氯离子,使得氧化石墨烯&EDA-PSS层中的流体产生过剩的负电荷。当施加外加电压时,氧化石墨烯&EDA-PSS层则处于电场中。在电场力的作用下,带负电荷的流体会沿着电场的方向(跨膜输运方向)运动(电渗现象)。由于电渗流与跨膜压差所引起的水传输方向一致,所以水传输的速率便会增加。此外,随着施加压力的增大,电场强度的增加,引起的电渗速度随之增加,因此膜的水通量随电压的升高而增大。

3.1.3　电极化增强膜渗透性

2.2.4小节讨论了一种垂直阵列石墨烯分离膜。当给该膜施加一个负电势时出现了一个很有趣的现象,即水在膜中的传输速度明显加快[9]。图3.7(a)显示了不同电压下单位时间、单位膜面积上透过阵列石墨烯膜水的量,过滤方式为0.8bar负压抽吸。如图所示,随着施加电压(膜作阴极)的提高,透过膜的水量逐渐增加,由0V时的34.2mg/(m²·h)逐渐增加至2.5V时的57.5mg/(m²·h)。当施加3.0V电压时,过膜水量显著增加到102.4mg/(m²·h)。通过电化学循环伏安测试得知,该现象的原因为在3.0V电压下,膜表面发生电化学析氢反应,使得过膜水量大幅度增加。在0~2.5V,根据过膜水量可计算膜的渗透率,如图3.7(b)所示。随着电压由0V增加到2.5V,水渗透速率由427.1L/(m²·h·bar)增加到718.5L/(m²·h·bar)。以上结果表明在垂直阵列石墨烯膜上施加负电势可以提高膜的水渗透性能。

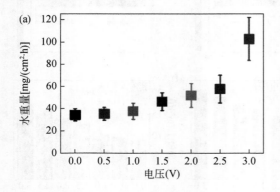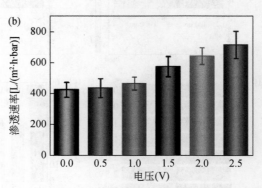

图3.7　不同电压下透过垂直阵列石墨烯膜的水重量(a)和计算的纯水渗透速率(b)

通过测试在外加电压下膜的动态水接触角,可以考察外电压对膜的亲水性的影响。鉴于此,将2μL 10mmol/L Na₂SO₄溶液通过一个平头不锈钢针头滴加至膜表面,金属导线分别连接导电的膜表面和不锈钢针,以膜为阴极、不锈钢为阳极,并施加不同的外电压进行测试。

如图 3.8(a)所示,未施加电压时,水接触角由 101.9°逐渐降至 54.9°。随着电压的增加,水接触角逐渐下降,当电压为 2.5V 时,水接触角从 95.1°降到 1.5°。而且,随着电压的增加,水接触角下降的速率变得更快。此外,膜表面水滴的体积随着时间逐渐减小,表明水分子逐渐渗透进入膜内。无论是采用纯水还是盐溶液进行测试,动态水接触角都呈现出相同的变化趋势,且采用盐溶液测试时水接触角下降更快。这一结果说明在垂直阵列石墨烯膜上施加负电势可以同时诱导电润湿和电毛细等现象,促使水分子进入膜孔道内。

根据电毛细理论,在纳米通道上施加电压,可以在通道表面诱导产生过剩的电荷,进而形成双电层。静电作用力迫使界面扩大,而界面张力则使界面缩小。施加电势、电荷密度和界面张力之间的关系可以通过 Lippmann 方程[10,11]来描述:

$$\partial\sigma/\partial\varphi = -q \tag{3.1}$$

式中,σ 为界面张力(J/cm^2);φ 为电势(V);q 为电荷密度(C/cm^2)。

从 Lippmann 方程可以看出,在垂直阵列石墨烯膜上施加负电势会影响膜的表面电荷。通过电化学循环伏安可以测试膜的离子容量,即表面电荷量,由此可得到表面电荷密度。如图 3.8(b)所示,随着电压由 0V 增加到 2.5V,垂直阵列石墨烯膜的表面电荷密度由 $0\mu C/cm^2$ 增加到 $3.2\mu C/cm^2$。由此可以得出,外加电压可以增加膜表面电荷密度,进而减小表面张力。垂直阵列石墨烯膜的膜孔尺寸非常小(约 9Å),这使得水分子进入膜孔道的阻力较大。并且,水分子与 sp^2 杂化碳表面的作用力很小,而水分子之间存在较强的氢键相互作用,不利于水分子进入膜通道内。当在膜上施加电压时,膜通道表面会极化产生过剩电荷,增加膜表面的电密度[图 3.8(c)]。极化的通道表面与极性的水分子之间具有相互作用(包括诱导力、取向力),可以降低水分子进入通道的阻力。并且,在通道内部,通道与水分子之间的界面极性相互作用使得水分子更容易在通道内移动,从而快速地通过膜孔道。

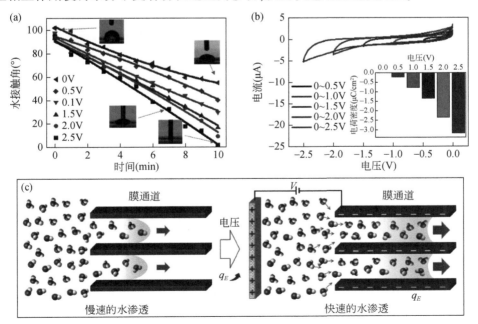

图 3.8　(a)不同电压下水接触角随时间的变化;(b)不同电压下的循环伏安曲线和电荷密度(插图);
(c)电增强水渗透的示意图

　　水分子进入垂直阵列石墨烯膜孔道的行为可以通过分子动力学模拟进行研究。鉴于此,构建了一个石墨烯通道,并在通道上施加不同的电密度,研究水分子进入石墨烯通道的情形,考察通道表面电荷密度变化对通道内水传输行为的影响。模拟的石墨烯通道的长宽高尺寸为 $122\times19.7\times9\text{Å}^3$[图 3.9(a)],并且在通道两侧分别有 6266 个水分子,石墨烯通道上设置的表面电荷密度分别为 $0e/nm^2$、$0.5e/nm^2$、$1.0e/nm^2$ 和 $2.0e/nm^2$。

　　如图 3.9(b)所示,当通道表面的电密度为 $0e/nm^2$ 时,通道内的水分子数呈现接近线性的增加。250ps 后,通道内的水分子数为 346。当在通道表面设置不同电荷密度后,水分子则可以快速地进入石墨烯通道内部,且通道内水分子数随着电荷密度的增加而增多。而且,水分子进入通道的速率[图 3.9(b)中曲线的斜率]也大幅度提升,表明电荷密度的增加会使水分子更容易进入膜孔道内。通过计算水分子与通道壁面的相互作用能可以发现,相互作用能随着电密度的增加而逐渐增大,说明增加通道表面的电荷密度可以提高通道与水分子之间的相互作用,意味着电极化的通道与极性的水分子之间的相互作用是导致水快速进入通道的主要原因。

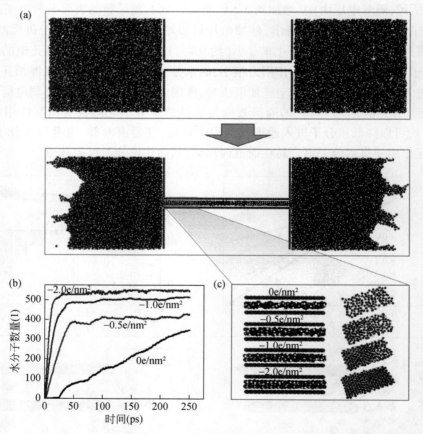

图 3.9 (a)水分子进入石墨烯通道的分子动力学模拟,其中灰色、红色和白色的球分别表示为 C、O 和 H 原子;(b)不同电荷密度下模拟的进入石墨烯通道的水分子数随时间变化的曲线;(c)不同电荷密度下水分子在石墨烯通道中的分布情况

石墨烯通道与水分子间的界面极性相互作用可以诱导水分子在通道内定向排布。如图 3.9(c)所示,在石墨烯通道中水分子的排布随着电荷密度的增加而变得更加有序,逐渐呈现出规则有序的双层排布结构。这种规则有序的水分子排布方式可以有效地提高水分子在石墨烯通道中的移动速率,从而促进水分子在通道内的快速传输。

综上所述,根据垂直阵列石墨烯膜表面电荷的测定以及分子动力学模拟结果可知,在垂直阵列石墨烯膜上施加电势可以诱导膜表面发生电极化,提高膜表面的电荷密度,而电荷密度的增加可以增强膜孔道表面与水分子之间的界面极性相互作用(诱导力、取向力),使得水分子更容易进入膜孔道内,并且在膜内也更容易传输。同时,通道与水分子间的相互作用使得水分子排布更加规则有序,更有利于水分子的快速传输,因此膜在外加电压的情况下表现出更高的渗透率。

3.1.4　电氧化增强膜渗透性

如2.2.3小节所述,氧化石墨烯膜易于制备且孔径均一,具有广阔的发展潜力。但由于含有大量的含氧官能团,氧化石墨烯膜在水中易溶胀,造成层间距增大,分离性能降低[12,13]。虽然通过化学还原去除一部分含氧官能团可以极大地缓解该问题,但会造成部分石墨化区域紧密堆叠,以至于无法用于水传输[14,15]。针对此问题,大量研究利用离子[16,17]、分子[18,19]、零维纳米颗粒[20,21]、一维纳米管(如碳纳米管[22,23])和二维纳米片(如 MXene[24,25]、MoS_2[26]、g-C_3N_4[27])等嵌入石墨烯层间内,扩大层间距,并调控石墨烯膜的微结构、荷电性等,使分离膜的性能有了显著提高。

理论分析认为,由于相邻石墨烯纳米片之间无化学键键合,主要通过范德瓦耳斯力弱相互作用相连,它们之间势必存在相互作用力的平衡,即相互排斥力等于相互吸引力。根据电化学原理,利用电化学可以在石墨烯分离膜(阳极)周围创建一个富—OH、少 H^+ 的微区,增加石墨烯纳米片之间的静电排斥力,同时减弱石墨烯与 H^+ 之间的库仑吸引力。此外,鉴于石墨烯边缘比基面具有更强的化学活性,调控阳极电势则有可能只在石墨烯边缘重新修饰含氧基团而不破坏光滑的基面。这样,水分子进入二维孔道的能垒减小,亲水排斥效应增强,排斥力大于吸引力,堆叠的石墨烯区域分开并形成超快水传输通道。鉴于此,提出一种扩张紧密堆叠石墨烯区域的电化学方法,使其形成超快水传输孔道,进而显著提高石墨烯膜的渗透性[28]。

尽管化学还原制备的石墨烯具有良好的导电性,但由于石墨烯分离层很薄,所制得的膜往往具有较高的电阻。为了提高石墨烯膜整体的导电性,在石墨烯分离层和聚偏氟乙烯膜基底之间增加一个碳纳米管导电层可制备一种具有优异导电性能的石墨烯/碳纳米管非对称膜,在此章节内简称石墨烯膜。如图 3.10(a)所示,该膜呈现典型的分层结构,最外层为石墨烯层,中间层为碳纳米管层,下面为膜基底。此外,膜表面的扫描电镜图显示石墨烯均匀地覆盖在碳纳米管层上,未观察到任何开裂现象[图 3.10(b)]。碳纳米管层的存在使石墨烯膜的电导率从 0.06S/m 增加到 $1.1×10^5$S/m。

研究发现,该石墨烯膜的初始水渗透速率为 3.2L/(m^2·h·bar),低于同为负载量 80mg/m^2 的氧化石墨烯膜的水渗透速率[6.8L/(m^2·h·bar)]。氧化石墨烯膜的 X 射线衍射图谱中出现一个位于 $2\theta = 10.8°$ 的特征峰（图 3.11），其对应的层间距为 0.82nm。石墨烯膜的 X 射线衍射图谱中出现位于 $2\theta = 24.0°$ 的特征峰，说明氧化石墨烯膜被还原后，一些区域的层间距减小至 0.37nm。如此窄的层间距使得自由间距仅为 ~0.03nm（层间距与单层石墨烯厚度之差），并不能容纳直径为 ~0.275nm 的水分子。上述分析表明，石墨烯膜中的无氧石墨烯区域可以紧密地重新堆积成不透水的亚纳米级通道。因此，层间距的显著减小是氧化石墨烯膜还原后其渗透通量显著降低的主要原因。

图 3.10　（a）石墨烯膜断面的扫描电镜图；（b）石墨烯膜表面的扫描电镜图

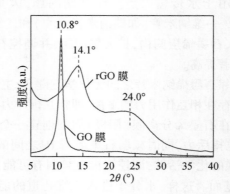

图 3.11　氧化石墨烯（GO）膜和石墨烯（rGO）膜的 X 射线衍射图谱

实验发现，当在石墨烯膜上施加正电势后，其渗透通量会显著增加[图 3.12（a）]：当电势为 +1.00V *vs.* SCE（饱和甘汞电极）时，石墨烯膜的水渗透速率在 90min 内从 3.2L/（m^2·h·bar）增加到 6.1L/（m^2·h·bar）；随着电势增加到 +1.41V *vs.* SCE，其渗透速率在 90min 后增加到 14.3L/（m^2·h·bar），表明较高的电势可以显著促进膜渗透性的增加。此外还发现，一旦电势关闭，渗透通量立即停止增加，重新施加电势后渗透速率重新开始升高[图 3.12（b）]，证实了施加的电势是水渗透速率增加的直接原因。

研究进一步发现，当施加 +1.00V、+1.09V 或 +1.41V *vs.* SCE 的电势时，石墨烯膜的最大水渗透速率均约为 20L/（m^2·h·bar）[图 3.13（a）]，表明最大渗透速率与 +1.00V ~ +1.41V *vs.* SCE 的电势无关。然而，最大渗透速率随着还原度的增加而略有降低。例如，如果氧化石墨烯还原时间从 20min 增加到 60min，获得石墨烯纳米片的 C/O 原子比从 3.2 增

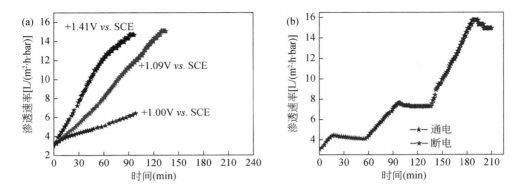

图 3.12　(a)不同电势下石墨烯膜的渗透速率随时间变化的曲线;(b)间歇施加电压模
式下石墨烯膜的渗透速率随时间变化的曲线

加到 4.1,相应的石墨烯膜的最大水渗透速率从 24.6L/(m² · h · bar)降低到 18.8L/(m² ·
h · bar),但最大水渗透速率(P)与原始水渗透速率(P_0)的比值(P/P_0)显著增加[图 3.13
(b)]。最大水渗透速率还取决于石墨烯纳米片的尺寸,减小石墨烯尺寸可以同时增加原始
水渗透速率和电处理后的最大水渗透速率[图 3.13(c)],归因于增加的纳米通道和减小的
路径曲折率。相反,基于大尺寸石墨烯(横向面积 0.6μm²)的膜具有超低的原始水渗透速率

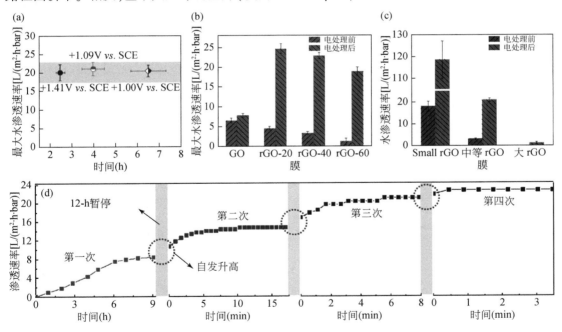

图 3.13　(a)石墨烯膜的最大水渗透速率以及在不同电势下获得最大水渗透速率所需时间;(b)氧化石墨
烯膜和石墨烯膜的最大水渗透速率(GO 为氧化石墨烯;rGO-20、rGO-40 和 rGO-60 分别为还原 20min、
40min 和 60min 后所得的石墨烯);(c)进行 12h 电活化后不同石墨烯膜的水渗透速率;(d)四次交替运行和
暂停过程中石墨烯膜渗透速率的变化

[<0.1L/(m²·h·bar)]。在+1.09V *vs.* SCE 的电势下进行 12h 电化学处理后,水渗透速率仅增加到 1.5L/(m²·h·bar)[图 3.13(c)]。此外,随着石墨烯纳米片的平均尺寸增加到 0.6μm²,诱导渗透通量增加的最低电势提高到+1.09V *vs.* SCE,远高于小尺寸(横向面积 5.0×10⁻³μm²)和中尺寸(横向面积 0.2μm²)石墨烯膜的最低诱导电势(+0.8V *vs.* SCE)。

　　电势施加方式也会影响膜通量的增加。当给予大尺寸石墨烯膜+1.41V *vs.* SCE 的电势后,其水渗透速率逐渐增加,并在 12h 后稳定在 8.5L/(m²·h·bar),随后暂停运行。静置 12h 后重新测定,发现其水渗透速率为 10.1L/(m²·h·bar),表明在运行暂停期间渗透通量自发增加了。此外,重新施加电势后可以再次增加膜通量[图 3.13(d)]。经过四次循环后,它们的纯水渗透速率达到 22.6L/(m²·h·bar),比初始值[<0.1L/(m²·h·bar)]高 2 个数量级以上。

　　X 射线光电子能谱分析结果表明,即使是低至 0.8V 的电压,电活化后石墨烯膜的氧含量也明显增加[图 3.14(a)、(b)],表明石墨烯发生了电化学氧化反应,并产生了含氧官能团。拉曼光谱显示,电化学活化后 D 峰与 G 峰($I_D : I_G$)的强度比从 1.14 增加到 1.29,进一步证实发生了电化学氧化反应。基于高分辨率 C 1s 谱图,证实了氧基团主要是羟基[图 3.14(b)]。量子化学计算和先前报道的实验都表明,石墨烯纳米片的边缘比其基面更具化学活性,表明羟基主要修饰在石墨烯纳米片的边缘。边缘氧化可保留约 44% C═C 含量,明显高于氧化石墨烯膜的 ~31%。电化学活化前后的石墨烯膜的 X 射线衍射谱图具有两个位置相同的峰,中心分别为 2θ=17.3°和 24.1°[图 3.14(c)]。对于其他膜,其 X 射线衍射谱图峰位

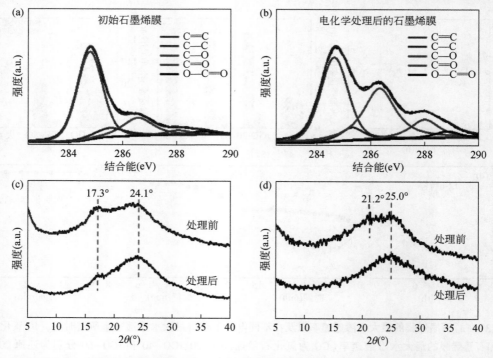

图 3.14　初始石墨烯膜(a)和电化学处理的石墨烯膜(b)的 X 射线光电子能谱图;初始石墨烯膜和电化学处理的石墨烯膜在干态(c)和湿态(d)下的 X 射线衍射谱图

置在电化学活化前后同样没有发生明显变化。这些结果表明电化学产生的羟基不会直接增加石墨烯层间距。

　　理论分析表明,在堆叠区域中,石墨烯纳米片之间的排斥力和吸引力之间应该存在力平衡。边缘氧化产生的羟基会增加它们与水分子之间的氢键相互作用。这些水分子还可以通过氢键与其他水分子相互作用形成分子簇,在相邻的石墨烯纳米片之间产生强烈的亲水排斥。因此,排斥力将大于吸引力,层间距增加,形成几乎无摩擦的水传输纳米通道。实验发现:压力(其方向与空间膨胀的方向相反)可以明显阻碍渗透速率的增加;在无水乙醇中,该石墨烯膜的渗透速率无法电化学诱导提升。这些实验现象和理论分析一致。此外,该理论分析可以通过实验结果直接证实,即电化学处理后的石墨烯膜的 X 射线衍射谱中 $2\theta = 21.2°$ 处的峰消失[图 3.14(d)],而且石墨烯膜在水中的平均孔径从最初的 1.0nm 增加到 1.7nm,表明在电化学处理后层间距为 0.42nm 的堆叠区域扩展形成了可透水的纳米通道。

3.2　电化学耦合增强膜的选择性能及机理

　　分离膜的选择性能是指分离膜把各组分从它们的混合物中分开、提取的能力。在水处理应用中,分离膜的选择性是指水分子与水中污染物之间的分离,常用污染物的截留率量化[式(1.4)]。显然,分离膜的选择性能越好,则其对污染物的截留能力就越高,处理后的水质也就越好。过去,"截留"主要指分离膜通过孔径筛分、静电作用实现对物质的去除。但随着新型多功能分离膜的出现,越来越多的研究将通过吸附、降解等过程对物质的去除也称为分离膜的"截留"能力。因此,分离膜的"截留"能力越来越被外延到其对污染物的"去除"能力。

　　除了孔径筛分外,静电作用、吸附作用以及化学降解都可与电关联。因此,利用电化学强化这些作用可显著提高分离膜对污染物的去除能力,例如:利用电化学增强静电排斥作用,可强化膜对离子、荷电分子以及乳化油等带电物质的截留;通过调控离子与膜孔道之间的相互作用,可强化膜对不同离子之间的选择性分离;通过电化学作用,可对膜的表面性质进行调控,实现分离膜润湿性的转换;通过电强化吸附和脱附作用,可实现分离膜对离子/分子的门控传输;通过电化学作用,可实现分离膜对污染物分子的高效降解等。

3.2.1　电化学增强膜对离子的截留

　　脱盐技术的发展对缓解水资源短缺问题具有重要意义。近年来,基于反渗透膜的脱盐技术发展迅速,成为目前最重要的脱盐技术之一。目前,反渗透脱盐技术存在的主要问题为反渗透膜的水渗透性低和运行能耗高[29]。相比之下,纳滤技术的水渗透性较高,能耗也较低,在许多领域的应用中被认为可替代反渗透技术,如水的深度处理、水软化、工业水除盐、重金属废水处理、苦咸水处理等[30-32]。纳滤膜作为一种荷电膜,对多价离子(如 Ca^{2+}、Mg^{2+}、SO_4^{2-} 等)表现出很好的截留性能,但其对单价离子(如 Na^+、Cl^- 等)的去除率相对较低,一般在 10% ~60%[33]。

1. 电增强 Donnan 效应强化对离子的截留

聚苯胺(PANI)作为一种导电聚合物,具有优良的导电性和很好的碳纳米管兼容性,而且聚苯胺的刚性分子结构和可逆的氧化还原性质还可以赋予碳纳米管–聚苯胺复合材料优异的结构稳定性和化学稳定性。为获得具有良好电化学性能和稳定性的聚苯胺,磺化聚苯乙烯(PSS)可以被用作聚苯胺聚合时的掺杂剂,同时,也能作为一种膜改性剂来提高膜的荷电性。鉴于此,设计并制备了一种具有高导电性和荷电性的聚苯胺–磺化聚苯乙烯/碳纳米管(PANi-PSS/CNT)纳滤膜,并将该纳滤膜过程与电化学耦合,利用电极化效应进一步提高其对单价离子的截留能力,以期实现反渗透的脱盐效果[34]。该膜的制备过程如下。

首先,配制 1mol/L 的 HCl 溶液,向其中加入一定量的苯胺和磺化聚苯乙烯,保持溶液中苯胺的浓度为 0.1mol/L,磺化聚苯乙烯的含量为 1.0wt%,并搅拌混合均匀,置于 4℃ 的冰箱中。然后,通过将氧化碳纳米管抽滤到基底膜上制备碳纳米管膜,并将其浸渍到上述混合溶液中,于 4℃ 下浸泡 20min 后,取出并弃去膜表面残余的溶液。随后,将其浸入 0.1mol/L 的过硫酸铵水溶液中,反应 5~10min 后取出,弃去膜表面残余溶液,再将其置于 4℃ 条件下继续反应 6h。在该过程中,过硫酸铵作为氧化剂,可以引发苯胺单体发生聚合反应,形成聚苯胺。在聚合过程中,磺化聚苯乙烯会掺杂进入聚苯胺骨架中,形成掺杂的聚苯胺。接下来,分别取 1.2mL 12mol/L 的 HCl 和 1mL 50wt% 的戊二醛加入 25mL 高纯水中,形成戊二醛的酸性溶液。将上述制备的膜置于该戊二醛酸性溶液中反应 30min,实现聚苯胺与戊二醛的交联。最后,将膜用高纯水清洗并室温自然干燥,得到 PANi-PSS/CNT 膜。

所制备的 PANi-PSS/CNT 膜的表面形貌如图 3.15 所示。可以看到,碳纳米管相互交织形成网状结构,其表面没有缺陷和裂痕,而且可以明显看到膜表面有大量的网孔[图 3.15(a)]。在膜上聚合 PANi-PSS 后,PANi-PSS/CNT 膜的表面变得更加密实,观察不到缺陷和裂痕,但可以观察到凸起结构[图 3.15(b)]。由图 3.15(c)可以看出,PANi-PSS/CNT 膜紧密负载在聚偏氟乙烯膜基底上,其厚度为 2.80μm。从放大的扫描电镜图[图 3.15(d)]中可以看到,PANi-PSS/CNT 膜的表层要比膜内部更为致密,其厚度大约为 290nm,表明所制备的 PANi-PSS/CNT 膜为非对称结构。这主要是由于在氧化聚合时,苯胺和磺化聚苯乙烯位于碳纳米管膜的膜孔内部,将膜浸入过硫酸铵溶液中,使得聚合反应最先从膜表面处发生,从而形成致密的表层。

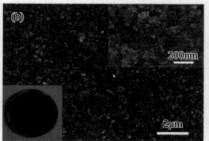

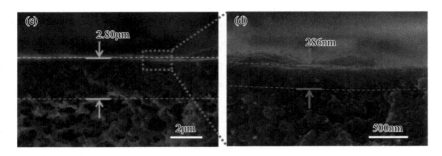

图 3.15　（a）碳纳米管膜的扫描电镜照片和实物图片；（b）PANi-PSS/CNT 膜的扫描电镜照片和实物图片；（c）PANi-PSS/CNT 膜截面的扫描电镜图片；（d）图（c）中方框区域的放大扫描电镜图

PANi-PSS/CNT 膜在电辅助下的分离性能采用两电极加电方式进行考察[图 3.16(a)]，其中 PANi-PSS/CNT 膜作为阴极、与膜等尺寸的钛网作为阳极，阴极和阳极通过导线与直流稳压电源相连。通过施加不同的电压（0V、0.5V、1.0V、1.5V、2.0V、2.5V 和 3.0V）研究电辅助对膜分离性能的影响。图 3.16(b)为不同电压下 PANi-PSS/CNT 膜的纯水渗透速率，当未施加电压时，膜的纯水渗透速率为 16.0L/(m²·h·bar)。随外加电压的增加，纯水渗透率没有明显的变化，表明施加的电压对水分子的传输几乎没有作用，电辅助不会影响膜的纯水渗透性。图 3.16(c)、(d)分别显示了不同电压下 PANi-PSS/CNT 膜在过滤 Na₂SO₄ 和 NaCl 时的性能。在 0～2.5V，水渗透速率变化都很小，过滤 Na₂SO₄ 和 NaCl 溶液时分别维持在 14.0L/(m²·h·bar) 和 14.5L/(m²·h·bar)。然而，PANi-PSS/CNT 膜的截留率却随电压

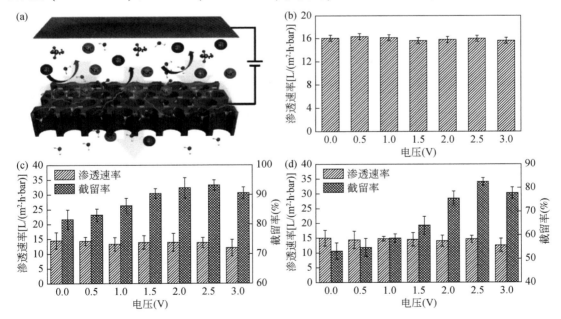

图 3.16　（a）电辅助膜过滤的示意图；（b）不同电压下 PANi-PSS/CNT 膜的纯水渗透速率；不同电压下 PANi-PSS/CNT 膜对（c）Na₂SO₄和（d）NaCl 过滤性能

的增加而明显增加,当电压从 0V 增加到 2.5V 时,Na₂SO₄ 的截留率 81.6% 逐渐增加到 93.0%,NaCl 的截留率则从 53.9% 提高到 82.4%。这一结果表明电辅助可以显著增强 PANi-PSS/CNT 膜的离子截留性能,同时可以保持其渗透性。

当进一步增加电压到 3.0V(膜作阴极)时,PANi-PSS/CNT 膜的水渗透速率以及对 Na₂SO₄ 和 NaCl 截留率都有所下降:对于 Na₂SO₄ 溶液,水渗透速率下降到 $12.1L/(m^2 \cdot h \cdot bar)$,而截留率下降到 90.6%;对于 NaCl 溶液,渗透率和截留率则分别下降到 $12.7L/(m^2 \cdot h \cdot bar)$ 和 77.6%。电化学测试表明,当施加电压为 2.5V 时,膜上的电势约为 -1.3V $vs.$ SCE;当电压为 3.0V 时,膜电势则大约为 -1.7V $vs.$ SCE,已经超过析氢反应电位。这意味着在施加 3.0V 电压时,膜上发生了析氢反应,反应过程中产生的微气泡会干扰水的渗透和离子的截留,从而使得膜的渗透率和截留率下降。

考察了 PANi-PSS/CNT 分离膜在较高电压下的分离稳定性。当在膜上施加 2.5V 电压时(膜作阴极),膜对 Na₂SO₄ 和 NaCl 的截留率都快速增加。随后又持续运行 4.5h,期间 Na₂SO₄ 和 NaCl 的截留率都无明显下降。随后,又考察了 PANi-PSS/CNT 膜在 2.5V 电压下运行 30h 的水渗透性和盐截留性能,结果如图 3.17 所示。在 Na₂SO₄ 过滤过程中,膜的水渗透速率由 $14.1L/(m^2 \cdot h \cdot bar)$ 下降到 $12.7L/(m^2 \cdot h \cdot bar)$,下降了 9.9%;在 NaCl 过滤过程中,水渗透速率则由 $14.8L/(m^2 \cdot h \cdot bar)$ 下降到 $13.6L/(m^2 \cdot h \cdot bar)$,下降了 8.1%。膜渗透率的下降主要是由于运行过程中浓差极化逐渐增加,使得跨膜传输阻力增大。尽管膜的渗透率有所下降,但膜对 Na₂SO₄ 和 NaCl 的截留率却保持基本不变,分别维持在约 93% 和约 83%。这些实验结果表明 PANi-PSS/CNT 膜在电辅助下具有很好的运行稳定性。

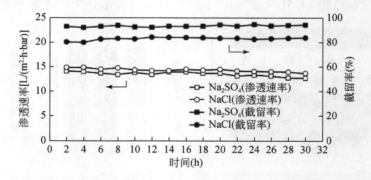

图 3.17　PANi-PSS/CNT 膜在 2.5V 电压下运行 30h 的水渗透速率和盐截留率(原液浓度:5mmol/L,运行压力:2bar)

理论分析可知,当未施加电压时,PANi-PSS/CNT 膜表面的荷电基团(主要为磺化聚苯乙烯上的磺酸基团)可以在水中解离,使膜表面带负电荷。荷负电的膜可以吸附水中的阳离子。当施加电压时,PANi-PSS/CNT 膜作为阴极,在负电势下可以极化产生诱导电荷[35-37]。同时,聚苯胺具有很好的电化学赝电容特性[38]。在外加负电势下,聚苯胺还可以通过掺杂来使膜具有高的电荷密度,具体过程如下:

$$阴极:PANi+ne^- \longrightarrow (Cation^+)_n PANi^{n-}(n\ 掺杂)$$

因此,负极化的膜表面以及聚苯胺的掺杂会进一步增加膜对水中阳离子的吸附。由以上分析可知,电辅助作用可能是通过增加膜的表面电荷密度来增强膜与离子间的静电相互作用。

　　电化学增强的膜表面电荷可以通过膜在外加电压下对离子的吸附量来描述,而膜对离子的吸附量则可以通过膜在施加电压时所转移的电荷量来表示。图 3.18(a) 显示了 PANi-PSS/CNT 膜在不同电压下所转移的电荷量。随着外加电压由 0V 增加到 2.5V,电荷量从 1.4mC 增加到 38.2mC。据此计算的表面电荷密度也大幅度增加,从 2.2mC/m^2 增加到 61.1mC/m^2[图 3.18(b)]。这一结果表明外加电压的增大可以增加 PANi-PSS/CNT 膜的表面电荷密度。这也说明施加外电压可以增大膜相与溶液相之间的离子浓度差和 Donnan 电势差。

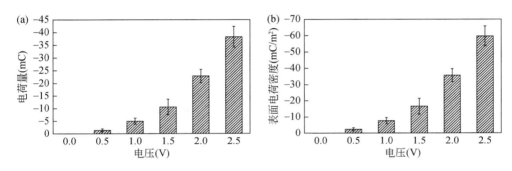

图 3.18　PANi-PSS/CNT 膜在不同电压下的电荷量(a)和计算的表面电荷密度(b)

　　为了进一步探究电辅助增强 PANi-PSS/CNT 膜截留性能的机理,采用 Donnan 位阻孔模型对膜过滤过程进行分析。结果发现,由模型计算的截留率与实验所得结果具有相似的变化趋势,且具有很好的一致性,偏差小于 5%。这表明 Donnan 位阻孔模型可以来描述电辅助增强 PANi-PSS/CNT 膜的过滤过程,有助于深刻了解离子的截留机理。

　　基于 Donnan 位阻孔模型的分析结果,分析了电辅助增强 PANi-PSS/CNT 膜离子截留性能的机理。膜中磺化聚苯乙烯上的磺酸基团在水中解离,使膜表面荷负电,而负的膜表面可以吸附水中的阳离子而排斥阴离子。在膜过滤过程中,通过对流、扩散、电迁移等作用,会使得原液相和膜相中的离子重新分配,从而在膜–溶液相界面处建立离子的分配平衡。膜相中阳离子浓度要远高于原液相,而阴离子浓度要远低于原液相,从而在膜–溶液相界面处形成离子浓度差和 Donnan 电势差,如图 3.19 所示。浓度差和电势差的存在会阻止同离子(阴离子)传输透过膜。在原液侧,为维持电平衡,阳离子也被截留下来,从而实现膜对离子的截留。由于 PANi-PSS/CNT 膜为导电膜,当在膜上施加负电势时,膜阴极会发生极化,产生极化诱导电荷。这使得膜电势变得更负,极化的膜表面也可以更进一步地吸附阳离子。同时,PANi 的电化学掺杂[PANi+ne^- ⟶ $(Na^+)_n$PANi^{n-}]也会使更多的阳离子进入膜内。极化现象和 PANi 的掺杂增大了膜相与溶液相之间的离子分区,致使更多的阳离子进入膜内,而膜内的阴离子浓度则变得更少。这一变化使得膜–溶液相界面处的离子浓度差和 Donnan 电势差进一步增大,如图 3.19 所示。离子的跨膜传输阻力增大,从而使原液相中的离子更难透过膜。随着外加电压的增大,膜上的负电势也增加。离子浓度差和 Donnan 电势差也会随着电势的增加而增大,因此 PANi-PSS/CNT 膜对离子的截留性能增强。

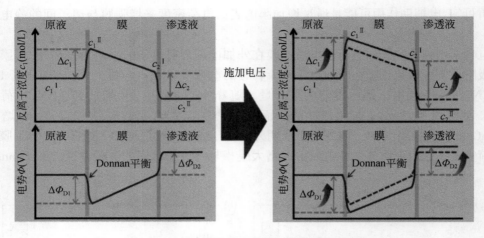

图 3.19　电辅助增强离子截留性能机理的示意图

2. 电容效应强化对离子的截留

2.3.6 小节论述了一种石墨烯-MoS_2分离膜,其中,MoS_2起到调控膜孔径及电荷密度的作用。除此之外,MoS_2还具有高的比电容,能够储蓄更多的电荷,有望通过电容强化 Donnan 效应,从而提升膜对离子的截留能力[26]。实验发现,当给石墨烯-MoS_2分离膜(阴极)和对电极之间施加 2.5V 的电压时,石墨烯-MoS_2-2 膜对 Na_2SO_4 的截留率从 62.5% 提升到 83.4% ,石墨烯-MoS_2-4 膜对 Na_2SO_4 和 NaCl 的截留率分别达到 93.9% 和 87.4%(图 3.20)。

图 3.21 为石墨烯-MoS_2分离膜在 2.5V 的电压下连续运行 50h 过程中对 Na_2SO_4 和 NaCl 的截留性能。由图可知,在 50h 的运行过程中,石墨烯-MoS_2膜对 Na_2SO_4 和 NaCl 的截留性能几乎不下降,截留率分别保持在 79.5% 和 91.4% 。与此同时,分离膜的水渗透速率也十分稳定,50h 运行后保持在 13.7L/(m^2·h·bar)。运行 48h 之后,使用 80L/h 纯水错流的方法对石墨烯-MoS_2分离膜进行水力清洗。结果发现,石墨烯-MoS_2分离膜的水通量和盐截留能力在水力清洗后得到了恢复,与初始运行时的数值相当。这些结果表明,石墨烯-MoS_2分离膜能够在长时间运行过程中保持良好的稳定性与分离效能。

由于非金属相 $2H$-MoS_2的存在,石墨烯-MoS_2膜相比于石墨烯膜具有更高的比电容[图 3.22(a)],能够更好地将电子集聚在膜相中,从而有可能在电辅助的作用下能够更大地提升膜表面电荷密度。在过滤过程中,溶液中的阳离子(钠离子)将会吸附在带负电荷的膜相中,同时阴离子(氯离子/硫酸根离子)被排斥,并且在吸附与排斥中达到离子的电荷平衡,结果是膜相中的阳离子浓度将会高于原液中的阳离子浓度,而膜相中的阴离子浓度则低于原液中的阴离子浓度。由于阴阳离子在膜相中的重新分配与新平衡相的形成,造成了膜相-溶液相在界面处形成离子浓度差和 Donnan 电势差。在浓度差与电势差的作用下,离子跨膜传输的阻力增大,从而实现离子的截留。如图 3.22(b)、(c)所示,在未施加外电压的条件下,由于石墨烯-MoS_2膜本身的负电荷密度大于石墨烯膜,因此前者对阳离子具有更强的吸附力,形成了较大的电势差。这一现象在电辅助的条件下更为明显。当在石墨烯膜和石墨烯-MoS_2膜上施加相同的负电势时,石墨烯-MoS_2膜上能够累积更多的过剩负电荷,从而使得膜

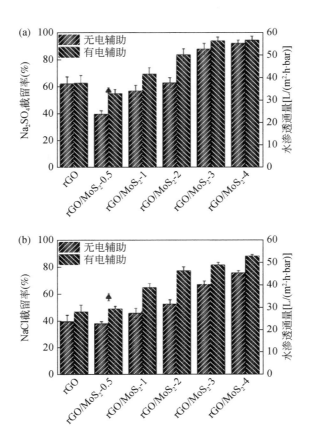

图 3.20　电辅助石墨烯-MoS_2膜对 Na_2SO_4(a)和 NaCl(b)的截留率(外加电压 2.5V,盐浓度为 5mmol/L)

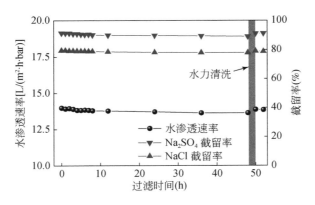

图 3.21　石墨烯-MoS_2膜在连续运行 50h 过程中的水渗透速率和盐截留率(48h 时进行水力清洗)

相中离子的分配与平衡差异更大,进一步增强了膜内外的离子分区,实现了更高的离子截留率。

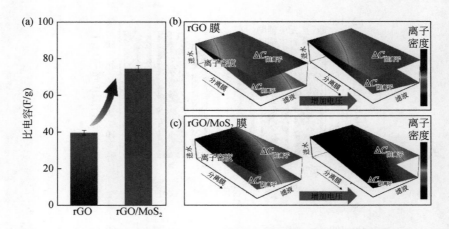

图 3.22　(a)石墨烯膜和石墨烯-MoS$_2$膜的比电容;DSPM 模型计算电辅助对
石墨烯膜(b)和石墨烯-MoS$_2$膜(c)中阴、阳离子浓度分布的影响

3. 电调控界面相互作用强化对离子的截留

2.2.4 小节论述了一种阵列石墨烯膜,具有优异的导电性。研究发现,当给该阵列石墨烯膜(作为阴极)和对电极之间施加电压时,其对盐的截留率有显著提升,而且,随着外加电压的增加,该膜对 NaCl 的截留率逐渐提高,最高达到 88.7%(2.5V 时),如图 3.23 所示。经过 60h 的过滤运行,2.5V 下阵列石墨烯膜的纯水渗透速率维持在 650~700L/(m^2·h·bar),NaCl 截留率为 85%~90%。综合膜的水渗透性和离子截留性能,2.5V 电压辅助下的阵列石墨烯膜比报道的氧化石墨烯、石墨烯膜以及商业纳滤膜(如 NF270 和 NF30)具有更好的分离性能。

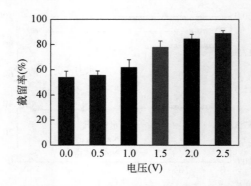

图 3.23　不同电压下阵列石墨烯膜对 NaCl 的截留率

值得注意的是,在电压为 0~1.0V 时,离子截留率升高缓慢,而当电压为 1.5~2.5V 时,离子截留率升高迅速。采用电化学方法对垂直阵列石墨烯膜在外电压下诱导的表面电荷量进行测试,结果发现电荷量也随电压的增加而增大,而且,电荷量在 0~1.0V 时增加缓慢,相应的变化率约为−55.2μC/V(图 3.24),而在 1.5~2.5V 时电荷量的增加较快,且相应的变

化率达到 $-128.9\mu C/V$。

　　外加电压可以通过增强 Donnan 效应提高膜的离子截留率。在外电压下,膜表面会发生电极化,诱导产生表面电荷,增大膜内离子容量,使得膜相与溶液相之间的离子浓度差和 Donnan 电势差增大。根据电辅助垂直阵列石墨烯膜的离子截留结果可知,在 $0\sim1.0V$ 时膜内的离子吸附量要明显少于在 $1.5\sim2.5V$ 时的离子吸附量,即在 $0\sim2.5V$ 离子吸附量并非线性增加,表明在较低和较高电压下膜内的离子吸附方式可能是不同的。由此推测,在较高电压($1.5\sim2.5V$)下,膜孔道内可能会发生电诱导离子脱水合效应,使得更多的离子吸附进入膜内。

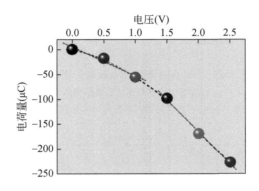

图 3.24　不同电压下诱导的阵列石墨烯膜的表面电荷量

　　离子与阵列石墨烯膜孔道的相互作用对离子截留率有重要影响,关系到膜内的离子分布、离子吸附量、离子浓度差和 Donnan 电势差。通过第一性原理计算可以研究离子在通道表面的吸附情况以及外加电压对离子与通道间相互作用的影响。模拟的电子密度差分布图显示,含有少许氧基团的石墨烯纳米片和不含氧基团的石墨烯纳米片表面都可以富集电子(电荷密度富集),而 Na^+ 离子则表现为电荷密度耗散(图 3.25)。当在这两种石墨烯纳米片吸附 Na^+ 离子的模拟体系中加入 $-2.0e$ 的电荷时,含有少许氧基团的石墨烯纳米片和不含氧基团的石墨烯纳米片表面都呈现出更强的电荷密度富集现象,表明在垂直阵列石墨烯膜表面可以发生电极化,使得膜表面的电荷密度增加。在未施加系统电荷时,Na^+ 离子在含有少许氧基团的石墨烯纳米片表面的吸附能(ΔE_{ads})为 $-2.21eV$,而施加 $-2.0e$ 的系统电荷时,ΔE_{ads} 则变为 $-4.26eV$。在不含氧基团的石墨烯纳米片上,模拟的结果显示 Na^+ 离子的 ΔE_{ads} 由 $-1.35eV$ 变为 $-2.42eV$,说明表面电密度的增加可以增强阳离子与石墨烯表面的相互作用,包括阳离子与氧基团之间的相互作用和阳离子与 π 电子之间的相互作用。

　　阳离子与垂直阵列石墨烯膜表面的相互作用可以通过傅里叶变换衰减全反射红外光谱(ATR-FTIR)原位表征来研究。以垂直阵列石墨烯膜为阴极,铂片为阳极,NaCl 溶液为电解液,原位测试不同电压下的 ATR-FTIR 谱图并观察谱图变化。相比于在纯水中测试的 ATR-FTIR 谱图,在 NaCl 电解液中测试的谱图显示 sp^2 C＝C 键的特征峰发生明显的左移(图3.26),从 $1651cm^{-1}$ 移动到 $1614cm^{-1}$。而且,羧基中的—OH 基团对应的特征峰则从 $1459cm^{-1}$ 移动到 $1442cm^{-1}$。这些谱峰变化说明 Na^+ 离子对垂直阵列石墨烯膜的 sp^2 杂化芳香碳和羧基基团具有显著的影响。随着电压的增大,特征峰的强度也逐渐增加,说明外加电压可以增强 Na⁺ 离子与垂直阵列石墨烯膜之间的相互作用。这一结果与第一性原理计算结果一致。

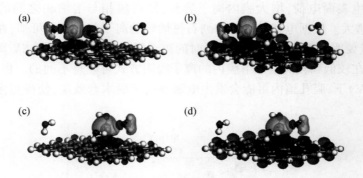

图 3.25　Na⁺ 在石墨烯片上的电子密度差分布

(a) 含有少许氧基团的石墨烯纳米片；(b) 含有少许氧基团的石墨烯纳米片且系统电荷为−2.0e；(c) 不含氧基团的石墨烯纳米片；(d) 不含氧基团的石墨烯纳米片且系统电荷为−2.0e

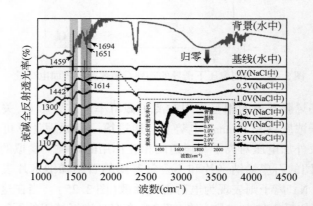

图 3.26　不同电压下的原位 ATR-FTIR 谱图（阵列石墨烯膜作为阴极，铂片作为阳极，NaCl 溶液浓度为 5mmol/L）

离子在水中以水合离子的形式存在，其水合壳可以分为紧密层和外围的松散层，并且外围松散层也会受阳离子电场影响。由于外加电压可以增强 Na⁺ 离子与膜孔道表面之间的相互作用，因此有可能促使水合 Na⁺ 离子的脱水合现象的发生。通过分子动力学模拟可以得到 Na⁺ 离子的数密度分布曲线，如图 3.27 所示。模拟结果显示，在数密度分布曲线（图中曲线①）的两侧出现了 Na⁺ 离子的数密度分布峰，说明靠近模拟的石墨烯纳米片表面的 Na⁺ 离子分布要多于中间部分的离子分布。当在石墨烯纳米片表面施加−2.0e/nm² 的电荷密度后，Na⁺ 离子的数密度分布峰（图中曲线②左侧的峰）有显著增加。相反，施加+2.0e/nm² 电荷密度的石墨烯表面 Na⁺ 离子的数密度分布峰下降。这一结果表明增加石墨烯纳米片表面的电荷密度可以增强 Na⁺ 离子与石墨烯表面的相互作用。在石墨烯表面施加电荷密度后，Na⁺ 离子的数密度分布峰发生明显左移，表明 Na⁺ 离子更靠近石墨烯表面，意味着水合离子脱水合现象的发生。

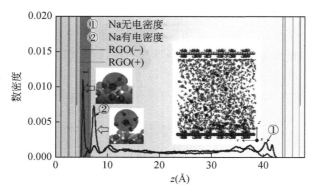

图 3.27　沿 z 轴方向的 Na[+] 离子数密度分布(曲线①代表 Na[+] 离子在石墨烯片之间的数密度分布;曲线②代表 Na[+] 离子在两个 −2.0e/nm² 电密度的石墨烯片之间的数密度分布;插图为模拟快照,模拟盒子尺寸为 34.5×39.4×48.0Å³)

通过计算水合 Na[+] 离子周围的氧和氢的径向分布函数(RDF),可以研究外电压是否促进了水合离子脱水合。图 3.28 显示在有/无电荷密度下 Na[+] 离子的 RDF。RDF 图中第一个峰表示为 Na[+] 离子的第一层水合壳(紧密层)[39]。峰的位置表示为第一层水合壳中的原子(氧或氢)与 Na 原子的距离,而峰的面积表示为水合离子的平均水合数[40,41]。氧原子与 Na 原子的距离约为 3.0Å,而氢原子与 Na 原子的距离为 3.8Å,说明水合壳中水分子的氧原子更靠近 Na[+] 离子。对 Na[+] 离子周围氧的 RDF 峰进行积分,得到积分面积(平均水合数)为4.2,小于分子动力学计算的 Na[+] 离子第一层水合壳的最大水合数(大约为 5.5)[42,43],说明水合 Na[+] 离子在通道内发生了脱水合。在石墨烯纳米片上施加 −2.0e/nm² 的电荷密度后,Na[+] 离子周围氧的 RDF 峰的高度下降,并且其平均水合数为 3.9,表明电荷密度的增加可以降低水合 Na[+] 离子的水合数。这也意味着电诱导水合离子脱水合,使得更多离子靠近石墨烯表面。由此推断,在垂直阵列石墨烯膜表面施加较高的电压(1.5～2.5V)时,可以增强阳离子与通道表面的相互作用,促进离子脱水合效应,进而增强 Donnan 排斥效应,使得离子截留率提高。

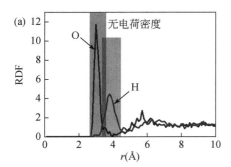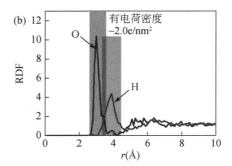

图 3.28　无电荷密度(a)和 −2.0e/nm² 电荷密度下(b)水合 Na[+] 离子周围的氧和氢的径向分布函数

通过分子动力学模拟进一步研究了阵列石墨烯膜的脱盐性能和电调控脱盐机理,模拟模型如图 3.29 所示。模拟的原盐溶液为 1mol/L NaCl 溶液,包括 1402 个水分子、25 个 Na[+]

和 25 个 Cl⁻;在阵列石墨烯膜的碳原子上添加了-2.0e/nm² 的电荷密度(10at% 氧含量)来模拟施加在石墨烯纳米片上的电势;采用压力驱动的脱盐过程,模拟压力为 400MPa,进行 200ps 的模拟并进行数据采集。结果发现,当阵列石墨烯纳米通道施加-2.0e/nm² 的电荷密度时,水分子可以自发地通过阵列石墨烯纳米通道[图 3.30(a)]。经过 200ps 的模拟,通过纳米通道的水分子数量为 503 个,高于未带电荷密度的纳米通道(386 个),表明增加电荷密

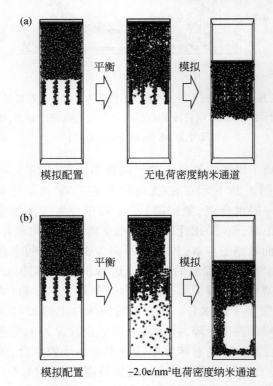

图 3.29　无电荷密度(a)和电荷密度为-2.0e/nm² 时(b)NaCl 溶液通过阵列石墨烯纳米通道的动力学模拟快照

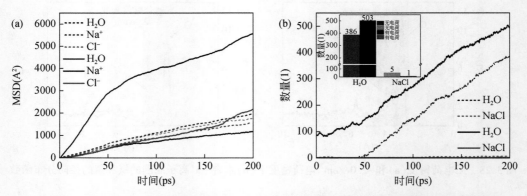

图 3.30　(a)通过阵列石墨烯纳米通道的 H_2O 和 NaCl 数量随时间的变化(虚线:无电荷密度;实线:电荷密度为-2.0e/nm²);(b)200ps 内通过阵列石墨烯纳米通道的 H_2O 和 NaCl 的数量

度可促进水的输送。同时,施加电荷密度后,通过纳米通道的 NaCl 分子数量从 5 个减少到 1 个[图 3.30(b)]。此外,纳米通道中的 Na^+ 离子数量从 10 个增加到 17 个,Cl^- 离子数量从 10 个减少到 4 个。该模拟结果进一步表明,电荷密度的增加可以增加膜纳米通道中的阳离子浓度,降低阴离子浓度,增强离子的分配,增强离子的静电排斥 Donnan 效应,从而提高对离子的截留能力。

3.2.2　电化学增强膜对荷电分子的截留

1. 电化学增强石墨烯-MXene 膜对荷电分子的截留性能

纳滤膜对分子的截留机理主要包括筛分作用和静电排斥作用。前面已论述了利用电极化可以提高导电分离膜的表面电荷密度,进而增强分离膜与荷电物质之间的静电排斥力。2.3.5 小节讨论了一种石墨烯-MXene 膜。研究发现,电化学可显著增强该膜对荷电分子的截留能力。

橙黄 G 是一种含有两个磺酸基团的有机化合物分子,在水中易电离而带有负电荷。当选择橙黄 G 分子作为模拟污染物时,电化学可显著增强石墨烯-MXene 膜对其的截留率:当电压从 0V 提高到 2.0V(膜作阴极)时,石墨烯-MXene-65 膜对橙黄 G 的截留率从 55.9% 提高 91.4%;相较于石墨烯-MXene-65 膜,石墨烯-MXene-70 膜的截留率从 0V 时的 27.8% 提高到 2.0V 时的 77.4%,提升幅度更大。而且,这种电化学增强膜对分子的截留能力具有很好的可重复性,在 5 个加电–断电循环中,石墨烯-MXene 膜对橙黄 G 的截留率在 0V 下稳定在 ~52%,在 2.0V 下稳定在 ~92%(图 3.31)。

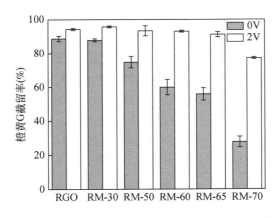

图 3.31　0V 和 2.0V 电压(膜作阴极)下石墨烯膜和石墨烯-MXene 膜对橙黄 G 的截留率

进一步评估了电辅助且膜作为阴极的条件下石墨烯-MXene 膜对具有不同尺寸和电荷的染料分子[中性分子:罗丹明 B(RhB);荷正电分子:亚甲基蓝(MLB)、阿利新蓝(AB);荷负电分子:甲基橙(MO)、刚果红(CR)、考马斯亮蓝(CBB)、甲基蓝(MB)]的截留能力。其中,罗丹明 B 分子在中性以及碱性溶液中几乎呈电中性,而在酸性溶液中具有弱正电荷。结果如图 3.32 所示:在中性溶液中,石墨烯-MXene 膜在 0V 和 2.0V 对不荷电的罗丹明 B 分子的截留率分别为15.3%和16.1%,说明电辅助对不荷电染料的截留率影响较小;对于阳离子型分子亚甲基蓝,0V时的截留率为35.5%,2.0V时截留率升高到97.8%;对于另一种阳离子型染料阿利新蓝,由于其分子尺寸较大(2.5nm×2.3nm),无论是在0V或是2.0V,截留率都保持在100%;施加电压后,四种阴离子型染料分子的截留率都升高,且截留率由低到高依次为甲基橙<刚果红<考马斯亮蓝<甲基蓝,其中刚果红的截留率增幅最大。

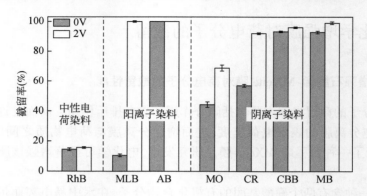

图3.32 0V和2.0V电压(膜作阴极)条件下石墨烯-MXene膜对不同分子的截留率(浓度:20mg/L;压力:1bar)

利用紫外–可见吸收光谱对滤液进行分析,发现过滤亚甲基蓝溶液和甲基橙溶液时除了这两种物质的吸收峰,还有其他物质的吸收峰,说明这两种物质被电化学还原分解生成了新的物质。但在过滤甲基蓝、刚果红和考马斯亮蓝溶液时,渗透液中没有新产物的生成,说明电极化确实可以增强石墨烯-MXene膜对荷电分子的静电斥力,进而提高其截留能力。

2. 电化学增强碳纳米管复合膜对荷电分子的截留性能

采用同轴共纺的湿法纺丝技术同步纺丝碳纳米管–海藻酸钠分离层和聚偏氟乙烯支撑层,可一步法制备海藻酸钠交联的碳纳米管/聚偏氟乙烯中空纤维复合膜[44]。该膜的微观形貌如图3.33所示,膜表面没有明显的瑕疵[图3.33(a)],碳纳米管相互缠绕形成不规则孔结构,且海藻酸钠黏附在碳纳米管之间,使碳纳米管交联在一起[图3.33(b)]。此外,该膜具有规整的中空纤维形态,结构较为匀称、美观[图3.33(c)],碳纳米管–海藻酸钠分离层紧密贴合在支撑层上[图3.33(d)]。从扫描电镜图上还可以看到,聚偏氟乙烯支撑层具有大孔结构。这种大孔结构能够在起到支撑作用的同时几乎不会额外增加水传输阻力。

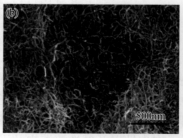

图 3.33　海藻酸钠交联的碳纳米管/聚偏氟乙烯中空纤维复合膜表面(a)、(b)和断面(c)、
(d)的扫描电镜照片
(a)、(c)低倍；(b)、(d)高倍

当碳纳米管与海藻酸钠的质量比为 4∶1 时,所制得 CNT/SA-4 膜的纯水渗透速率为 30.7L/(m²·h·bar),对荷正电的阿利新蓝 8GX 和荷负电的刚果红的截留率几乎都为 100%,而对荷负电的甲基蓝和橙黄 G 的截留率较低。当在碳纳米管复合中空纤维膜(阴极)和对电极之间施加 2.0V 的电压后,其水渗透速率和截留能力都有显著的提升。如图 3.34 所示,该碳纳米管复合中空纤维膜过滤甲基蓝时水渗透速率从 27.9L/(m²·h·bar)提升到 72.2L/(m²·h·bar),过滤橙黄 G 溶液的水渗透速率从 31.3L/(m²·h·bar)提升到 83.2L/(m²·h·bar),原因为电润湿效应增强了膜的亲水性。此外,该碳纳米管复合中空纤维膜对甲基蓝和橙黄 G 分子的截留率分别由 68.3% 和 17.8% 提高到 100% 和 70.5%,均显著高于商业聚氯乙烯膜对甲基蓝和橙黄 G 分子的截留率(分别为 69.7% 和 18.2%),同时水渗透速率分别是聚氯乙烯膜的 2.1 倍和 2.3 倍。碳纳米管复合中空纤维膜耦合电化学后截留能力提高的原因是,电极化后的膜表面的电荷密度显著提高,对带有负电荷的甲基蓝和橙黄 G 分子的静电排斥力增强,故截留率显著提高。

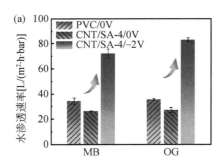
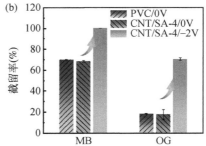

图 3.34　商业聚氯乙烯膜(PVC)和海藻酸钠交联的碳纳米管复合膜对甲基蓝和
橙黄 G 的水渗透速率(a)和截留率(b)

3. 电化学增强 MXene-碳纳米管膜的选择性分离性能

将碳纳米管插入 MXene 层间内可制备一种 MXene-碳纳米管纳滤膜[45],其微观结构如图 3.35 所示。膜表面能够同时观察到碳纳米管和 MXene,两者混合交织在一起。另外,膜

表面虽然较为粗糙,但未有裂痕等缺陷[图3.35(a)]。断面的扫描电镜照片测得 MXene-碳纳米管分离层的厚度约为500nm[图3.35(b)]。

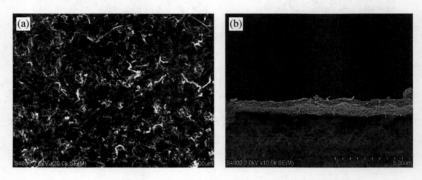

图3.35 MXene-碳纳米管膜表面(a)和断面(b)的扫描电镜照片

在过滤阴离子染料甲基橙和电中性罗丹明 B 的混合液时发现,随着 MXene-碳纳米管膜(阴极)和对电极之间电压的增大,出水溶液中的甲基橙浓度逐渐降低,即对甲基橙的截留率逐渐增大,与此同时,滤液中罗丹明 B 的浓度基本没有变化[图3.36(a)]。计算得知,在0V、1.0V、2.0V 和 3.0V 电压时,MXene-碳纳米管膜对甲基橙的截留率分别是 26.9%、45.0%、60.7% 和 85.3%。相比之下,MXene-碳纳米管膜对罗丹明 B 的截留率分别为1.3%、2.1%、2.8% 和 2.6%,基本保持在 ~2%。因此,MXene-碳纳米管膜在电辅助下对甲基橙和罗丹明 B 的分离系数能够从 1.3 提高到 7.7[图3.36(b)]。

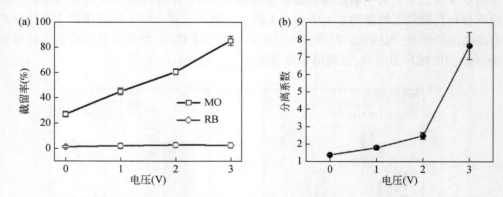

图3.36 (a)甲基橙和罗丹明 B 的截留率随电压的变化曲线;(b)甲基橙和罗丹明 B 之间的分离系数随电压的变化曲线

同样,该 MXene-碳纳米管膜在电化学辅助下对橙黄 G 和罗丹明 B 的混合物也有良好的分离效果。在0V、1.0V、2.0V 和 3.0V 电压时,MXene-碳纳米管膜(阴极)对橙黄 G 的截留率分别是 51.2%、73.9%、78.3% 和 85.6%,而对罗丹明 B 的截留率基本保持在 ~2%,它们之间的分离系数相应地从 2.0 提高到 7.0。以上结果表明,电化学辅助可增强 MXene-碳纳米管膜对阴离子染料的截留,而不改变对电中性分子的截留效果,从而提高了对二元混合染料分子的选择性分离性能。

基于此原理,该 MXene-碳纳米管膜可对其他类型的分子混合物进行选择性分离,例如电负性的头孢唑林钠(CS)和电中性的环丙沙星(CF)两种抗生素之间的分离。在 0V、1.0V、2.0V 和 3.0V 电压(膜作阴极)时,MXene-碳纳米管膜对头孢唑林钠的截留率分别是 5.1%、15.1%、50.6% 和 91.9%,而对环丙沙星的截留率分别为 4.9%、7.5%、2.7% 和 2.4%,它们之间的分离系数相应地从 0V 时的 1.0 增加到在 3V 时的 10.2。

该 MXene-碳纳米管膜还可对三元混合物进行分离。首先,使用该 MXene-碳纳米管膜在 0V 下过滤阿利新蓝、甲基橙、罗丹明 B 这三种染料的混合溶液。在此过程中,阿利新蓝的截留率为 95.8%,甲基橙的截留率为 34.2%,而罗丹明 B 的截留率只有 2.6%,因此,阿利新蓝被 MXene-碳纳米管膜截留,而甲基橙和罗丹明 B 透过膜。随后,MXene-碳纳米管膜在 3V 电压下过滤上一步过程产生的滤液,此过程甲基橙的截留率为 82.8%,而罗丹明 B 的截留率只有 2.0%,进而实现了甲基橙与罗丹明 B 的分离。在整个过程中,三元染料混合溶液的颜色由初始的棕色变为第一步分离后的橙红色,再变为第二步分离后的紫红色。利用该方法,逐级分离阿利新蓝、橙黄 G 和罗丹明 B 这三种染料的混合物也可以实现良好的分离效果。

3.2.3　电化学增强膜对离子的选择性分离

生物离子通道可以精确分离不同的离子并控制离子流动[46],表现出可控和超高的离子选择性传输,如 K+ 通道的 K+/Na+ 选择性在 1000 以上[47],并可以通过响应各种刺激(如膜电势、配体和渗透压)打开和关闭离子传输通道[48]。近年来,受生物离子通道的启发,很多研究致力于研究人工仿生离子通道,以实现可控的离子传输和分离。这在人工离子泵、资源提取、能量储存和转化等方面具有重要的应用前景[49-51]。然而,通过模拟生物通道的精细结构来实现可控和选择性的单/单价阳离子分离仍然是一个挑战,主要原因为混合盐溶液中竞争离子的存在将阻止目标离子优先渗透通过埃尺度孔道,导致低的单/单价离子选择性。此外,虽然这些人工离子通道具有离子分离的能力,但无法复制生物离子通道的离子门控功能,进而无法控制离子流动。

为了提高离子的选择性,有研究在人工离子通道的内壁上加入特定的分子或基团[52,53],使其优先结合目标离子,从而提高离子的选择性。然而,这种操作也会导致大量竞争离子进入通道,无法达到理想的高离子选择性。一般来说,在生物 K+ 离子通道中,K+ 的传输主要是由 K+ 孔道蛋白质中的 K+ 选择性过滤器和刺激响应门的协同作用。K+ 选择性过滤器中的带电荷氨基酸残基可以优先结合 K+ 进而促使 K+ 进入离子通道[54,55],然后通过膜电势的刺激打开刺激响应门,实现 K+ 的可控和选择性传输。受此启发,重构埃尺度孔道的表面电势可以调节通道与不同离子之间的静电亲和作用,使目标离子优先分布在孔道入口,从而削弱竞争离子的传输,实现可控和选择性的单价离子分离。之前的研究表明,孔道表面电势可以通过在膜上施加外部电压来调节[56-58]。此外,通过引入不同电荷密度的特定调节离子可以有效调节膜表面双电层(EDL)中目标离子和竞争离子的分布[59,60]。

鉴于此,提出一种电压门控和离子电荷密度协同调控策略以同时提高目标离子的可控传输和单/单价离子的选择性。总体思路是通过特定地调节阳离子的引入改变 EDL 结构,促进目标离子优先分布在孔道入口,同时,电压诱导的表面电势改变目标离子通过埃尺度孔道的进入能垒,在电压门控和离子电荷密度调控的协同作用下,实现可控和选择性的单/单价阳离子传输和分离。MXene 纳米材料具有优异的导电性,可以响应电压刺激,模拟生物离子孔道的电响应门;同时,聚多巴胺(PDA)交联 MXene 可以构建出具有埃尺度的孔道结构,可以模拟生物离子孔道的选择性过滤器。鉴于此,设计了一种 MXene-聚多巴胺分离膜,其主要制备过程如下:

(1)MXene 分散液的制备。MXene 通过原位氟化氢(HF)刻蚀 Ti_3AlC_2 制备。取 LiF 缓慢加入 HCl 溶液(9mol/L)中,充分溶解后再加入 Ti_3AlC_2。将得到的混合溶液置于水浴锅中,于 45℃条件下搅拌反应 24h。反应结束后多次离心清洗直至溶液 pH 约为 6。随后进行超声剥离,离心去除沉淀物后得到 $Ti_3C_2T_x$ MXene 分散液。最后将制备的 MXene 分散液稀释到 0.4mg/mL,在氩气保护下保存在 −4℃冰箱中备用。

(2)MXene-PDA 膜的制备。取 MXene 分散液加入超纯水中,超声处理 5min,之后加入盐酸多巴胺进行搅拌反应。然后通过真空抽滤在聚偏氟乙烯膜基底上制备 MXene-PDA 膜,室温干燥后将其从基底上剥离下来,获得自支撑的 MXene-PDA 分离膜。

如图 3.37(a)、(b)所示,相比于 MXene 膜较为平整的表面,MXene-PDA 膜的表面相对粗糙。然而,膜中 MXene 纳米片的排列和堆叠不受 PDA 的影响,并且膜具有高度排列的横截面形态[图 3.37(c)、(d)]。此外,PDA 交联明显收缩了层叠结构,使膜沿膜厚方向更加致密,从而消除了原始 MXene 膜固有的宏观间隙。更加紧密的堆叠结构有助于实现分离过程中的高离子选择性。数码照片表明制备的膜具有良好的柔性。

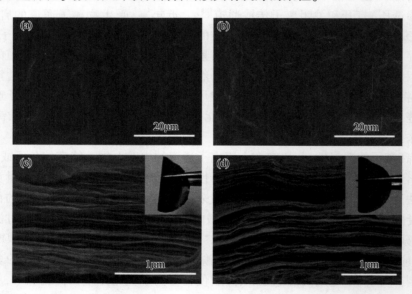

图 3.37　MXene 膜(a)和 MXene-PDA 膜(b)表面的扫描电镜图;MXene 膜(c)和 MXene-PDA 膜(d)截面的扫描电镜图

为了考察 MXene-PDA 膜的选择性分离性能,将 MXene-PDA 膜置于两个腔室之间[图 3.38(a)],通过浓度梯度和电场驱动离子的传输和选择性分离,其中,MXene-PDA 膜作阴极,进料侧浓度为 0.2mol/L 的 XCl(X 代表 Cs、K、Na、Li、Ca 和 Mg),混合盐溶液浓度保持 0.2mol/L。如图 3.38(b)所示,相比于 MXene 膜 21.8mmol/m² 的 K⁺ 透过量,MXene-PDA 膜的 K⁺ 传输明显受限,K⁺ 透过量仅为 1.3mmol/m²,降低了 94%,原因为 MXene-PDA 膜的有效孔道尺寸(4.6Å)小于水合 K⁺ 的直径(6.6Å),K⁺ 的传输遇到较大的空间位阻。而 MXene-PDA 膜的埃尺度孔道有利于通过电压门控制单价离子的传输。当外加电压从 0V 增加到 3.0V 时[图 3.38(c)],作为阴极的 MXene-PDA 膜响应电压刺激,在 0~1.0V 时离子输运呈完全"闭合"状态,在 1.0~3.0V 时离子输运呈逐渐"打开"状态。在 3.0V 的外加电压下,K⁺ 的输运速率达到 780.0mmol/(m²·h),是无外加电压时[1.3mmol/(m²·h)]的 600 倍,甚至是无外加电压 MXene 膜[21.8mmol/(m²·h)]的 36 倍。相较于 K⁺ 在 3.0V 时高的传输速率,此时 Na⁺、Li⁺ 和 Mg²⁺ 的传输速率则相对较低,分别为 277.3mmol/(m²·h)、85.1mmol/(m²·h) 和 0.3mmol/(m²·h),表现出明显的 K⁺ 选择性(K⁺>Na⁺>Li⁺≫Mg²⁺)。在 2.5V 外加电压下,MXene-PDA 膜具有最佳的单/单价阳离子选择性,K⁺/Li⁺ 选择性为 16.0,K⁺/Na⁺ 选择性为 3.3,Na⁺/Li⁺ 选择性为 4.8[图 3.38(d)]。尽管 MXene-PDA 膜在 3.0V 时离子传输率高于 2.5V 时的离子传输速率,但 3.0V 时离子选择性低于 2.5V,这是由于 3.0V 的高电压可以促进其他竞争离子(如 Na⁺ 或 Li⁺)克服进入孔道的能垒,从而传输通过膜孔道。

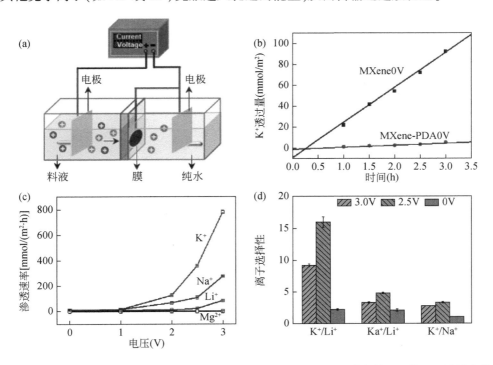

图 3.38　(a)离子渗透实验组件示意图;(b)0V 时 MXene 和 MXene-PDA 膜在单一组分 KCl 溶液中的 K⁺ 渗透率;(c)0~3.0V 外加电压时 MXene-PDA 膜在不同单组分溶液中的离子渗透速率;(d)0V、2.5V 和 3.0V 电压时 MXene-PDA 膜的单/单价离子选择性

当外加电压 2.5V 时(膜作阴极),渗透侧水中的 K⁺ 浓度随时间呈线性增加趋势,表明电压门控的 MXene-PDA 膜具有可控的离子传输能力。分子动力学模拟被用来研究电压门控

"关闭"和"打开"状态时的可控离子输运机制,以便分析离子从体相溶液进入膜孔道的过程。当 K^+ 从体相溶液传输到膜孔道入口过程中,电压辅助下水合 K^+ 的输运能垒为 44.3kJ/mol,低于无电压辅助时的 75.8kJ/mol。电压辅助下较低的传输能垒归因于施加的电压增强了荷负电的膜对 K^+ 的静电吸引力,可以加速水合 K^+ 从体相溶液传输至孔道入口,从而促进 K^+ 的超快传输。由于水合 K^+ 的直径(6.6Å)大于 MXene-PDA 膜的纳米通道尺寸(4.6Å),水合 K^+ 需要完全或部分剥离水合壳中的水分子才能进入亚纳米通道。通道入口附近 K^+ 周围水分子的径向分布函数表明,K^+ 的水合离子数从无电压时的 8.6 降到施加电压时的 7.6,减少了一个水分子,表明电势促进了离子脱水,进而施加电压时 K^+ 相对容易地进入通道。此外,当 K^+ 在亚纳米通道入口附近传输时,离子传输能垒从无外加电压时的 256.4kJ/mol 降低到外加电压时的 216.9kJ/mol。离子传输能垒的降低进一步表明,施加电压可以促使 K^+ 实现超快输运,此时在电压刺激下离子孔道处于"打开"状态,而未施加电压时,离子通道处于"关闭"状态。

通常,在二元阳离子体系中存在离子竞争效应,比如竞争有效的质量传输孔道和通道内离子拥挤,从而导致阳离子传输速率和选择性下降。因此,进一步考察了 MXene-PDA 膜对混合二元单价阳离子的离子选择性分离性能。如图 3.39(a)所示,二元阳离子体系中阳离子的传输速率相较于单一阳离子体系明显降低。在 2.5V 电压下,K^+ 传输速率从单阳离子体系的 360mmol/($m^2 \cdot h$)降低到 K^+/Li^+ 二元溶液的 98.9mmol/($m^2 \cdot h$),K^+/Na^+ 二元溶液的 78.5mmol/($m^2 \cdot h$)。Na^+ 传输速率从单阳离子溶液的 108.7mmol/($m^2 \cdot h$)下降到二元 Na^+/Li^+ 溶液的 57.9mmol/($m^2 \cdot h$)。值得注意的是,在无电压的情况下[图 3.39(b)],K^+/

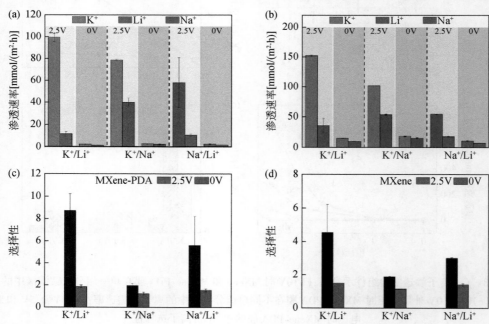

图 3.39　0V 和 2.5V 时 MXene-PDA 膜(a)和 MXene 膜(b)在二元混合盐溶液中的离子渗透速率;
MXene-PDA 膜(c)和 MXene 膜(d)单/单价阳离子选择性

Li^+、K^+/Na^+ 和 Na^+/Li^+ 体系的离子传输速率分别比施加 2.5V 时低 93.3%、94.4% 和 95.7%，表明在未施加电压的情况下，离子很难传输过膜，离子传输处于"关闭"状态，而在 2.5V 电压下，离子传输处于"打开"状态。这些结果表明，MXene-PDA 膜在二元阳离子体系中仍然保持了电压门控离子传输能力。同时，MXene-PDA 膜对 K^+/Li^+、K^+/Na^+ 和 Na^+/Li^+ 的单/单价阳离子选择性分别为 8.7、2.0 和 5.6[图 3.39(c)]，高于 MXene 膜的 K^+/Li^+ 选择性 4.6、K^+/Na^+ 选择性 1.9 和 Na^+/Li^+ 选择性 3.0[图 3.39(d)]。当 Mg^{2+} 作为竞争离子加入单价阳离子溶液形成二元阳离子体系时（图 3.40），K^+、Na^+ 和 Li^+ 的传输速率进一步分别降至 71.1mmol/($m^2 \cdot h$)、28.3mmol/($m^2 \cdot h$) 和 14.0mmol/($m^2 \cdot h$)。造成这一现象的原因是由于水合尺寸大和电荷密度高的 Mg^{2+} 会占据亚纳米通道的入口空间，并通过静电相互作用排斥单价阳离子。因此，引入 Mg^{2+} 后，一价阳离子的传输受到阻碍，导致传输速率下降。

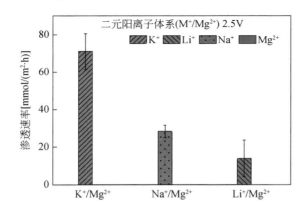

图 3.40　2.5V 电压下单价/二价阳离子二元混合系统中的离子渗透速率

考虑到共离子的性质（如尺寸大小和电荷密度）会引起不同单价离子的传输速率的差异，选择了不同电荷密度的离子（Cs^+、Na^+、Ca^{2+} 和 Mg^{2+}）调节 K^+/Li^+ 二元混合溶液中单/单价阳离子的选择性。选择的竞争离子在离子水合尺寸和电荷密度上的差异呈现出 $Mg^{2+}>Ca^{2+}>Na^+>Cs^+$。有趣的是，在施加 2.5V 电压时，引入不同电荷密度的阳离子可以显著调控单/单价阳离子的选择性。引入一价的 Na^+ 后，K^+/Li^+ 的选择性从 8.7 增加到 14.7[图 3.41(a)]，而引入二价 Ca^{2+} 时，K^+/Li^+ 的选择性提高到 17.6[图 3.41(b)]。特别是引入 Mg^{2+} 后，不仅 K^+ 渗透速率基本保持在 73.2mmol/($m^2 \cdot h$)[图 3.41(c)]，没有明显下降，而且 K^+/Li^+ 的选择性显著提高到 40.9[图 3.41(d)]。当向 K^+/Na^+ 和 Na^+/Li^+ 溶液体系引入 Mg^{2+} 时[图 3.41(d)]，K^+/Na^+ 和 Na^+/Li^+ 的选择性分别从 2.0 和 5.6 提高到 3.0 和 7.1。相反，Cs^+ 的引入使 K^+/Li^+ 的选择性从 8.7 降至 6.3[图 3.41(b)]。从上述离子选择性可以得出，引入水合尺寸和电荷密度大于 K^+ 的阳离子可以提高 K^+/Li^+ 的选择性，而引入水合尺寸和电荷密度较小的阳离子会降低 K^+/Li^+ 的选择性。K^+/Na^+ 和 Na^+/Li^+ 选择性的变化进一步证实这个结果。由于 K^+ 的传输速率并未明显降低，所以高电荷密度竞争阳离子的引入可能会影响孔道入口表面双电层（EDL）中 K^+ 和 Li^+ 的分布，使得孔道入口附近的 K^+ 多于 Li^+，从而提高了 K^+/Li^+ 的选择性。

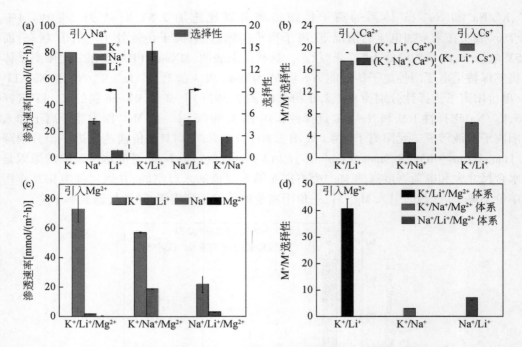

图 3.41　(a) K⁺/Li⁺二元阳离子体系中引入 Na⁺时离子的传输速率和单/单价选择性;(b) K⁺/Li⁺二元阳离子体系中引入 Cs⁺和 Ca²⁺时的单/单价选择性;(c)二元阳离子体系中引入 Mg²⁺时离子的传输速率;(d)二元阳离子体系中引入 Mg²⁺时离子的单/单价选择性

　　为了进一步考察 MXene-PDA 膜选择性离子输运的可逆"开–关",在 K⁺/Li⁺二元阳离子体系中引入高电荷密度的 Mg²⁺作为竞争离子,研究了电压在 0～2.5V 转换时的单价离子选择性传输,并对离子的传输速率和离子选择性进行归一化处理,以便分析离子传输和选择性的电压门控比。归一化处理通过选择 0V 时的离子传输速率和选择性的平均值作为基底值进行数据处理[归一化离子渗透速率为 F_x/F_a,F_x 代表在 xV($x=0$、2.5)时测得的离子渗透速率,F_a 代表在 0V 时测得的离子渗透速率的平均值;归一化离子选择性为 S_x/S_a,S_x 代表在 xV($x=0$、2.5)时测得的离子选择性,S_a 代表在 0V 时测得的离子选择性的平均值]。当电压从0V 切换到 2.5V 时,K⁺传输由不渗透的"关闭"状态变为渗透的"打开"状态。相应的,初始化的 K⁺通量从无渗透时的 ~1 切换到渗透时的 ~9.9[图 3.42(a)]。随后,当电压切换回0V 时,在"关闭"状态下离子传输通量可逆地变为不渗透时的 ~1。这个结果展示了 MXene-PDA 膜具有选择性单价离子传输的可逆和可切换的"关–开"门控能力。值得注意的是,不同于 K⁺传输,初始化的 Li⁺传输通量从 0V 的"关闭"状态的 ~1 切换到 2.5V 的"打开"状态的 ~0.82[图 3.42(b)],表明 Li⁺的输运可以在"打开"状态下反而被抑制,而这样的结果有利于实现高 K⁺/Li⁺选择性。在 10 个重复循环中,K⁺传输的门控比保持在 ~9.9。相比于MXene-PDA 膜,MXene 膜对 K⁺和 Li⁺离子传输的门控能力较弱。随着电压从 0V 变化到2.5V,初始化的 K⁺传输通量从"关闭"状态下的不渗透 ~1 转变到"打开"状态下的渗透时的~3.4[图 3.42(c)],而初始化的 Li⁺传输通量从"关闭"的不渗透时的 ~1 变化到"打开"的渗透时的 ~1.3[图 3.42(d)]。MXene 膜的门控能力弱是由于较大的孔道尺寸可以同时降低 K⁺ 和 Li⁺ 在"关闭"状态的传输能垒,使得 K⁺ 和 Li⁺ 都容易通过孔道传输,导致低的离子选择性传输的门控比。

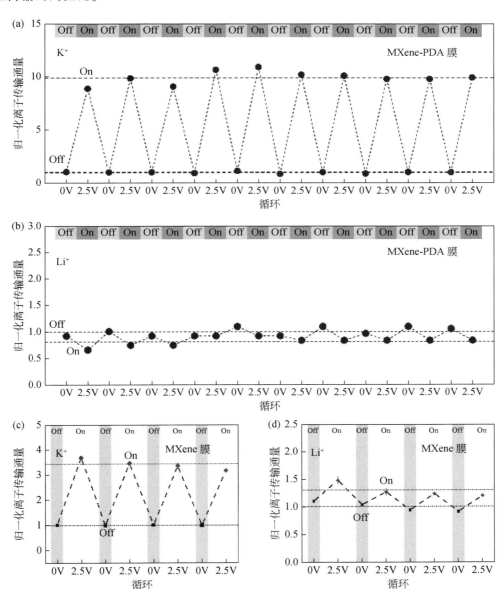

图 3.42　电压在 0V 和 2.5V 之间切换循环过程中离子的门控传输:MXene-PDA 膜的
K⁺ 传输(a)和 Li⁺ 传输(b),MXene 膜的 K⁺ 传输(c)和 Li⁺ 传输(d)

进一步研究了"打开"和"关闭"状态下单/单价阳离子的选择性。在 10 个循环过程中,MXene-PDA 膜在 2.5V 电压下的 K⁺/Li⁺ 选择性基本保持在 40.3[图 3.43(a)],是 MXene 膜的 ~4 倍[10.1,图 3.43(c)]。当电压在 0V 和 2.5V 之间切换时,归一化的 K⁺/Li⁺ 选择性从非选择性的"关闭"状态(~1)转变为选择性的"打开"状态[~12.2,图 3.43(b)],对应的门

控比高达 ～12.2,是 MXene 膜的 4.7 倍[～2.6,图 3.43(d)]。结合上述离子传输的门控功能,证实 MXene-PDA 膜具有电压门控和高选择性的单/单价离子传输和分离能力,同时也表明 MXene-PDA 膜具有良好的稳定性。与其他已报道的离子通道/膜相比,MXene-PDA 膜具有可控的单/单价离子选择性传输和分离功能,是一种具有广阔前景的多用途离子选择性膜。

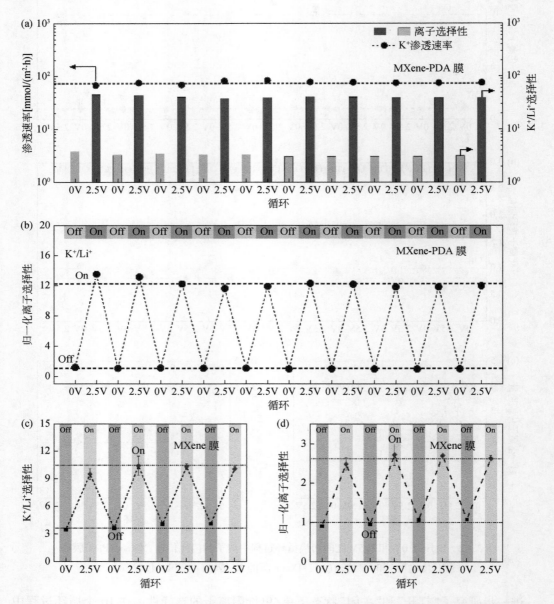

图 3.43　电压在 0V 和 2.5V 之间切换循环过程中单/单价离子选择性:MXene-PDA 膜的 K⁺/Li⁺选择性(a)和归一化的 K⁺/Li⁺选择性(b),MXene 膜的 K⁺/Li⁺选择性(c)和归一化的 K⁺/Li⁺选择性(d)

通过分子动力学模拟,可分析离子(K^+、Li^+和引入的 Mg^{2+})在施加电压的情况下从体相溶液传输到亚纳米孔道内的平均力势(PMF)分布,以分析离子传输能垒的差异。MXene-PDA 膜作为阴极,在膜上施加电压后使得膜表面负电势增加,溶液中的阳离子在电驱动下会迁移进入膜孔道中。体相溶液中 K^+ 传输能垒为 105.6kJ/mol[图 3.44(a)],略低于 Li^+ 传输能垒 117.4kJ/mol。K^+ 低的传输能垒意味着 K^+ 比 Li^+ 更容易迁移到孔道入口,这样的优先分布有利于 K^+ 的选择性传输。由于 Mg^{2+} 与水分子之间的强相互作用,一价 K^+ 和 Li^+ 的传输能垒明显低于二价 Mg^{2+} 的 354.2kJ/mol。因此,Mg^{2+} 的存在会干扰 K^+ 和 Li^+ 从体相溶液到孔道入口的传输,尤其对电荷密度较高的 Li^+ 干扰更大。

进一步分析了 K^+、Li^+ 和 Mg^{2+} 周围氧的径向分布函数。如图 3.44(b)所示,K^+ 周围水分子中氧的密度小于 Li^+ 和 Mg^{2+},表明 K^+ 的水合能较弱。因此,相比 Li^+ 和 Mg^{2+},K^+ 可以克服更小的能垒进入狭窄的亚纳米通道[图 3.44(a)],表现为 K^+(139.5kJ/mol)<Li^+(166.9kJ/mol)<Mg^{2+}(423.5kJ/mol)。K^+ 最小的进入能垒表明,可以优先选择 K^+ 进入膜孔道。当这些阳离子在亚纳米通道中传输时,负电势的孔道壁与阳离子之间存在静电吸引。而离子的电荷密度为 K^+ < Li^+ < Mg^{2+},所以阳离子在膜孔内传输表现出相同趋势:K^+(201.8kJ/mol)<Li^+(303.4kJ/mol)<Mg^{2+}(705.1kJ/mol)。K^+ 和 Li^+ 传输能垒的显著差异,说明 K^+ 在亚纳米通道中的传输相对较快,而 Li^+ 的传输则受到阻碍,进一步促进了 K^+/Li^+ 的选择性分离。由于入口 Mg^{2+} 的进入能垒较大,使得 Mg^{2+} 难以进入亚纳米通道。这个结果说明 Mg^{2+} 主要富集在孔道入口,Mg^{2+} 对 K^+/Li^+ 选择性的调控主要发生在孔道入口表面。考虑到膜电势可以诱导孔道表面的 EDL 结构,引入 Mg^{2+} 可能会改变 EDL 结构,从而影响 K^+/Li^+ 的选择性。

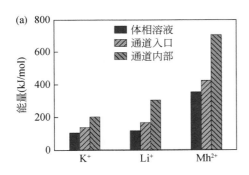 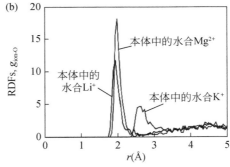

图 3.44　(a)离子的平均能垒;(b)离子的径向分布函数

为了进一步揭示调控机制,模拟了离子在 MXene-PDA 膜孔道入口表面的动态行为,其分子动力学模拟示意图如图 3.45 所示。图 3.46(a)展示了外加电压下 K^+ 和 Li^+ 的数密度分布。模拟结果表明,在通道入口附近 15Å 范围内,K^+ 离子的数密度达到 3.7 个/nm³,是 Li^+ 的 2 倍。孔道入口附近高的 K^+ 数有利于 K^+ 优先传输[图 3.46(d)]。然而,在距离通道入口 ~21Å 处,Li^+ 的最大数量达到 6.2 个/nm³,是 K^+ 的 3 倍,这无疑加剧了 K^+ 和 Li^+ 进入孔道的竞争。这种竞争不利于在 K^+/Li^+ 二元离子体系中获得更高的 K^+/Li^+ 选择性。

当在膜上施加电压并同时引入 Mg^{2+} 时[图 3.46(b)],EDL 中的离子分布与未引入 Mg^{2+} 的 K^+/Li^+ 二元体系中的离子分布明显不同。在距孔道入口处 23Å 范围内,K^+ 离子表现出较

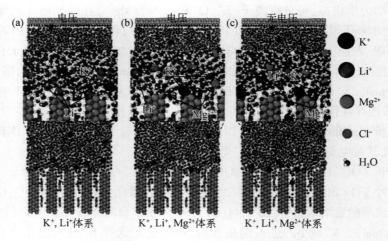

图 3.45　孔道口离子分布的分子动力学模拟示意图
(a)电压条件下 K^+/Li^+ 二元离子体系;(b)电压条件下 $K^+/Li^+/Mg^{2+}$ 三元离子体系;
(c)无电压条件下 $K^+/Li^+/Mg^{2+}$ 三元离子体系

高的数密度分布,在距离孔道入口处 ~21Å,K^+ 离子数密度达到最大值,为 4.1 个/nm³,是 Li^+ 和 Mg^{2+} 的 1.4 倍,表明 K^+ 优先分布在孔道入口。这可以保证 K^+ 的优先选择性传输。同时表明引入 Mg^{2+} 可以使得 EDL 中离子重新分布。由于二价 Mg^{2+} 具有比一价 K^+ 和 Li^+ 更高的电荷密度。因此,Mg^{2+} 的引入通过对 Li^+ 的静电斥力促进了 K^+ 的优先分布[图 3.46(e)]。此外,更多的 Mg^{2+} 离子分布在距离通道入口 23~33Å,这可能会形成一个荷正电的网络,阻止 Li^+ 从体相溶液向孔道入口的传输,而 K^+ 离子几乎不受影响。在距离孔道口 39~63Å,K^+ 的数密度高于 Li^+。Mg^{2+} 的引入调节了 K^+ 在孔道入口附近的优先分布,进而提高了 K^+/Li^+ 的选择性。

进一步研究了在未施加电压条件下引入 Mg^{2+} 对 K^+/Li^+ 选择性的调节作用。分子动力学模拟结果表明,Mg^{2+} 的存在导致 K^+ 优先向膜孔道入口迁移[图 3.46(c)]。在靠近孔道入口的 15Å 处,K^+ 的数密度达到 4 个/nm³,是 Li^+ 的 4 倍。在距孔道表面的 21Å 处,Li^+ 的数量仅是 K^+ 的 1.3 倍。该结果进一步支持了 Mg^{2+} 的引入使得 K^+ 在膜孔道入口优先分布[图 3.46(f)]。然而,在不施加电压的情况下,由于存在较大的进入能垒,离子很难脱水并进入亚纳米通道以实现高 K^+/Li^+ 选择性。综上所述,引入高电荷密度的 Mg^{2+} 改变了亚纳米通道入口 EDL 中单价离子的分布,导致 K^+ 和 Li^+ 重排,进而使得 K^+ 优先分布在孔道入口,促进了可控和选择性的 K^+ 渗透和高的 K^+/Li^+ 选择性。

3.2.4　电化学增强膜对油水分离的性能

石油的勘探、运输、精炼和使用过程中会产生大量含油废水。除此之外,机械制造和金属加工、食品动植物加工、纺织、橡胶等行业会产生大量含有表面活性剂稳定的乳化液废水。这些含油废水如果直接进入自然水体会破坏生态环境,影响人类健康。在众多的油水分离技术中,膜分离技术因为其简单高效的优点而受到广泛关注。

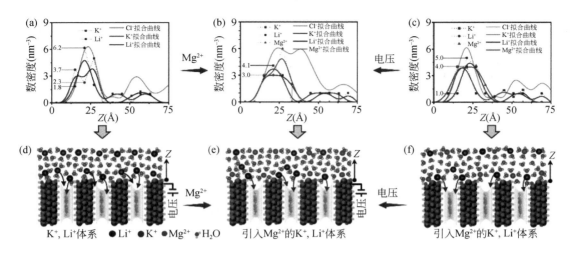

图 3.46　孔道口表面离子的数密度分布及示意图:电压条件下 K[+]/Li[+] 二元离子体系的离子数密度分布(a)和示意(d);电压条件下并向 K[+]/Li[+] 二元离子体系引入 Mg[2+] 的离子数密度分布(b)和示意(e);无电压条件下并向 K[+]/Li[+] 二元离子体系引入 Mg[2+] 的离子数密度分布(c)和示意图(f)

在膜法处理乳化油废水的过程中,水中的油滴在压力作用下易产生形变,可能通过挤压通过膜孔,造成出水水质下降[61,62]。而低压运行又会降低水处理效率。鉴于大多数乳化油废水中油滴的表面会吸附负离子而携带负电荷[63,64],利用电极化聚乙烯醇交联的碳纳米管膜的表面,增强其对油滴的静电斥力,实现了较大孔径下对油滴的高效截留[65]。

图 3.47 显示了碳纳米管膜在处理正十六烷、大豆油和 Mobil 切削液乳化油污水过程中,不同电压辅助下滤液中的油浓度以及油的截留率。三种污水的乳化油浓度分别为680mg/L、640mg/L 和 380mg/L。在单纯膜分离过程中,碳纳米管膜处理正十六烷、大豆油和 Mobil 切削液乳化油废水的滤液中的油浓度分别为 24.8mg/L、22.0mg/L、34.2mg/L,而电辅助碳纳米管膜分离过程的出水中油的浓度明显下降,并且随着电势差的增加而减小。当膜在 $-1.5V$ vs. Ag/AgCl 电势下辅助时,出水中油的浓度最小,分别为 2.4mg/L、4.3mg/L、9.1mg/L。

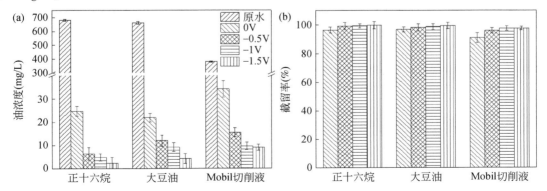

图 3.47　碳纳米管膜在不同电势辅助下处理正十六烷(680mg/L)、大豆油(640mg/L)和 Mobil 切削液(380mg/L)污水时出水中的油浓度(a)以及油截留率(b)

　　低浓度乳化油污水相对高浓度乳化油污水的稳定性更好,油滴尺寸分布更小,因此处理过程更为棘手。鉴于此,考察了碳纳米管膜在电势辅助下处理低浓度正十六烷乳化油废水(100mg/L)的性能。如图3.48(a)所示,在单独膜分离过程中,运行前10min内膜出水中油的浓度为14.8mg/L。随着膜分离运行的继续,出水中油浓度逐渐降低至~9mg/L,油的截留率达到了90%以上[图3.48(b)]。由此推断,在单独膜分离处理正十六烷乳化油污水的过程中,油滴逐渐累积在膜表面造成膜孔堵塞而使膜孔径减小,使运行后期的出水水质有所提高。当碳纳米管膜(作阴极)在-0.5V vs. Ag/AgCl的电势辅助下,运行前10min内出水中油的浓度降低至3.3mg/L,并在接下来的运行时间内稳定保持在~3.1mg/L[图3.48(a)]。当辅助电势分别调整至-1.0V和-1.5V vs. Ag/AgCl后,膜出水中油的浓度分别进一步降低至2.8mg/L和2.4mg/L,截留率提升至97%以上[图3.48(b)]。由实验结果可知,碳纳米管膜在电辅助下处理低浓度正十六烷乳化油污水的分离性能显著提升,出水油浓度能够始终达到《污水综合排放标准》(GB 8978—1996)中的一级排放标准。

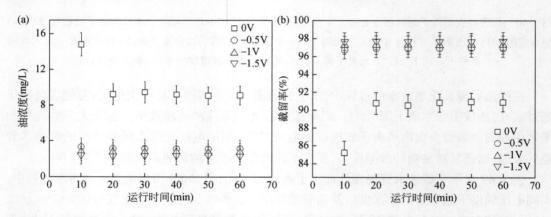

图3.48　碳纳米管膜在不同电势辅助下处理正十六烷乳化油污水(100mg/L)时出水中的油含量(a)以及油截留率(b)

　　上述低浓度正十六烷乳化油污水中只包含了正十六烷和十二烷基硫酸钠这两种污染物,是一种简单的理想状态的乳化油污水。并且,其油滴粒径相对于膜孔径仍然较大。为了进一步考察电辅助碳纳米管膜对实际乳化油污水的处理能力,以一种商业Boost切削液配制的乳化油污水作为处理原水。油的浓度为100mg/L,油滴分布在30~300nm,平均大小为80nm,并且可以稳定保存至少7天以上。如图3.49(a)所示,在单独膜过滤Boost切削液污水时,碳纳米管膜在初始10min内的出水中油浓度为43.3mg/L,截留率仅为56.7%[图3.49(b)]。此后,随着运行时间的增加,出水中油浓度不断降低,油截留率逐渐升高。在运行时间达到60min时,膜出水中油的浓度降低至24.6mg/L。这是因为碳纳米管膜在过滤过程中,其膜孔会受到污水中的油或者表面活性剂等其他污染物的堵塞,膜孔径逐渐减小,截留性能不断增强。

　　在电辅助碳纳米管膜分离过程中,出水中油的浓度相较于无电势时显著降低,出水水质明显提高。如图3.49(a)所示,在-0.5V vs. Ag/AgCl电势下,运行初期(10min内)出水中油的浓度为37.6mg/L,运行60min后出水中油浓度逐渐降低至20.5mg/L;当辅助电势为

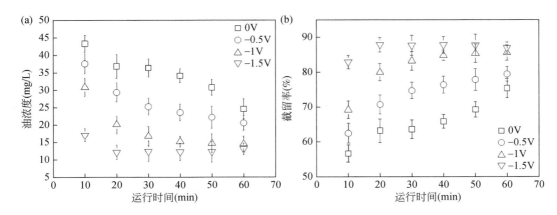

图 3.49　碳纳米管膜在不同电势辅助下处理 Boost 切削液污水时出水中的油含量（a）以及油截留率（b）

–1.0V *vs.* Ag/AgCl 时,碳纳米管膜在运行初期（10min 内）出水中油的浓度为 30.8mg/L,运行 60min 后出水中油浓度降低至 14.4mg/L;而当辅助的电势调整到–1.5V *vs.* Ag/AgCl 后,碳纳米管膜在运行初期（10min 内）出水中油的浓度为 17.0mg/L,在随后的运行时间内,出水中油浓度稳定保持在 ~12mg/L,显著低于未施加电压情况下出水中的油浓度（24.6mg/L）。

3.2.5　电化学转换增强膜对污染物的去除

在电辅助膜过滤过程中,分离膜既可以作正极,也可以作负极。通过分离膜正/负极的转换,可以调控分离膜的表面化学性质、分离膜与荷电分子之间的静电作用以及污染物在膜表面的氧化/还原反应等,进而赋予分离膜新的功能,实现对污染物的高效去除。

1. 电吸附/电脱附转换实现可控膜过滤和荷电分子的去除/回收

生物膜控制着连接细胞内外的物质传输,具有非常高的选择性以及极高的效率。细胞膜通过特别的膜蛋白通道实现这种超快的、选择性的跨膜质量传输[93]。这些纳米或亚纳米级的通道具有一些相同的结构性质:疏水的内孔道[66,67]以及修饰有荷电官能团的选择性区域[68]。基于这个性质,大量研究试图利用纳米材料来人工构建类似细胞膜功能的门控传输系统,应用于药物释放[69]、纳流控[70]、能量转换[71,72]等。

基于具有良好导电性的碳纳米管分离膜,通过使用电化学替代荷电官能团,构建了一种类似细胞膜门控传输效应的人工电化学可控膜过滤系统[73]。通过电化学调控膜的界面性质,并基于非共价键吸附和脱附机理,能实现对纳米颗粒的电化学可控膜过滤以及对荷电分子的富集和脱附,有望同步实现水处理和资源回收。

该碳纳米管分离膜为电泳沉积法制备的碳纳米管中空纤维膜（见 2.1.2 小节）,平均孔径约为 90nm。水相氧化还原法制备的金纳米颗粒粒径可控,且表面具有丰富的含氧基团以及负电荷,与碳纳米管之间具有较强的非共价相互作用,可用于研究该门控膜过滤系统的指示物。如图 3.50（a）插图所示,在不施加电压且通量为 10mL/（cm²·h）的情况下,该碳纳米管膜对 10nm 金纳米颗粒的初始截留率为 65%,8min 后截留率降到<5%,原因为碳纳米管膜

对金纳米颗粒具有一定的吸附能力,吸附饱和后金纳米颗粒逐渐透过膜进入滤液中。当 0.6V 的电压加到膜过滤系统(碳纳米管膜作为阳极)后,可以观察到,金纳米颗粒的截留率在 120s 内由<5%迅速提高到>98%。当电压为 0.4V 时,金纳米颗粒的截留率在 120s 内只增加到 7%。进一步降低所施加的电压后发现,金纳米颗粒的截留率则不会升高,说明促使金纳米颗粒截留的阈值电压为 0.4V。当电压为 0.9V 和 1.2V,金纳米颗粒的截留率最终也能提高到>98%,但相对于 0.6V 时所用时间更短,分别为 60s 和 40s。这些结果说明,当碳纳米管膜作阳极时,所施加的电压越高,越有利于其对金纳米颗粒的截留。为了验证此过程是否可逆,该过滤实验在撤去电压后继续运行。结果发现,金纳米颗粒的截留率在 30s 内急剧下降到<5%。而重新施加电压 1.2V 后,截留率能在 20s 内升高到>98%。而且,碳纳米管膜对金纳米颗粒的"透过-截留"高效动态转换能够原位连续进行[图 3.50(b)左下到右上曲线代表电压开启,左上到右下曲线代表电压关闭]。上述结果说明碳纳米管膜耦合电化学可以实现"从开到关"的可控传输过程。

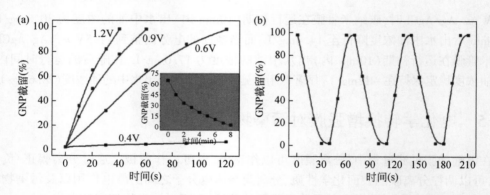

图 3.50　(a)不同电压下 10nm 金纳米颗粒的截留率随时间变化的曲线;(b)碳纳米管膜对 10nm 金纳米颗粒的"截留-透过"连续动态转换(左上到右下曲线:0V;左下到右上曲线:1.2V)

　　为了进一步研究碳纳米管膜的门控传输能力,考察了其对 40nm 金纳米颗粒的截留性能。如图 3.51(a)所示,在无电压且通量为 10mL/(cm² · h)的情况下,碳纳米管膜对 40nm 金纳米颗粒的截留率为>98%。当 1.0V 的电压施加到膜过滤系统后,其中碳纳米管膜为阳极,金纳米颗粒的截留率仍然为>98%。但当碳纳米管膜作阴极且电压为 0.6V 时,金纳米颗粒的截留率在 120s 内迅速降低到 8%。图 3.51(a)还显示,施加的电压越高,碳纳米管膜对金纳米颗粒的截留率下降越快。例如,当电压升高到 1.2V 时,截留率从>98%降低到<5%所需的时间仅为 60s。撤去电压后发现,金纳米颗粒的截留率在 25s 内迅速增加到>98%,如图 3.51(b)(左上到右下曲线代表电压开启,左下到右上曲线代表电压关闭)所示。当重新施加电压后,截留率在 20s 内又能迅速降低到<5%。通过开启和关闭电压,碳纳米管膜对金纳米颗粒的"截留-透过"高效动态转换能够连续原位进行[图 3.51(b)]。该结果进一步证实,电压可被看作是膜孔的"门卫",能通过"开启"和"关闭"膜孔来实现对金纳米颗粒的过膜控制。

　　电化学可控膜过滤系统以及门控传输机理不仅有助于膜技术的发展,还可以应用于其他重要的领域,比如微流控、可控药物释放以及生物工程等。除此之外,该电化学可控膜过

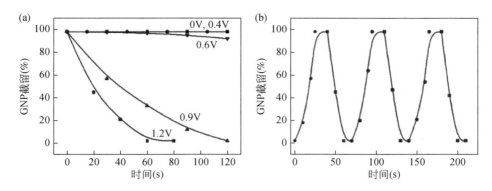

图 3.51　(a)不同电压下 40nm 金纳米颗粒的截留率随时间变化的曲线；(b)碳纳米管膜对 40nm 金纳米颗粒的"截留-透过"连续动态转换(左下到右上曲线:0V;左上到右下曲线:1.2V)

滤还可应用于水处理和资源回收中。采用亚甲基蓝作为模拟污染物,其进水浓度为 5mg/L。如图 3.52(a)所示,在运行前 20min 内,碳纳米管膜几乎能够全部去除亚甲基蓝分子,去除率为>98%。之后,亚甲基蓝分子开始穿透膜进入滤液中。当施加 0.6V 的电压后(碳纳米管膜作为阴极),亚甲基蓝分子开始穿透膜的运行时间可以延长到 43min。当电压提高到 0.8V 和 1.0V 时,则穿透时间分别延长到 60min 和 75min。这是因为静电吸引作用强化了亚甲基蓝分子和膜界面之间的非共价键作用,使更多的亚甲基蓝分子被吸附到碳纳米管膜上。如果吸附饱和后给膜施加正电势后,静电排斥力可以迅速破坏这种非共价作用,此时亚甲基蓝分子能够集中地从碳纳米管膜上脱附,可实现对低浓度亚甲基蓝分子的浓缩和富集。

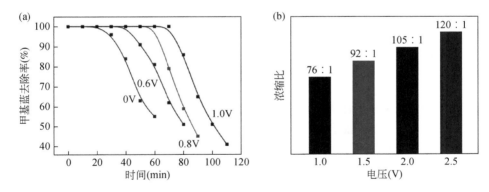

图 3.52　(a)不同电压下亚甲基蓝的去除率随时间变化的曲线；(b)亚甲基蓝浓缩比与所施加电压的关系

实验还发现,电压越高,非共价相互作用就越容易被破坏,结果是浓缩比(回收液中的浓度与进水的浓度之比)会随着电压的升高而升高。在实现亚甲基蓝分子富集回收的同时,碳纳米管膜也可得到再生,又可用来去除水中的亚甲基蓝分子。由此可见,通过改变碳纳米管膜上电势的极性调控膜界面和污染物分子之间非共价相互作用,可实现污染物分子从水中的去除以及它们的浓缩,有望同步实现水处理和资源回收。

2. 吸附–电化学氧化转换实现对污染物分子的去除

2.1.2 小节论述了一种全部由碳纳米管构成的中空纤维膜,具有超强的吸附能力,其对罗丹明 B 分子的动态吸附容量比传统聚偏氟乙烯中空纤维膜高 2 个数量级。过滤实验发现,随着持续地运行,碳纳米管膜对罗丹明 B 的吸附也会逐渐达到饱和,未被吸附的罗丹明 B 分子则会穿透膜,因此滤液中罗丹明 B 的浓度也逐渐上升[图 3.53(a)]。当运行 126min 后,给膜过滤系统施加 2V 的电压(碳纳米管膜作为阳极),结果发现在从 126min 到 144min,滤液中罗丹明 B 的浓度会急剧下降,并在 162min 后维持在 0.1mg/L 以下[图 3.53(a)]。撤掉电压后,碳纳米管膜又可以对水中的罗丹明 B 进行吸附,表明其在电化学作用下实现了原位再生。而且,在重复了 5 次"加电–断电"循环后,碳纳米管膜的吸附性能基本上没有下降[图 3.53(b)]。在循环伏安测试(工作电极:碳纳米管膜;对电极:铂;参比电极:饱和甘汞电极;溶液为 50mmol/L Na$_2$SO$_4$)中,10 次循环扫描得到的曲线高度重合,证明碳纳米管膜在电势 $-0.8 \sim 2V$ *vs.* SCE 具有很好的电化学稳定性。

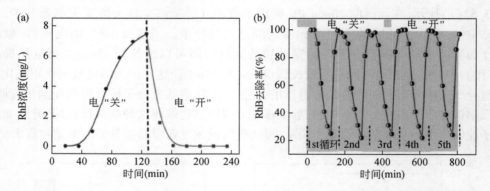

图 3.53 (a)滤液中罗丹明 B 的浓度随运行时间的变化曲线;(b)罗丹明 B 在碳纳米管膜上
5 次"吸附–氧化"循环过程中的去除率

由于部分罗丹明 B 分子在水中可能带有正电荷,因此当给碳纳米管膜施加正电势时,吸附在膜上的罗丹明 B 分子可能会由于静电排斥而从膜表面脱附下来。实验结果是,当在碳纳米管膜上施加正电势后,滤液中的罗丹明 B 浓度并没有明显升高,而是急剧下降,说明静电脱附并不是电化学再生碳纳米管膜的主要原因。为了验证罗丹明 B 分子能否被完全矿化,分析了滤液的总有机碳值(TOC)。在未施加电势之前,滤液中的罗丹明 B 浓度和 TOC 值一致;当运行了 200min(施加电压运行 74min)后,滤液中罗丹明 B 的浓度小于 0.5mg/L,而 TOC 值为 6.8mg/L。结果说明罗丹明 B 在膜内停留不足 2s 的情况下,矿化作用十分有限。结果还发现,当施加 2V 的电压后,滤液的 TOC 值先是急剧升高后又迅速降低,最高值是进水 TOC 值的近 2 倍,原因为膜上脱附下来的罗丹明 B 的降解产物贡献了一部分 TOC 值。通过以上分析,证实碳纳米管膜再生的机理为:罗丹明 B 在碳纳米管上被直接氧化,分解产物在静电排斥力的作用下从膜表面脱附,碳纳米管上的吸附位点得到再生;或者是静电排斥力首先使部分罗丹明 B 从碳纳米管上脱附,随后被电化学过程中产生的活性氧自由基降解,碳纳米管膜得到再生;这两个顺序相反的过程也可能同时发生。

通过高效液相–质谱联用技术(LC-MS/MS)分析施加电压后收集到的滤液样品,可以考察罗丹明 B 的降解途径。液相色谱图中明显有 6 个峰,在质谱图中对应的质荷比(m/z)分别为 443、415、387、387、359 和 331,对应的物质分别为罗丹明 B、N,N-二乙基-N'-乙基罗丹明(DER)、N-乙基-N'-乙基罗丹明(EER)、N-乙基罗丹明(ER)、N,N-二乙基罗丹明(DR)和罗丹明(R)。这些中间产物(DER、EER、DR、ER 和 R)是罗丹明 B 不断失去氧杂蒽环上的乙基生成的。随着运行时间的延长,脱乙基反应不断进行,罗丹明 B 不断向罗丹明转化。罗丹明的浓度经历一个增加之后又迅速降低,说明它又被降解成更小的分子。

为了进一步验证利用碳纳米管膜的吸附-电化学氧化之间的转换进行水处理的可行性,碳纳米管膜又被用来处理实际的地表水,并在去除率、渗透速率和抗污染能力三个方面与商业聚丙烯腈膜的性能进行了对比。整个过滤过程包括吸附阶段(不施加电压)和电化学氧化阶段(施加 2.0V 电压),且这两个阶段交替进行。图 3.54 显示了碳纳米管膜在吸附阶段和电化学氧化阶段对四个水质指标 TOC、COD、UV_{254} 和浊度的去除率。实验结果显示,吸附阶段中 TOC、COD、UV_{254} 和浊度的去除率均高于电化学氧化阶段。在吸附阶段,碳纳米管膜对 TOC、COD、UV_{254} 和浊度的去除率分别为 56.2%、31.4%、57.4% 和 100%,而在电化学氧化阶段,碳纳米管膜对 TOC、COD、UV_{254} 和浊度的去除率分别为 40%、26.1%、48.1% 和 98.3%。吸附阶段污染物的去除率高于电化学氧化阶段的原因为,在电化学氧化过程中,一些污染物被降解成更小的物质而进入滤液。结果还发现,商业聚丙烯腈膜对 TOC、COD、UV_{254} 和浊度的去除率分别为 7.2%、15.8%、29.0% 和 61.7%。由此可见,无论吸附阶段还是电氧化阶段,碳纳米管膜对 TOC、COD、UV_{254} 和浊度的去除率均高于商业聚丙烯腈膜。

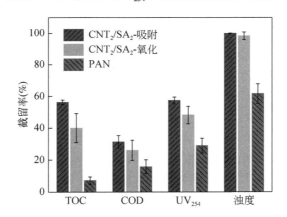

图 3.54　碳纳米管膜(CNT_2/SA_2)在吸附阶段和电化学氧化阶段以及聚丙烯腈膜(PAN)
对 TOC、COD、UV_{254} 和浊度的去除率

此外,LC-MS/MS 分析表明,碳纳米管超滤膜在整个过滤过程中可以去除一些小分子污染物,包括食品添加剂、工业用品等,如咖啡因(表 3.1)。由于这些污染物的分子尺寸远小于膜孔径,难以通过尺寸筛分被截留,因此可以判断它们是通过碳纳米管膜的吸附-电化学氧化被去除。这些结果证实,利用碳纳米管分离膜的吸附-电化学氧化之间的转换处理低污染水具有良好的实用性。

表 3.1　地表水污染物的 LC-MS/MS 分析

污染物	化学式	类别	分子量	去除率（氧化阶段）（%）	去除率（吸附阶段）（%）
咖啡因	$C_8H_{10}N_4O_2$	食品添加剂	194.2	~100	~100
邻苯二甲酸二丁酯	$C_{16}H_{22}O_4$	工业用品	278.3	~100	~100
十二烷二酸	$C_{12}H_{22}O_4$	工业用品	230.3	23.9	11.2
磷酸三丁酯	$C_{12}H_{27}O_4P$	工业用品	266.3	~100	~100
二苯甲酮	$C_{13}H_{10}O$	个人护理品	182.2	60.9	56.5
丙戊酰胺	$C_8H_{17}NO$	药物	143.2	~100	~100
DEET	$C_{12}H_{17}NO$	杀虫剂	191.3	8.3	8.3
达拉朋	$C_3H_4Cl_2O_2$	农药	143.0	~100	~100

3. 吸附−脱附/化学氧化转换实现对污染物分子的去除

虽然某些有机污染物在水体中浓度很低（μg/L 甚至 ng/L），但它们却表现出高稳定性、长距离迁移性以及毒性。以藻毒素为例，它们具有急性致死毒性，能够引起肝损伤并引发肿瘤[74,75]。微囊藻毒素（MC-LR）是检出最频繁、毒性最强的藻毒素中的一种[76]，广泛存在于河流、湖泊中。鉴于它的高毒性，世界卫生组织规定饮用水中微囊藻毒素的含量不得超过 1μg/L[77]。

MC-LR 结构非常稳定，传统的生物处理很难将其完全去除[78]。同时它在天然水体中的浓度很低（微克每升级甚至纳克每升级），因此单纯的化学处理方法成本很高[79]。相比较而言，吸附过程处理低浓度的 MC-LR 更简单高效，能耗较低，已得到广泛的研究和探索[80-84]。然而，吸附技术仍然面临着吸附饱和后低成本再生困难的问题。前面内容已展示了碳纳米管膜能够通过"吸附−氧化再生"转换实现罗丹 B 的高效连续去除，并揭示了碳纳米管膜的再生机理是静电排斥和电化学氧化的共同作用。然而，MC-LR 分子在 pH~7 带有负电荷，因此它并不能通过静电排斥作用从阳极上脱附。

为了实现对荷负电 MC-LR 分子污染物的连续高效去除，在"吸附−电化学氧化再生"机理的基础上设计了一种"吸附−脱附/电化学氧化再生"策略[85]。该过程基于一种具有三明治结构的新型碳纳米管中空纤维膜，其断面上包括最内层碳纳米管层、中间的多孔聚偏氟乙烯层以及最外层碳纳米管层。两个碳纳米管层可以作正极和负极，中间的多孔聚偏氟乙烯层作绝缘层分开正极和负极，这样其自身能够组建一个完整的电化学系统，通过吸附−脱附/电化学氧化再生过程实现对污染物的高效去除。

这种具有三明治结构的碳纳米管中空纤维膜通过层层组装的方法来制备。首先，通过浸渍提拉方法，在普通碳纳米管中空纤维膜外面包裹一层 100μm 厚的多孔聚偏氟乙烯，如图 3.55（a）~（c）所示。最后，通过真空抽滤方法将碳纳米管沉积到聚偏氟乙烯层上，形成具有三明治结构的中空纤维膜：最内层碳纳米管层、中间的多孔聚偏氟乙烯层以及最外层碳纳米管层[图 3.55（d）、（e）]。膜表面的高倍扫描电镜照片显示，碳纳米管相互穿插形成无序孔结构[图 3.55(f)]。

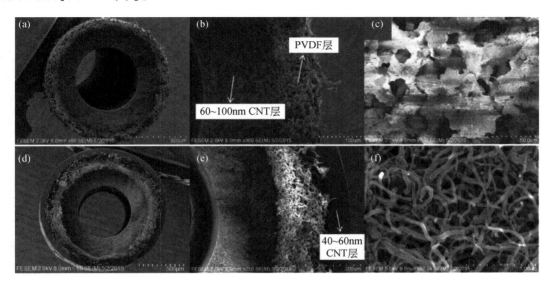

图 3.55 碳纳米管/聚偏氟乙烯中空纤维(a)~(c)和具有三明治结构的碳纳米管中空
纤维膜(d)~(f)的扫描电镜图片
(a)、(d)断面;(b)、(e)放大的断面;(c)、(f)放大的外表面

　　MC-LR 分子含有苯环、共轭的 C =C 双键、羟基以及可离子化的氨基和羧基。因此,它们能够通过多种作用力与碳纳米管界面发生非共价键相互作用。因此,碳纳米管膜对 MC-LR 具有非常高的吸附容量。根据图 3.56(a)中的穿透曲线可知,在运行前 70min 内,滤液中的 MC-LR 分子几乎能够被碳纳米管膜全部去除,去除率>99.8%,以此算得的碳纳米管膜的动态吸附量为 9.8mg/g。对于具有相同质量的传统聚偏氟乙烯膜和三氧化二铝膜,它们分别运行 0.5min 和 0.3min 后,MC-LR 分子开始穿透碳纳米管膜进入滤液中。这些结果表明,碳纳米管膜对 MC-LR 的去除能力是分别是聚偏氟乙烯膜和三氧化二铝膜的 140 倍和 233 倍。此外,碳纳米管膜对 MC-LR 的去除可以在(860±50)L/(m² · h)的高通量下进行,此通量是普通商业纳滤膜的 10~100 倍。

　　首先测试了碳纳米管膜对 MC-LR 的氧化降解能力。结果发现,当达到吸附饱和且施加 2.0V 的电压(碳纳米管膜作阳极)运行 38min 后,出水中无 MC-LR 检出,如图 3.56(b)所示。结果还发现,当电压提高到 2.5V 或 3.0V 时,分别运行 30min 和 18min 后,出水中无 MC-LR 检出。这种效率的提高可以归因于膜电势的提高所引起的电子转移动力学的增加。在真实水体中,MC-LR 的浓度一般远小于 0.5mg/L(实验中 MC-LR 的浓度),低浓度下 MC-LR 分子向电极表面的质量传递具有很低的效率,因而传统的序批式双极电化学反应系统对它们的降解受到限制[86]。在电化学过滤过程中,强制性的质量传递能够极大地促进碳纳米管膜对 MC-LR 分子的捕获和富集,因此低浓度的 MC-LR 也可被高效降解。然而,在膜上持续施加电势会明显提高处理成本,降低电化学膜过滤技术在水处理中的经济性。

　　降低电化学膜过滤运行成本的一个有效手段是在保证污染物全部持续去除的前提下缩短施加电压的时间。鉴于此,提出了一种"吸附-脱附/电化学氧化再生"过程,其主要机理

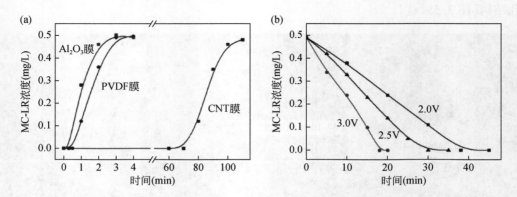

图 3.56　(a)碳纳米管膜、聚偏氟乙烯膜以及三氧化二铝膜的吸附穿透曲线;(b)不同电压下
滤液中 MC-LR 的浓度随时间变化的曲线(MC-LR 浓度为 0.5mg/L)

是利用吸附和电化学氧化之间的连续转换,通过间歇施加电压的方式降低能耗。该过程依赖这种具有三明治结构的碳纳米管中空纤维膜,其外碳纳米管层作为阴极,内碳纳米管层作为阳极,而中间的聚偏氟乙烯作为绝缘层,自身可构建一个完整的两电极体系电化学系统。这种同时具有阳极和阴极的碳纳米管膜的设计思路为:当水从该膜的外层向内层流动过程中,藻毒素分子优先吸附在外碳纳米管层上;吸附一段时间后给此膜施加一个电压,其外碳纳米管层作阴极,内碳纳米管层作阳极,带负电的藻毒素分子由于受到静电排斥而从外碳纳米管层上脱附,并在水流带动下穿透多孔聚偏氟乙烯层到达碳纳米管阳极层,而后被直接或间接氧化分解;关掉电压后,最外层的碳纳米管层又可以对藻毒素分子进行吸附,如此循环运行。

　　为了验证这种设计的可行性,浓度为 0.5mg/L 的 MC-LR 溶液(含有 10mmol/L 硫酸钠)首先以 500L/(m²·h)的恒定流量通过该碳纳米管膜,并持续运行 60min。其间,由于碳纳米管膜对 MC-LR 分子的吸附未达到饱和,所以整个过程中藻毒素的去除率接近 100%。随后施加 6min 的电压,发现滤液中 MC-LR 的浓度先急剧升高又急剧下降,直到不可检出。之后断掉电压后,该碳纳米管膜可以继续通过吸附去除藻毒素分子(图 3.57)。而且,这个"吸附-脱附/电化学氧化再生"过程可以多次循环重复而不出现性能的下降。

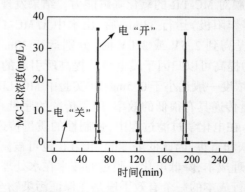

图 3.57　三明治结构的碳纳米管中空纤维膜上 3 次"吸附-脱附/电化学氧化再生"循环

当无电压条件下运行 60min 后,在膜阴极和对电极之间施加 2.0V 的电压,此时记为 0 时刻。结果发现,滤液中 MC-LR 的浓度在 3min 内显著升高到 38.0mg/L,随后又在 2.5min 内降到不可检出的水平,如图 3.58(a)所示。在此过程中,浓度出现了最大值 $C_{max}=38.0$mg/L。这是由于富集在外碳纳米管层上的藻毒素分子在静电排斥力作用下快速且集中脱附,不能及时被内碳纳米管层氧化降解。C_{max} 值的大小取决于脱附速率和电化学氧化速率的相对快慢。在某种程度上,电压不仅影响脱附效率还影响电化学氧化的效率。如图 3.58(b)所示,当电压为 2.5V 时,C_{max} 值为 18.2mg/L,如果电压提高到 3.0V 时,C_{max} 值会进一步降低到 5.8mg/L。C_{max} 和电压之间的这种负相关关系表明,提高电压更有利于氧化降解。

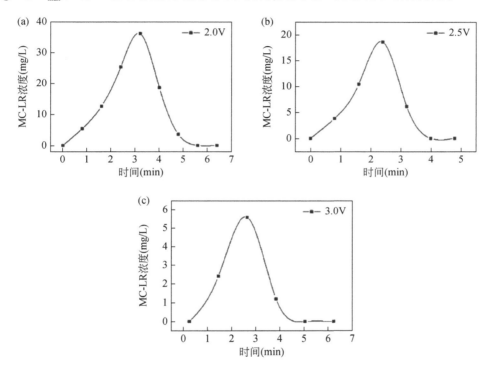

图 3.58　不同电压下滤液中 MC-LR 的浓度随时间变化的曲线
(a)2.0V;(b)2.5V;(c)3.0V

基于这些实验结果,合理设置运行参数可实现对藻毒素分子的连续全部去除。如图 3.59(a)所示,当吸附时间减少到 30min,施加 2.0V 的电压后 MC-LR 在碳纳米管阳极上能够完全被氧化,时长为 5min 的施加电压过程就能使外碳纳米管层再生,实现整个“有电”和“无电”循环过程中对藻毒素分子的全部去除。当施加的电压提高到 3.0V,吸附时间可相应地增加到 45min,膜再生需要的时间可减少到 3min[图 3.59(b)]。实验证明,通过 MC-LR 在碳纳米管阴极上的吸附和在碳纳米管阳极上的氧化降解之间的连续转化,设计的三明治结构的碳纳米管膜实现了对 MC-LR 的连续高效去除。

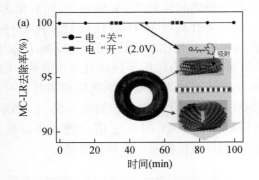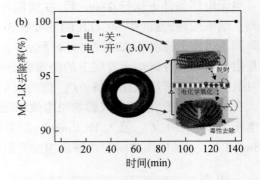

图 3.59　三明治结构的碳纳米管膜在不同电压下的"吸附–脱附/氧化"的转换实现 MC-LR 的连续去除
(a)2.0V;(b)3.0V

4. 亲/疏水性转换实现对油水混合物的可控分离

　　分离膜的润湿性影响油水分离过程中膜的通量、去除率和抗污染性能,具有可控表面润湿性的分离膜可根据油水混合物的性质原位转换为适合的润湿性,加快分离速度,提高分离效率,延长膜使用寿命。所以润湿性可控分离膜的设计和制备得到了众多研究者的重视。

　　近年来,大量研究报道了可通过外源刺激例如光[87-89]、温度[90-92]、pH[93-95]以及其他化学添加剂[96,97]等转换膜表面润湿性,取得了良好的效果。但这些方法可能存在的问题是:利用光和温度的转换方式需要持续提供刺激才能维持润湿性,处理大批量的废水能耗较高;利用pH及其他化学添加剂的转换方式需要向水中持续投加化学试剂,增加了处理成本且容易造成二次污染。鉴于此,提出了一种电化学调控膜表面润湿性的方法,通过在碳纳米纤维膜表面电沉积聚 3-甲基噻吩构建碳纳米纤维膜,利用聚 3-甲基噻吩在电辅助作用下通过对高氯酸根的可逆掺杂和脱掺杂过程可改变膜表面的润湿性[98]。这种方法能耗较低,且调控完成后不需要持续供电以维持润湿性,具有较大的应用潜力。

　　图 3.60(a)~(c)展示的是碳纳米纤维膜在不同状态下的实物照片。从外观上可以看出原始碳纳米纤维膜呈现纯黑色。由于掺杂态聚 3-甲基噻吩呈现红棕色,脱掺杂态聚 3-甲基噻吩呈现蓝绿色,因此在聚 3-甲基噻吩沉积以后,不同状态的碳纳米纤维膜呈现对应的颜色变化。扫描电镜图片[图 3.60(d)~(f)]显示,原始碳纳米纤维膜呈现由无序交错的碳纳米纤维构成的网状结构。根据电镜图片估算的碳纳米纤维平均直径为 200nm,而电沉积聚 3-甲基噻吩后的碳纳米纤维直径变大,平均直径为 500nm。而且,膜表面在电沉积过程后变得致密。电镜图片显示,掺杂态碳纳米纤维膜与脱掺杂态碳纳米纤维膜在微观结构上未呈现明显差别。

　　如图 3.61 所示,当碳纳米纤维膜处于掺杂态,水滴滴在膜表面后立刻渗透到膜内,说明掺杂态碳纳米纤维膜表面的水接触角接近为 0°,属于超亲水表面。当碳纳米纤维膜处于脱掺杂态,水滴滴在膜表面后形成一个球形,且接触角在 1min 内未发生明显变化。测量脱掺杂碳纳米纤维膜表面的水接触角为 152°,属于超疏水表面。油水界面接触角测试结果表明:掺杂态碳纳米纤维膜在水下与油滴的接触角为 157°,表现为水下超疏油性;脱掺杂态碳纳米

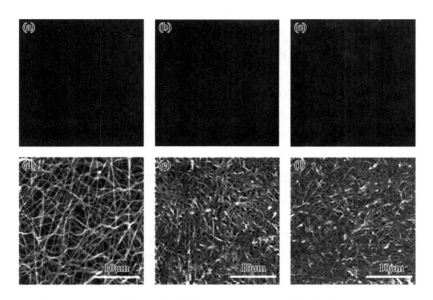

图 3.60　碳纳米纤维膜的数码照片(a) ~ (c)和扫描电镜照片(d) ~ (f):
(a)、(d)原始碳纳米纤维膜;(b)、(e)掺杂态碳纳米纤维膜;(c)、(f)脱掺杂态碳纳米纤维膜

图 3.61　掺杂态碳纳米纤维膜(a)和脱掺杂态碳纳米纤维膜(b)的水接触角;水下掺杂碳纳米
纤维膜(c)和油下脱掺杂碳纳米纤维膜(d)的接触角

纤维膜在油下与水滴的接触角为 150°,表现为油下超疏水性。

　　碳纳米纤维膜在不同掺杂状态下表现出不同润湿性的原因是:导电聚合物聚 3-甲基噻吩能随着施加电压的变化发生氧化还原反应,在施加电压为 2.0V 且膜作阳极时,ClO_4^- 被掺杂入聚 3-甲基噻吩,形成大量的亲水偶极子,呈现出亲水特性;在施加电压为 0.5V 且膜作阴极时,ClO_4^- 被释放脱离聚 3-甲基噻吩,聚 3-甲基噻吩恢复为本来的疏水性质。由于碳纳米纤维膜表面粗糙多孔,可利用 Wenzel 模型公式(3.1)解释其水接触角。

$$\cos\theta_{水} = r\cos\theta \qquad (3.2)$$

式中,$\theta_{水}$ 为粗糙固体表面的表观接触角(°);$r(r>1)$ 为固体粗糙因子;θ 为在光滑固体表面的本征接触角(°)。

当光滑表面呈现亲水性时,本征接触角 $\theta<90°$。根据 Wenzel 模型,θ_w 随着 r 的增加而减小,所以纳米纤维构成的粗糙多孔表面增强了掺杂态聚 3-甲基噻吩的表观亲水性,表现出超亲水特性。当光滑表面呈现出疏水性时,本征接触角 $\theta>90°$,根据 Wenzel 模型,θ_w 随着 r 的增加而增加,碳纳米纤维膜表面的表观接触角会随着粗糙度的增加而增加,所以脱掺杂态碳纳米纤维膜表现出超疏水特性。碳纳米纤维膜的超润湿性状态是聚 3-甲基噻吩的润湿性在碳纳米纤维粗糙多孔表面被强化的结果。

掺杂和脱掺杂过程中的时间–电流测试结果表明,在 30s 内电流趋向于稳定(图 3.62),说明掺杂和脱掺杂过程都基本完成,整个电辅助转换润湿性过程只需要 ~30s。重复实验结果表明在五次转换实验中,各个状态的表面接触角基本没有变化(图 3.63)。电辅助转换膜表面的润湿性具备快速有效和可多次重复的优点,在对膜表面润湿性要求较高的油水分离中表现了良好的应用潜力。

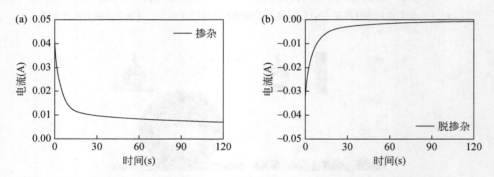

图 3.62　(a)掺杂反应过程时间–电流曲线;(b)脱掺杂反应过程时间–电流曲线

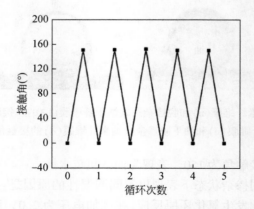

图 3.63　润湿性转换稳定性的循环测试

在脱掺杂状态,油能直接润湿膜表面透过,而水在重力作用下达到临界透过压力 7.64kPa 时才能透过疏水膜;而在掺杂状态,水能直接润湿膜表面透过,而油在重力作用下达到临界透过压力才能透过亲水膜。不同类型的油因为黏度和密度的不同,透过压并不相同,选取三种常见的油测试发现:二氯乙烷透过压 7.75kPa,豆油透过压 10.94kPa,真空泵油透过压 12.79kPa。

在仅依靠重力作用的情况下,水能够浸润并穿透掺杂态的碳纳米纤维膜,而油被截留下来,计算得出轻质油水混合物分离过程的平均通量为 190L/(m² · h)。在重质油水混合物中,油的密度比水大,油能够浸润脱掺杂态碳纳米纤维膜而水被截留,测得重质油水混合物分离过程的平均通量为 420L/(m² · h)。由此可见,依靠膜表面的润湿性能够有效分离油/水混合物。此外,油水乳剂也可利用该碳纳米纤维膜进行分离。结果如图 3.64 所示,所有比例的油水乳剂的分离效率均达到 99.5% 以上。

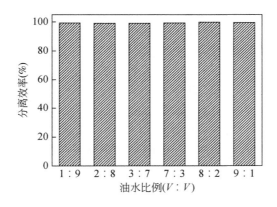

图 3.64　不同比例的油水乳剂的分离效率

当油水比为 1∶9、2∶8 和 3∶7 时,乳剂中油滴粒径分别在 100 ~ 500nm、500 ~ 1500nm、1 ~ 3μm;当油水比为 9∶1、8∶2 和 7∶3 时,乳剂中水滴的粒径分别在 100 ~ 600nm、500 ~ 2000nm、2 ~ 10μm。分离膜的孔径为 500 ~ 700nm。由此可见,比膜孔小的油滴/水滴也能被截留分离,原因为:油水乳剂体系是一个热力学不稳定的体系,易受到界面性质影响;当膜处于掺杂态超亲水时,膜可以被水快速润湿,减少了油滴和膜的接触,水优先渗透过膜,然后乳剂随着水的减少逐渐变得黏稠,增大了油滴相互接触碰撞的概率,最初的油水稳态被打破,油滴逐渐融合,反乳化现象出现,油滴尺寸变大,最终通过孔径筛分作用被截留下来[99-101];当膜处于脱掺杂态超疏水时,油优先渗透过膜,然后破坏了油包水的稳态,水滴逐渐变大,最终被截留下来。综上所述,在膜表面润湿性和孔径截留的共同作用下,碳纳米纤维膜能够对不同油水比的乳剂进行有效分离。

3.3　本 章 小 结

利用电化学原理可以调控导电膜表面与物质(水分子、离子和污染物分子等)之间的相互作用、与孔道入口的相互作用以及与孔道壁之间的相互作用,进而调控静电作用、离子水合/脱水合、水分子排列等,增强分离膜的渗透性和选择性,还可以赋予分离膜新功能,通过功能转换实现对污染物的高效去除。本章的主要结论归纳如下。

(1)当在石墨烯膜两边施加外电压时,电场力可引起膜分离层内流体流动,产生电渗流,使得水传输速度增加,从而使得膜通量升高。同时,电场作用还可增强膜相与溶液相之间的离子分区,使膜内阴离子浓度下降而阳离子浓度增加,增大离子跨膜传输的阻力,使得原液中的离子更难传输通过膜层,因此使得膜对盐的截留性能明显提高。

(2)电极化作用可以诱导石墨烯层间通道内的水分子更加有序的排布,提高水的传输效率;同时,电极化效应还可增强膜孔道表面的电荷密度,进而强化 Donnan 排斥效应,提高对离子的截留能力。

(3)通过在 MXene 膜上施加门控电压,可以控制单价阳离子的传输,从而实现离子传输的“开-关”转换,同时,引入高电荷密度的阳离子可以调节孔道入口处的双电层结构,可显著提高 K^+/Li^+ 的选择性。机理为:施加电压改变了 K^+ 的进入能垒,促使 K^+ 快速进入埃尺度孔道,而 Mg^{2+} 的引入改变了孔道入口处双电层中的离子分布,使得 K^+ 优先分布在孔道入口,进而促进 K^+ 优先进入通道,提高了 K^+/Li^+ 选择性。

(4)利用电化学可调控离子、分子以及纳米粒子与碳纳米管膜之间的非共价键相互作用,通过“电增强吸附”和“电增强脱附”实现对其的门控传输,基于此原理,可对水中低浓度物质进行富集和浓缩,同时实现水纯化和资源回收。

(5)碳纳米材料分离膜具有优异的吸附能力,能够高效吸附去除水中低浓度的分子,并具有电化学氧化能力,能够通过直接氧化或间接氧化分解吸附的污染物,从而可通过吸附和电化学氧化之间的转换实现对低浓度分子污染物的高效去除。

参 考 文 献

[1] Han Z J, Tay B, Tan C M, et al. Electrowetting control of Cassie-to-Wenzel transitions in superhydrophobic carbon nanotube-based nanocomposites. ACS Nano, 2009, 3: 3031-3036.

[2] Kakade B, Mehta R, Durge A, et al. Electric field induced, superhydrophobic to superhydrophilic switching in multiwalled carbon nanotube papers. Nano Letters, 2008, 8: 2693-2696.

[3] Wang Z K, Ci L J, Chen L, et al. Polarity-dependent electrochemically controlled transport of water through carbon nanotube membranes. Nano Letters, 2007, 7: 697-702.

[4] Kutana A, Giapis K P. Atomistic simulations of electrowetting in carbon nanotubes. Nano Letters, 2006, 6: 656-661.

[5] Pu J B, Wan S H, Lu Z B, et al. Controlled water adhesion and electrowetting of conducting hydrophobic graphene/carbon nanotubes composite films on engineering materials. Journal of Materials Chemistry A, 2013, 1: 1254-1260.

[6] Zhu L B, Xu J W, Xiu Y H, et al. Electrowetting of aligned carbon nanotube films. The Journal of Physical Chemistry B, 2006, 110: 15945-15950.

[7] Zhang M, Zhang T, Cui T H. Wettability conversion from superoleophobic to superhydrophilic on titania/single-walled carbon nanotube composite coatings. Langmuir, 2011, 27: 9295-9301.

[8] Zhang H G, Quan X, Chen S, et al. Electrokinetic enhancement of water flux and ion rejection through graphene oxide/carbon nanotube membrane. Environmental Science & Technology, 2020, 54: 15433-15441.

[9] Zhang H G, Quan X, Du L, et al. Electroregulation of graphene-nanofluid interactions to coenhance water

permeation and ion rejection in vertical graphene membranes. Proceedings of the National Academy of Sciences of the United States of America, 2023, 120: e2219098120.

[10] Frumkin A, Petry O, Damaskin B. The notion of the electrode charge and the Lippmann equation. Journal of Electroanalytical Chemistry and Interfacial Electrochemistry, 1970, 27: 81-100.

[11] Gschwend G C, Girault H H. Discrete Helmholtz charge distribution at liquid- liquid interfaces: Electrocapillarity, capacitance and non-linear spectroscopy studies. Journal of Electroanalytical Chemistry, 2020, 872: 114240.

[12] Zheng S X, Tu Q S, Urban J J, et al. Swelling of graphene oxide membranes in aqueous solution: Characterization of interlayer spacing and insight into water transport mechanisms. ACS Nano, 2017, 11: 6440-6450.

[13] Hu M, Mi B X. Enabling graphene oxide nanosheets as water separation membranes. Environmental Science & Technology, 2013, 47: 3715-3723.

[14] Zhao Z Y, Ni S N, Su X, et al. Thermally reduced graphene oxide membrane with ultrahigh rejection of metal ions' separation from water. ACS Sustainable Chemistry & Engineering 2019, 7: 14874-14882.

[15] Yuan, S, Li Y, Xia Y, et al. Minimizing non- selective nanowrinkles of reduced graphene oxide laminar membranes for enhanced NaCl rejection. Environmental Science & Technology Letters, 2020, 7: 273-279.

[16] Yuan S, Li Y, Xia Y, et al. Stable cation-controlled reduced graphene oxide membranes for improved NaCl rejection. Journal of Membrane Science, 2021, 621: 118995.

[17] Chen L, Shi G S, Shen J, et al. Ion sieving in graphene oxide membranes via cationic control of interlayer spacing. Nature, 2017, 550: 415-418.

[18] Thebo K H, Qian X T, Zhang Q, et al. Highly stable graphene-oxide-based membranes with superior permeability. Nature Communications, 2018, 9: 1486.

[19] Zhang H G, Xing J J, Wei G L, et al. Electrostatic- induced ion-confined partitioning in graphene nanolaminate membrane for breaking anion- cation co-transport to enhance desalination. Nature Communications, 2024, 15: 4324.

[20] Zhang M C, Guan K C, Shen J, et al. Nanoparticles@ rGO membrane enabling highly enhanced water permeability and structural stability with preserved selectivity. AIChE Journal, 2017, 63: 5054-5063.

[21] Liu Y C, Zhu M, Chen M Y, et al. A polydopamine-modified reduced graphene oxide(RGO)/MOFs nano-composite with fast rejection capacity for organic dye. Chemical Engineering Journal, 2019, 359: 47-57.

[22] Wang Y F, Liu Y, Yu Y, et al. Influence of CNT- rGO composite structures on their permeability and selectivity for membrane water treatment. Journal of Membrane Science, 2018, 551: 326-332.

[23] Hu C Z, Liu Z T, Lu X L, et al. Enhancement of the Donnan effect through capacitive ion increase using an electroconductive rGO- CNT nanofiltration membrane. Journal of Materials Chemistry A, 2018, 6: 4737-4745.

[24] Wang G, Miao J L, Ma X Y, et al. Robust multifunctional rGO/MXene@ PPS fibrous membrane for harsh environmental applications. Separation and Purification Technology, 2022, 302: 122014.

[25] Wang X Y, Zhang H G, Wang X, et al. Electroconductive RGO- MXene membranes with wettability-regulated channels: Improved water permeability and electro- enhanced rejection performance. Frontiers of Environmental Science & Engineering, 2023, 17: 1.

[26] Xing J J, Zhang H G, Wei G L, et al. Improving the performance of the lamellar reduced graphene oxide/molybdenum sulfide nanofiltration membrane through accelerated water- transport channels and capacitively enhanced charge density. Environmental Science & Technology, 2023, 57: 615-625.

[27] Li Z J, Xing Y C, Fan X Y, et al. rGO/protonated g-C_3N_4 hybrid membranes fabricated by photocatalytic reduction for the enhanced water desalination. Desalination, 2018, 443: 130-136.

[28] Wei G L, Du L, Zhang H G, et al. Electrochemical opening of impermeable nanochannels in laminar graphene membranes for ultrafast nanofiltration. Environmental Science & Technology, 2023, 27: 3843-3852.

[29] Greenlee L F, Lawler D F, Freeman B D, et al. Reverse osmosis desalination: Water sources, technology, and today's challenges. Water Research. 2009, 43: 2317-2348.

[30] Mohammad A W, Teow Y H, Ang W L, et al. Nanofiltration membranes review: Recent advances and future prospects. Desalination 2015, 356: 226-254.

[31] AlTaee A, Sharif A O. Alternative design to dual stage NF seawater desalination using high rejection brackish water membranes. Desalination 2011, 273: 391-397.

[32] Zhou D, Zhu L J, Fu Y Y, et al. Development of lower cost seawater desalination processes using nanofiltration technologies—A review. Desalination 2015, 376: 109-116.

[33] Malaisamy R, Talla-Nwafo A, Jones K L. Polyelectrolyte modification of nanofiltration membrane for selective removal of monovalent anions. Separation and Purification Technology 2011, 77: 367-374.

[34] Zhang H G, Quan X, Fan X F, et al. Improving ion rejection of conductive nanofiltration membrane through electrically enhanced surface charge density. Environmental Science & Technology, 2019, 53: 868-877.

[35] Yin L C, Wang J L, Yang J, et al. A novel pyrolyzed polyacrylonitrile-sulfur@MWCNT composite cathode material for high-rate rechargeable lithium/sulfur batteries. Journal of Materials Chemistry, 2011, 21: 6807-6810.

[36] Ghaemi M, Ataherian F, Zolfaghari A, et al. Charge storage mechanism of sonochemically prepared MnO_2 as supercapacitor electrode: Effects of physisorbed water and proton conduction. Electrochimica Acta, 2008, 53: 4607-4614.

[37] Szymczyk A, Fievet P. Ion transport through nanofiltration membranes: The steric, electric and dielectric exclusion model. Desalination, 2006, 200: 122-124.

[38] Snook G A, Kao P, Best A S. Conducting-polymer-based supercapacitor devices and electrodes. Journal of Power Sources, 2011, 196: 1-12.

[39] Shen M, Keten S, Lueptow R M. Rejection mechanisms for contaminants in polyamide reverse osmosis membranes. Journal of Membrane Science, 2016, 509: 36-47.

[40] Habenschuss A, Spedding F H. Coordination(hydration) of rare earth ions in aqueous chloride solutions from X ray diffraction. I. $TbCl_3$, $DyCl_3$, $ErCl_3$, $TmCl_3$, and $LuCl_3$. Journal of Chemical Physics, 1979, 70: 2797-2806.

[41] Fedotova M V, Kruchinin S E. Hydration of para-aminobenzoic acid(PABA) and its anion—The view from statistical mechanics. Journal of Molecular Liquids, 2013, 186: 90-97.

[42] Peng J B, Cao D Y, He Z L, et al. The effect of hydration number on the interfacial transport of sodium ions. Nature, 2018, 557: 701-705.

[43] Wang P J, Shi R L, Su Y, et al. Hydrated sodium ion clusters[$Na^+(H_2O)_n(n = 1 \sim 6)$]: An *ab initio* study on structures and non-covalent interaction. Frontiers in Chemistry, 2019, 7: 624.

[44] 王俊杰, 夏兆海, 魏高亮, 等. 碳纳米管复合导电膜的高效制备及其电增强分离性能研究. 科学技术创新, 2024,(2):65-68.

[45] Yi G, Du L, Wei G L, et al. Selective molecular separation with conductive MXene/CNT nanofiltration membranes under electrochemical assistance. Journal of Membrane Science, 2022, 658: 120719.

[46] Zhang X Q, Song B, Jiang L. From dynamic superwettability to ionic/molecular superfluidity. Accounts of Chemical Research, 2022, 55: 1195-1204.

[47] Dudev T, Lim C. Factors governing the Na$^+$ vs K$^+$ selectivity in sodium ion channels. Journal of the American Chemical Society, 2010, 132: 2321-2332.

[48] Zhao C, Hou J, Hill M, et al. Enhanced gating effects in responsive sub-nanofluidic ion channels. Accounts of Materials Research, 2023, 4: 786-797.

[49] Shen J, Liu G P, Han Y, et al. Artificial channels for confined mass transport at the sub-nanometre scale. Nature Reviews Materials, 2021, 6: 294-312.

[50] Wang J, Zhou H J, Li S Z, et al. Selective ion transport in two-dimensional lamellar nanochannel membranes. Angewandte Chemie International Edition, 2023, 62: e202218321.

[51] Xin W W, Lin C, Fu L, et al. Nacre-like mechanically robust heterojunction for lithium-ion extraction. Matter, 2021, 4: 737-754.

[52] Sheng F M, Wu B, Li X Y, et al. Efficient ion sieving in covalent organic framework membranes with sub-2-nanometer channels. Advanced Materials, 2021, 33: 2104404.

[53] Lu Z, Wu Y, Ding L, et al. A lamellar MXene($Ti_3C_2T_x$)/PSS composite membrane for fast and selective lithium-ion separation. Angewandte Chemie International Edition, 2021, 133: 22439-22443.

[54] Wang H J, Zhai Y M, Li Y, et al. Covalent organic framework membranes for efficient separation of monovalent cations. Nature Communications, 2022, 13: 7123.

[55] Langan P S, Vandavasi V G, Weiss K L, et al. Anomalous X-ray diffraction studies of ion transport in K$^+$ channels. Nature Communications, 2018, 9: 4540.

[56] Liu S, Lockless S W. Equilibrium selectivity alone does not create K$^+$-selective ion conduction in K$^+$ channels. Nature Communications, 2013, 4: 3746.

[57] Wilbers R, Metodieva V D, Duverdin S, et al. Human voltage-gated Na$^+$ and K$^+$ channel properties underlie sustained fast AP signaling. Science Advances, 2023, 9: eade3300.

[58] Wang Y, Liang R Z, Jia T Z, et al. Voltage-gated membranes incorporating Cucurbit[n]uril molecular containers for molecular nanofiltration. Journal of the American Chemical Society, 2022, 144: 6483-6492.

[59] Su S H, Zhang Y F, Peng S Y, et al. Multifunctional graphene heterogeneous nanochannel with voltage-tunable ion selectivity. Nature Communications, 2022, 13: 4894.

[60] Xue Y H, Xia Y, Yang S, et al. Atomic-scale ion transistor with ultrahigh diffusivity. Science, 2021, 372: 501-503.

[61] Xu Z G, Zhao Y, Wang H X, et al. A superamphiphobic coating with an ammonia-triggered transition to superhydrophilic and superoleophobic for oil-water separation. Angewandte Chemie International Edition, 2015, 54: 4527-4530.

[62] Xu L Y, Ye Q, Lu X M, et al. Electro-responsively reversible transition of polythiophene films from superhydrophobicity to superhydrophilicity. ACS Applied Materials &Interfaces, 2014, 6: 14736-14743.

[63] Marinova K G, Alargova R G, Denkov N D, et al. Charging of oil-water interfaces due to spontaneous adsorption of hydroxyl ions. Langmuir, 1996, 12: 2045-2051.

[64] Creux P, Lachaise J, Graciaa A, et al. Strong specific hydroxide ion binding at the pristine oil/water and air/water interfaces. Journal of Physical Chemistry B, 2009, 113: 14146-14150.

[65] Yi G, Chen S, Quan X, et al. Enhanced separation performance of carbon nanotube-polyvinyl alcohol composite membranes for emulsified oily wastewater treatment under electrical assistance. Separation and Purification Technology, 2018, 197: 107-115.

[66] Jiang Y X, Lee A, Chen J Y, et al. Crystal structure and mechanism of a calcium-gated potassium channel. Nature, 2002, 417: 515-522.

[67] Miyazawa A, Fujiyoshi Y, Unwin N. Structure and gating mechanism of the acetylcholine receptor pore. Nature, 2003, 423: 949-955.

[68] Fornasiero F, Park H G, Holt J K, et al. Ion exclusion by sub-2-nm carbon nanotube pores. Proceedings of the National Academy of Sciences of the USA, 2008, 105: 17250-17255.

[69] Tokarev I, Minko S. Stimuli-responsive porous hydrogels at interfaces for molecular filtration, separation, controlled release, and gating in capsules and membranes. Advanced Materials, 2010, 22: 3446-3462.

[70] Jin X Z, Aluru N R. Gated transport in nanofluidic devices. Microfluidics and Nanofluidics, 2011, 11: 297-306.

[71] Fan R, Huh S, Yan R, et al. Gated proton transport in aligned mesoporous silica films. Nature Materials, 2008, 7: 303-307.

[72] Moghaddam S, Pengwang E, Jiang Y B, et al. An inorganic-organic proton exchange membrane for fuel cells with a controlled nanoscale pore structure. Nature Nanotechnology, 2010, 5: 230-236.

[73] Wei G L, Quan X, Chen S, et al. Voltage-gated transport of nanoparticles across free-standing all carbon nanotube-based hollow fiber membranes. ACS Applied Materials & Interfaces, 2015, 7: 14620-14627.

[74] Dawson R M. The toxicology of microcystins. Toxicon, 1998, 36: 953-962.

[75] Wang S L, Wang L L, Ma W H, et al. Moderate valence band of bismuth oxyhalides (BiOXs, X = Cl, Br, I) for the best photocatalytic degradation efficiency of MC-LR. Chemical Engineering Journal, 2015, 259: 410-416.

[76] World Health Organization. Guidelines for drinking-water quality. Geneva: WHO, 2011.

[77] World Health Organization. Guidelines for drinking-water quality. Malta: WHO, 2011.

[78] Lawton L A, Robertson P K J. Physico-chemical treatment methods for the removal of microcystins (cyanobacterial hepatotoxins) from potable waters. Chemical Society Reviews, 1999, 28: 217-224.

[79] Gao Y, Wang F F, Wu Y, et al. Comparison of degradation mechanisms of microcystin-LR using nanoscale zero-valent iron (nZVI) and bimetallic Fe/Ni and Fe/Pd nanoparticles. Chemical Engineering Journal, 2016, 285: 459-466.

[80] Teng W, Wu Z X, Feng D, et al. Rapid and efficient removal of microcystins by ordered mesoporous silica. Environmental Science & Technology, 2013, 47: 8633-8641.

[81] Donati C, Drikas M, Hayes R, et al. Microcystin-LR adsorption by powdered activated carbon. Water Research, 1994, 28: 1735-1742.

[82] Sathishkumar M, Pavagadhi S, Vijayaraghavan K, et al. Experimental studies on removal of microcystin-LR by peat. Journal of Hazardous Materials, 2010, 184: 417-424.

[83] Teng W, Wu Z X, Fan J W, et al. Ordered mesoporous carbons and their corresponding column for highly efficient removal of microcystin-LR. Energy Environmental Science, 2013, 6: 2765-2776.

[84] Zhang X H, Jiang L. Fabrication of novel rattle-type magnetic mesoporous carbon microspheres for removal of microcystins. Journal of Materials Chemistry, 2011, 21: 10653-10657.

[85] Wei G L, Quan X, Fan X F, et al. Carbon-nanotube-based sandwich-like hollow fiber membranes for expanded microcystin-LR removal applications. Chemical Engineering Journal, 2017, 319: 212-218.

[86] Liu H, Vecitis C D. Reactive transport mechanism for organic oxidation during electrochemical filtration: Mass-transfer, physical adsorption, and electron-transfer. Journal of Physical Chemistry C, 2012, 116: 374-383.

［87］ Zhou Y N, Li J J, Luo Z H. Photo ATRP-based fluorinated thermosensitive block copolymer for controllable water/oil separation. Industrial & Engineering Chemistry Research, 2015, 54: 10714-10722.

［88］ Hu L, Gao S J, Ding X G, et al. Photothermal-responsive single-walled carbon nanotube-based ultrathin membranes for on/off switchable separation of oil-in-water nanoemulsions. ACS Nano, 2015, 9: 4835-4842.

［89］ Tian D L, Zhang X F, Tian Y, et al. Photo-induced water-oil separation based on switchable superhydrophobicity-superhydrophilicity and underwater superoleophobicity of the aligned ZnO nanorod array-coated mesh films. Journal of Materials Chemistry, 2012, 22: 19652-19657.

［90］ Li J J, Zhu L T, Luo Z H. Electrospun fibrous membrane with enhanced swithchable oil/water wettability for oily water separation. Chemical Engineering Journal, 2016, 287: 474-481.

［91］ Xue B L, Gao L C, Hou Y P, et al. Temperature controlled water/oil wettability of a surface fabricated by a block copolymer: Application as a dual water/oil on-off switch. Advanced Materials, 2013, 25: 273-277.

［92］ Ou R W, Wei J, Jiang L, et al. Robust thermoresponsive polymer composite membrane with switchable superhydrophilicity and superhydrophobicity for efficient oil-water separation. Environmental Science &Technology, 2016, 50: 906-914.

［93］ Zhou Y N, Li J J, Luo Z H. Toward efficient water/oil separation material: Effect of copolymer composition on pH-responsive wettability and separation performance. AIChE Journal, 2016, 62: 1758-1771.

［94］ Li J J, Zhou Y N, Luo Z H. Smart fiber membrane for pH-induced oil/water separation. ACS Applied Materials &Interfaces, 2015, 7: 19643-19650.

［95］ Wang B, Guo Z G. pH-responsive bidirectional oil-water separation material. Chemical Communications, 2013, 49: 9416-9418.

［96］ Che H L, Huo M, Peng L, et al. CO_2-responsive nanofibrous membranes with switchable oil/water wettability. Angewandte Chemie International Edition, 2015, 54: 8934-8938.

［97］ Xu Z G, Zhao Y, Wang H X, et al. A superamphiphobic coating with an ammonia-triggered transition to superhydrophilic and superoleophobic for oil-water separation. Angewandte Chemie International Edition, 2015, 54: 4527-4530.

［98］ Du L, Quan X, Fan X F, et al. Electro-responsive carbon membranes with reversible superhydrophobicity/superhydrophilicity switch for efficient oil/water separation. Separation and Purification Technology, 2019, 210: 891-899.

［99］ Kocherginsky N M, Tan C L, Lu W F. Demulsification of water-in-oil emulsions via filtration through a hydrophilic polymer membrane. Journal of Membrane Science, 2003, 220: 117-128.

［100］ Kukizaki M, Goto M. Demulsification of water-in-oil emulsions by permeation through Shirasu-porous-glass (SPG) membranes. Journal of Membrane Science, 2008, 322: 196-203.

［101］ Tirmizi N P, Raghuraman B, Wiencek J. Demulsification of water/oil/solid emulsions by hollow-fiber membranes. AIChE Journal, 1996, 42: 1263-1276.

第4章 电化学增强纳米碳基分离膜的抗污染性能及机理

※本章导读※

- 介绍膜污染的定义以及相关理论。
- 阐述电化学氧化、静电排斥增强抗膜污染性的基本原理。
- 介绍施电方式对纳米材料导电膜抗污染性能的影响规律。

4.1 电辅助膜抗天然有机质污染性能及机理

天然有机质(NOM)是地表水体普遍存在的主要有机物之一,在传统水处理过程中(如氯消毒)易生成消毒副产物,危害人体健康。虽然膜分离可以有效避免这一弊端,但是由于分子间作用力的存在而形成的 NOM 聚合物的颗粒度可超过100nm,易引起膜污染,造成通量下降。鉴于此,利用电增强静电排斥、电化学氧化、电解产气泡、电泳、电渗等原理,在纳米碳材料导电膜上施加电势,取得了良好的抗膜污染效果[1-9]。

4.1.1 恒压模式下的电辅助增强膜抗污染

聚苯撑是一种具有苯环链式结构的共轭聚合物。因其共轭苯环链结构和高度离域的 π 电子,聚苯撑展现出优异的导电性(高达100S/cm)和优异的机械性能。此外,聚苯撑还具有与碳纳米管相似的原子排布,有望作为碳纳米管网格的连接点,通过 π-π 作用力增强碳纳米管之间的结合力。基于上述原因,制备了一种聚苯撑交联的碳纳米管导电分离膜(碳纳米管-聚苯撑膜),并选择腐殖酸和海藻酸钠(SA)作为带负电荷的模型污染物,研究了该膜在不同外加电压下对不同模型污染物的抗污性能以及电辅助膜再生性能[3]。

图4.1(a)显示了该碳纳米管-聚苯撑膜截面的扫描电镜照片。从图中可以清晰地看到,碳纳米管-聚苯撑复合膜整体是中空纤维状,由聚偏氟乙烯中空纤维膜基底和碳纳米管-聚苯撑膜分离层组成,且该分离层紧密地负载在膜基底上。还可以看到,聚偏氟乙烯基底膜较厚,且本身带有尼龙网状编织内衬。相比之下,碳纳米管-聚苯撑分离层较薄,其厚度明显小于聚偏氟乙烯基底膜。由图4.1(b)可知,当碳纳米管负载量为0.585mg/cm²时,碳纳米管-聚苯撑分离层的厚度约为4.6μm。

图4.2(a)是以10mg/L HA 为进料液且在不同电压下碳纳米管-聚苯撑膜通量的变化情况。在无电辅助的情况下,膜通量随着运行时间的增加显著下降,在过滤120min后通量下降了43.2%。相比之下,在膜上施加负电势可以有效减缓通量下降的速率,而且随着施加

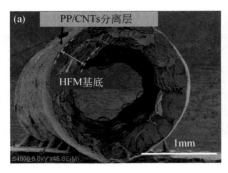

图 4.1　碳纳米管-聚苯撑复合膜截面的低倍(a)和高倍(b)扫描电镜图

负电势的升高,减缓通量下降的效果更明显:在 1.0V 电压下(膜作阴极)过滤 120min 后,膜通量的损失为 29.8%,而在 2.0V 电压下过滤 120min 后,膜通量的损失仅为 0.8%,原因为增加膜表面的负电势可以增强膜表面与带负电的腐殖酸之间的静电斥力,阻碍腐殖酸在膜表面沉积,从而减轻膜污染。实验还发现,如果分离膜改作阳极,在 2.0V 电压下运行 120min 后,膜通量的损失达到 50%以上。这是因为带正电势的膜与带负电的腐殖酸之间的静电引力使腐殖酸分子更容易沉积在膜表面,导致滤饼污染层的形成,从而加剧了膜污染。

　　图 4.2(b)为不同电压下腐殖酸的去除率。当施加的电压从 0V 提高到 2.0V(膜作阴极)时,腐殖酸的去除率从 62.5%增加到 87.1%。当施加的电压从 0V 改变为 2.0V 且膜作阳极时,腐殖酸的去除率从 62.5%增加到 75.0%。该现象归因于电吸附和随后腐殖酸的电化学氧化分解[1]。

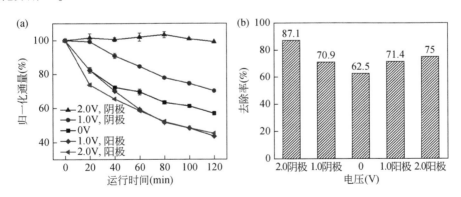

图 4.2　不同电压下碳纳米管-聚苯撑膜过滤腐殖酸过程中的归一化通量(a)和腐殖酸去除率(b)

　　通过扫描电镜可直接观察过滤腐殖酸后膜表面的污染情况。如图 4.3 所示,当膜作阳极时,随着施加的电压从 0V 提高到 2.0V,膜污染程度逐渐加重,膜表面形成致密的污染层[图 4.3(a)~(c)]。相比之下,当膜作阴极时,随着施加的电压从 0V 逐渐升高到 2.0V,膜污染程度逐渐减轻[图 4.3(d)、(e)]。特别是在 2.0V 的电压下,膜表面只有非常轻微的污垢,碳纳米管-聚苯撑分离层仍然清晰可见。上述结果进一步证实,对膜施加负电势可以明显减轻由带负电荷的污染物引起的膜污染。

图 4.3　不同情况下碳纳米管–聚苯撑膜过滤腐殖酸后的扫描电镜图

　　海藻酸钠是一种天然多糖,含有大量的—COONa,在水中易电离而带有负电荷。海藻酸钠具有一定的黏附性,在 Ca^{2+} 等离子存在时会形成交联网络结构,从而形成水凝胶,在膜过滤过程中会造成严重的膜污染。鉴于此,选用海藻酸钠作为模型污染物进一步研究了电辅助碳纳米管–聚苯撑膜的抗污染性能。图 4.4(a) 显示了不同电压下碳纳米管–聚苯撑膜过滤海藻酸钠溶液时的通量变化。无电压辅助时,碳纳米管–聚苯撑膜的渗透通量在运行120min 后下降了 36.5%;而施加 2.0V 电压(膜作阴极)后,运行 120min 后膜通量的损失仅为 4.9%,表明膜污染明显减轻;此外,在同样的电压下但膜作阳极运行 120min 后,膜通量损失为 40.2%,表明膜污染显著加剧。图 4.4(b) 显示,在无电压辅助的情况下,碳纳米管–聚苯撑膜过滤海藻酸钠时 TOC 的去除率为 20.2%,而施加 2.0V 电压(膜作阴极)后提高到42.5%。扫描电镜观察结果表明,无电压辅助时,海藻酸钠污染层覆盖了整个膜表面,在2.0V 电压下(膜作阳极)污染层则更加致密。相比之下,当膜作阴极时,膜表面只有部分污垢。这些结果表明,当膜表面电势极性与水中荷电物质电荷极性相同时,可以显著减缓膜污染,且电压越高,膜污染越轻,同时还能提高对荷电物质的截留率;但当两者极性相反时,会加重膜污染,且电压越高,膜污染越严重。

　　为了进一步研究电辅助碳纳米管–聚苯撑膜的抗污染性能,实验进行了连续的三次过滤–清洗循环测试。在每个循环中先过滤腐殖酸,之后对污染的膜反冲洗 20min。图 4.5(a) 为单纯的碳纳米管–聚苯撑膜、电辅助的碳纳米管–聚苯撑膜和商业膜过滤腐殖酸溶液时的通量变化(操作压力为 0.2bar,腐殖酸浓度为 10mg/L)。在 2.0V 电压(膜作阴极)下碳纳米管–聚苯撑膜的抗污染性能远远高于无电辅助的碳纳米管–聚苯撑膜和商业膜。在第 1 次循环中,运行 5h 后,商业膜的通量下降了 64.1%,无电辅助的碳纳米管–聚苯撑膜的通量下降了56.8%,而在 2.0V 下碳纳米管–聚苯撑膜的通量损失仅为 11.7%,表明电辅助可以显著延长反洗周期。图 4.5(b) 为水力清洗后各膜的通量恢复率(FRR)。在第 2 次反冲洗后,商业

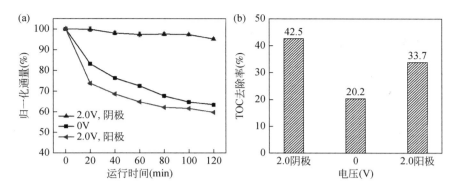

图 4.4　不同电压下碳纳米管–聚苯撑膜过滤海藻酸钠时的归一化通量(a)和海藻酸钠 TOC 去除率(b)

膜的通量恢复率仅为 61.1%,表明膜上发生了严重的不可逆污染。由于严重的不可逆膜污染,商业膜很难进行第 4 次过滤循环测试。对于单纯的碳纳米管–聚苯撑膜,经过 3 次水力清洗后,通量恢复率从 87.1% 下降到 67.0%,表明其比商业膜具有更强的抗不可逆污染能力。相比之下,在 2.0V 电压(膜作阴极)下运行的碳纳米管–聚苯撑膜在第 3 次反洗后表现出 97.2% 的高通量恢复率,表明电辅助可以显著降低不可逆污染。

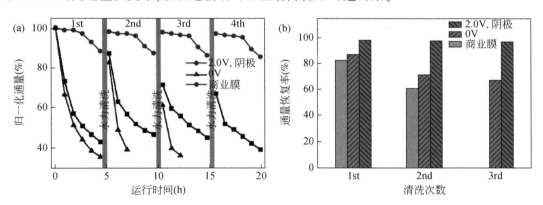

图 4.5　单纯的碳纳米管–聚苯撑膜、电辅助的碳纳米管–聚苯撑膜和商业膜过滤腐殖酸溶液时的通量变化(a)以及水力清洗后的通量恢复率(b)

　　基于上述结果可知,可逆污染主要发生在过滤的初始阶段,通过水力清洗可以比较容易地恢复膜通量。但是,在多次过滤循环中,由于不可逆污染的累积,通量恢复率逐渐降低。当向膜施加负电势时,电辅助可以增强膜和带负电污染物之间的静电排斥作用,有利于阻止污染物进入膜孔,抑制不可逆膜污染的形成。

　　使用实际水样进一步考察了电辅助碳纳米管–聚苯撑膜的抗污染性能。实际水样取自某河水,并在使用前使用玻璃纤维膜进行了预处理。如图 4.6 所示,无电辅助的碳纳米管–聚苯撑膜在过滤 5h 后通量损失了 69.0%,进行第 1 次膜清洗后,通量恢复到原来的 61.3%。随着过滤清洗次数的增加,膜通量恢复率从 61.3% 下降到 54.8%。当施加 2.0V(膜作阴极)的电压时,过滤 10h 后的膜通量损失为 30.9%,在进行膜清洗之后,通量恢复到原来的

96.7%,显著高于无电辅助时的通量恢复率。在过滤运行 20h 后,2.0V 电压下运行的碳纳米管–聚苯撑膜的通量是无电辅助时膜通量的 2.4 倍。测试结果再次证实,电辅助可以有效缓解通量衰减,延长反洗周期,提高通量恢复率。电辅助下高通量恢复率的原因为,无机颗粒可以通过水力清洗带离膜表面,而带负电的胶体、菌体和有机污染物等物质由于静电排斥作用而难以在膜表面沉积,从而使不可逆膜污染得到抑制。

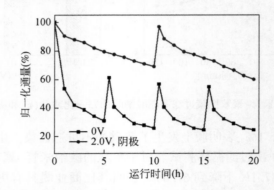

图 4.6   碳纳米管–聚苯撑膜在无电辅助以及 2.0V(膜作阴极)电压下过滤实际地表水的通量变化

4.1.2   恒流模式下的电辅助增强膜抗污染

聚吡咯(PPy)是一种空气稳定性好、易于电化学聚合成膜的导电聚合物,电导率可达 $10^2 \sim 10^3 \mathrm{S/cm}$,拉伸强度可达 $50 \sim 100\mathrm{MPa}$,并具有良好的电化学氧化–还原可逆性。鉴于此,研发了一种具有优异导电性的聚吡咯交联的碳纳米管中空纤维膜(简称碳纳米管–聚吡咯膜),考察了其在恒流模式且电辅助下抗天然有机质污染的性能,并利用聚吡咯的结构对电化学响应的特性,利用电化学调控膜孔径,在此基础上提出一种电辅助膜再生的方法[2]。

该碳纳米管–聚吡咯膜的微观结构如图 4.7 所示。可以看到,碳纳米管–聚吡咯分离层与聚偏氟乙烯基底连接紧密,未发现裂痕[图 4.7(a)、(b)]。对比单纯的碳纳米管膜和碳纳米管–聚吡咯膜可以发现,虽然二者都呈现出多孔的网状交织结构[图 4.7(c)、(d)],但在碳纳米管–聚吡咯膜中,聚吡咯附着在碳纳米管表面以及碳纳米管之间的连接处,形成了对碳纳米管功能层的整体连接。同时,聚吡咯分布均匀,并未出现局部过量的聚吡咯堵塞膜孔的情况[图 4.7(d)]。

首先考察了不同电压下碳纳米管–聚吡咯膜的抗污染性能。实验以腐殖酸溶液(20mg/L)为原水,恒定通量为 $220\mathrm{L/(m^2 \cdot h)}$,膜作为阴极。如图 4.8(a)所示,当碳纳米管–聚吡咯分离膜直接过滤时,膜污染增长迅速,三个周期后跨膜压差从初始 27.1kPa 增加到最终 53.6kPa,分离膜的水渗透速率从 $820\mathrm{L/(m^2 \cdot h \cdot bar)}$ 降低到 $415\mathrm{L/(m^2 \cdot h \cdot bar)}$。施加电压为 $0.5 \sim 1.0\mathrm{V}$ 后,膜污染得到有效缓解。当施加电压为 0.5V 时,初始周期结束时,跨膜压差从直接过滤时的 40.5kPa 下降到了 33.3kPa[图 4.8(b)]。经过三个周期的过滤后,最终的跨膜压差也从 52.5kPa 降至 46.1kPa,分离膜的水渗透速率从 $415\mathrm{L/(m^2 \cdot h \cdot bar)}$ 提升到了 $482\mathrm{L/(m^2 \cdot h \cdot bar)}$。结果表明,即使在碳纳米管–聚吡咯分离膜上施加微弱的负电势,

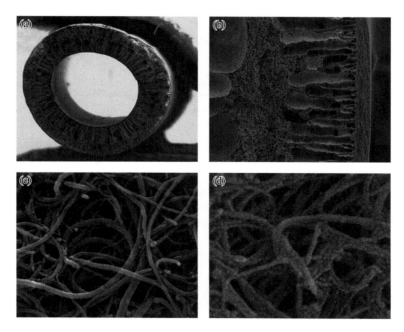

图 4.7 　(a)、(b)碳纳米管–聚吡咯分离膜截面的扫描电镜图；(c)碳纳米管分离膜表面的扫描电镜图；
(d)碳纳米管–聚吡咯分离膜表面的扫描电镜图

也能有效缓解多个周期过滤过程的膜污染。当电压提升至 1.5V 时,膜污染相比于 0.5V 时得到更明显的缓解。图 4.8(d)显示,相较于 0V 时,在 1.5V 下多周期运行后膜污染减小了近 50%。继续升高电压,可以进一步减缓膜污染。当在膜上施加 2.5V 电压时,单周期内跨膜压差增长只有 2kPa[图 4.8(f)],分离膜的水渗透速率达到了 750L/(m² · h · bar),并且经过多个周期过滤后,跨膜压差最终只有 32.2kPa,与未施加电压时相比膜污染减少了近 80%。此时跨膜压差的数值比直接过滤情况下的第一个周期末的跨膜压差(40.5kPa)还要低。这些结果表明,电辅助能够显著提升碳纳米管–聚吡咯分离膜的抗污染性能。

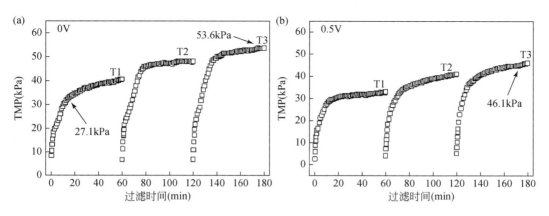

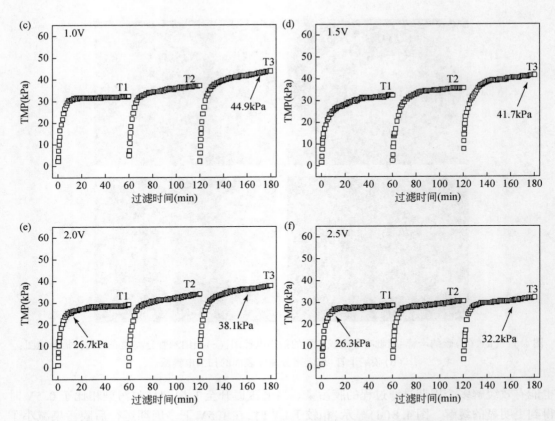

图 4.8　不同电压下碳纳米管−聚吡咯分离膜(作阴极)的抗污染性能
(a)0V;(b)0.5V;(c)1.0V;(d)1.5V;(e)2.0V;(f)2.5V

　　通常,地表水除了含有大量的腐殖质类有机物,还含有蛋白类和多糖类的有机污染物。因此,牛血清蛋白(BSA)和海藻酸钠作为典型的蛋白和多糖有机污染物的代表,被用来进一步考察电辅助下碳纳米管−聚吡咯膜对不同污染物的抗污染性能。图 4.9 显示了腐殖酸、牛血清蛋白和海藻酸钠在有/无电辅助情况下的跨膜压差增长情况。在无电辅助的条件下,三

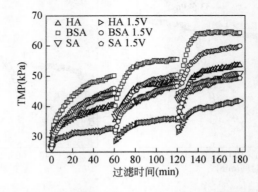

图 4.9　不同电压下碳纳米管−聚吡咯膜(作阴极)抗腐殖酸、牛血清蛋白和海藻酸钠污染的性能

种污染物均引起了跨膜压差的快速增加。相比于腐殖酸,牛血清蛋白造成了更严重的膜污染。三个运行周期结束后,牛血清蛋白和海藻酸钠引起的跨膜压差分别达到了64.2kPa和50.8kPa。而施加1.5V电压(膜作阴极)的条件下,过滤三种污染物时的跨膜压差均有一定的减小,其中电辅助对缓解腐殖酸造成的膜污染最有效,而对缓解海藻酸钠引起的膜污染的效果稍弱,说明电辅助对减缓膜污染的效能受到污染物本征性质的影响。

　　图4.10是在不同电压下电辅助碳纳米管-聚吡咯分离膜过滤腐殖酸时的初始和最终运行周期的膜污染可逆性分析,其中膜作为阴极。可以看到,在初始的过滤周期,膜污染主要以可逆膜污染为主。相比于无电压辅助的情况,2.5V电压下可逆膜阻力的数值从3.45×10^{11}/m下降到了0.68×10^{11}/m,总膜阻力降低了80%。更重要的是,电辅助的条件下不可逆膜污染阻力的下降更为明显,从1.58×10^{11}/m下降到了0.23×10^{11}/m。这也使得电辅助能够将膜运行过程中不可逆膜污染的比例由31%降低至25%。经过多个周期的过滤后,电辅助碳纳米管-聚吡咯膜分离过程对于不可逆膜污染的缓解更为突出。在2.5V的外加电压条件下,不可逆膜污染的膜阻力相比未加电压条件下降低了96%,并且,不可逆膜污染占总膜污染的比例也从79%下降到了10%。以上结果表明,电辅助碳纳米管-聚吡咯膜分离过程能够极大地缓解多周期运行中的膜污染,尤其是不可逆膜污染的累积,提升膜系统在长期运行过程中的稳定性,并且减少对膜进行化学清洗的频次。

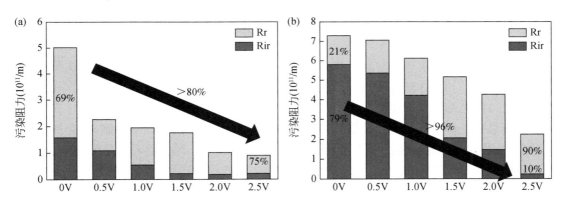

图 4.10　不同电压条件下电辅助碳纳米管-聚吡咯膜过滤腐殖酸时的初始(a)和最终周期(b)的膜污染可逆性分析

　　为了探究电辅助对碳纳米管-聚吡咯分离膜的膜污染缓解机理,采用孔堵塞和滤饼过滤相结合的模型,通过跨膜压力曲线的数学拟合,研究了膜污染行为。首先,计算了膜污染机理从组合式孔堵塞/滤饼过滤转变为单滤饼过滤的转变点。如图4.11(a)所示,腐殖酸直接过滤的转变点位于39.5min,相应的跨膜压力为38.5kPa。当施加电压(膜作阴极)时,转变点明显地移动至较早的时间点。即使施加0.5V的电压时,膜污染机制的转化过程也只需无电辅助的一半时间(19.4min)。此时,转变点的跨膜压力从38.5kPa降低到30.2kPa。在2.5V的电压(膜作阴极)下,膜污染机制的转变更加快速,在<10min内转变成滤饼过滤机制,此时的跨膜压力为25.6kPa,接近纯水的初始过滤压力。这些结果表明,电辅助有利于阻止污染物进入膜孔,从而形成相对松散的滤饼层,抑制不可逆膜污染的形成[图4.11(b)]。

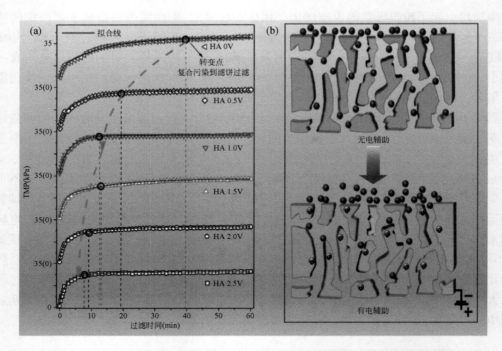

图 4.11　(a)不同电压下膜污染的转变点;(b)电辅助缓解膜污染机理的示意图

　　为了进一步分析电辅助对有机物在水-膜界面污染行为的影响,利用 XDLVO 模型对污染物与膜界面的相互作用能进行分析计算。通常,水中污染物与分离界面之间的总相互作用能(U^{TOT})由范德瓦耳斯作用能(U^{LW})、静电作用能(U^{EL})以及酸碱作用能(U^{AB})三个部分组成。当总相互作用能的值为负值时,表面污染物对于分离界面有黏附的倾向,会加速膜污染的累积;当总相互作用能的值为正值时,表面分离界面对于污染物有排斥的倾向,会减缓膜污染的累积。如图 4.12 所示,分离膜与污染物之间的相互作用能的变化与界面距离相关(0~4nm),污染物与分离界面之间的距离越近,其相互作用能对膜污染行为的影响越显著。对于单纯的碳纳米管分离膜[图 4.12(a)],在 0~2nm 的界面距离内,施加 2.5V 的电压(膜作为阴极)将相互作用能的极值从 20.42kT 增加到 40.38kT,相互作用能提升了 2 倍,表明电辅助可增强污染物与碳纳米管膜界面之间的排斥效应。图 4.12(b)、(c)中结果表明,电辅助对提升污染物与碳纳米管-聚吡咯分离膜之间的相互作用能更加显著。在施加 2.5V 电压且膜作为阴极的条件下,总相互作用能从 -629kT 增加到了 972kT。总相互作用能的增强主要归因于酸碱作用能 U^{AB} 的大幅上升,表明电极化作用力增强污染物与分离界面的排斥效应起主导作用。相较于单纯碳纳米管分离膜的过滤过程,电辅助能使碳纳米管-聚吡咯分离膜在更宽的界面距离范围内(0~3nm)表现出显著的排斥作用力。因此,电辅助能够显著增强分离界面的电极化诱导的排斥作用力,从而实现对膜污染尤其是不可逆膜污染的有效缓解。

　　随着膜分离运行时间与运行周期的增加,分离膜对物质的截留必然会引起膜孔的堵塞,而其中难以通过水力清洗去除的污染物会造成不可逆膜污染,只能通过化学清洗去除。不可逆污染会造成后续水通量的严重下降、运行能耗的显著升高,是制约膜系统稳定运行的一

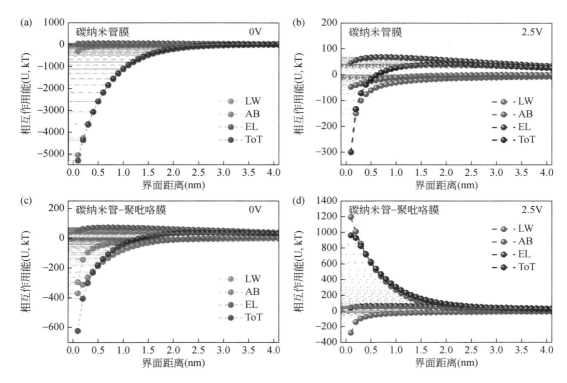

图 4.12　(a)、(b)0V 和 2.5V 电压下碳纳米管膜(作阴极)与腐殖酸之间的相互作用能；
(c)、(d)0V 和 2.5V 电压下碳纳米管-聚吡咯膜(作阴极)与腐殖酸之间的相互作用能

个关键因素。针对不可逆膜污染,利用该碳纳米管-聚吡咯分离膜膜孔对电响应的特性,提出了一种基于电辅助的水力反冲洗策略。如图 4.13(a)所示,碳纳米管-聚吡咯分离膜经过对腐殖酸溶液的 12 个过滤周期之后,跨膜压差从 34.7kPa 逐渐增长到 51.1kPa。当采用普通的水力反冲洗对膜污染去除时,由于不可逆膜污染的存在,其在第 13 个周期末的跨膜压差仅降低至 44.6kPa。当采取电辅助(碳纳米管-聚吡咯膜作阳极)的反冲洗方式时,第 13 个周期末的跨膜压差降低至 35.2kPa,接近初始过滤周期的值,通量恢复率达到了 99.4%。研究发现,电辅助水力反冲洗策略对牛血清蛋白和海藻酸钠引起的膜污染的通量恢复率都达到了 99% 以上[图 4.13(b)、(c)]。即使运行时间延长到 100h 以上,电辅助反冲洗策略仍能够有效去除多周期运行所累积的不可逆膜污染,通量恢复率达到 99% 以上[图 4.13(d)]。

　　通过聚乙二醇截留测试和两参数标准对数分布函数测定了碳纳米管-聚吡咯分离膜的孔径分布,以探究电辅助碳纳米管-聚吡咯分离膜去除不可逆膜污染的机理。如图 4.14 所示,其孔径主要分布在 94nm 处。但当在碳纳米管-聚吡咯分离膜上施加负电势时,膜孔径缩小到了 86nm,而施加正电势时,膜孔径增大到了 103nm,从超滤膜转变成了微滤膜。结果表明,通过在碳纳米管-聚吡咯膜上施加不同的外电势可实现对膜孔尺寸的可控调节。从图中还可以发现,在碳纳米管-聚吡咯膜上施加正电势时不仅增大了膜孔径,也使得膜孔径分布变得更宽。出现该现象的原因为,膜孔道主要由碳纳米管相互交织形成的间隙构成,当施

加正电势时,聚吡咯中的阳离子脱离主链,聚吡咯的体积缩小使得碳纳米管之间的间隙增大,从而导致膜孔增多、增大,最终使得膜孔的分布变宽。

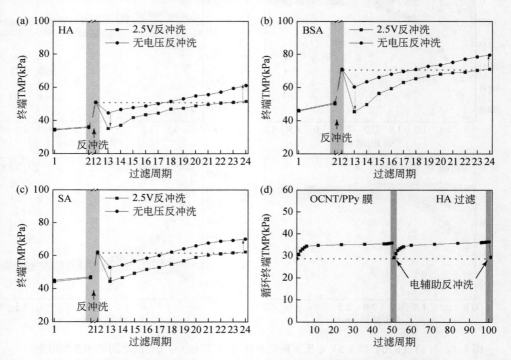

图 4.13　(a)~(c)电辅助反冲洗对不同物质污染后的碳纳米管-聚吡咯分离膜的再生性能:(a)腐殖酸、(b)牛血清蛋白、(c)海藻酸钠;(d)电辅助反冲洗去除多周期运行累积的不可逆膜污染的性能

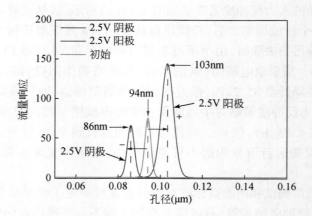

图 4.14　外加电压对碳纳米管-聚吡咯膜孔径的影响

结合以上研究结果,推测电辅助碳纳米管-聚吡咯分离膜水力反冲洗再生的机理为:碳纳米管-聚吡咯分离膜具有电响应的膜孔尺寸调节特性,在2.5V电压且膜作阳极的情况下,其平均孔径从94nm扩展到103nm,此时膜孔内部难以通过普通水力清洗去除的膜污染充分

暴露出来,并在水流剪切力的作用下从被膜上清除,实现对不可逆膜污染的高效去除。

4.2　电辅助膜抗油污染性能及机理

膜分离技术作为一种先进的废水处理技术,在处理含油废水方面展现了众多优势。然而,该技术在实际应用过程中仍存在一些问题,主要问题之一是严重的膜污染。水中的油滴被截留在膜表面上后会形成一层致密的凝胶层,造成水通量显著下降,水处理效率降低。此外,频繁地膜清洗不仅会缩短膜寿命,还极大地提高了运行成本。乳化油废水中的油滴表面常吸附负离子而携带负电荷[10,11]。鉴于此,很多研究报道了在亲水导电分离膜上施加负电势,通过电场作用和界面静电排斥作用阻止油滴在膜表面上的沉积,可有效减缓膜污染[12-15]。

1. 电辅助碳纳米管分离膜处理高浓度模拟含油污水的性能

2.1.1 小节讨论了一种聚乙烯醇交联的碳纳米管分离膜,具有良好的性能。此外,该膜还具有超亲水/水下超疏油的性质,可应用于含油废水的处理中[12]。图 4.15(a)是电辅助下该碳纳米管膜分离油/水混合物时渗透通量衰减的情况。对于实验室配置的高浓度正十六烷乳化油废水(1000mg/L),碳纳米管分离膜在 0V、−0.5V、−1.0V 和−1.5V $vs.$ Ag/AgCl 的电势辅助下,运行至 60min 时的水渗透速率分别为 166L/(m²·h·bar)、259L/(m²·h·bar)、305L/(m²·h·bar) 和 394L/(m²·h·bar),分别是无电辅助时水渗透速率的 1.57 倍、1.84 倍、2.37 倍。在−0.5V、−1.0V 和−1.5V $vs.$ Ag/AgCl 电势辅助下过滤 60min 大豆油乳化油废水后,碳纳米管分离膜的水渗透速率分别为 313L/(m²·h·bar)、328L/(m²·h·bar) 和 370L/(m²·h·bar)[图 4.15(b)],较无电辅助时提高 4%、9%、23%。由此可见,碳纳米管分离膜在电化学辅助下处理乳化油废水时渗透通量的衰减得到缓解。图 4.16 显示了碳纳米管分离膜在不同电势下处理正十六烷乳化油废水后的膜表面扫描电镜图。从图中可以看出,随着施加电势的升高,膜表面上可观察到油污明显变少,表明膜污染得到了缓解。

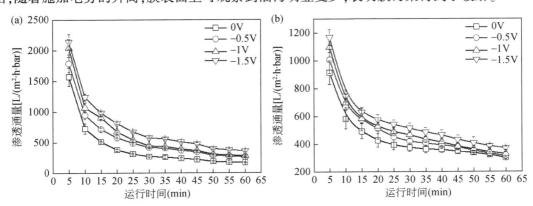

图 4.15　碳纳米管膜在不同电势($vs.$ Ag/AgCl)下处理正十六烷(a)和大豆油(b)乳化油废水时的
渗透通量–运行时间曲线

图 4.16   碳纳米管膜在不同电势下处理正十六烷乳化油废水后膜表面的电镜图

2. 电辅助碳纳米管分离膜处理低浓度含油污水的性能

相较于高浓度乳化油,低浓度乳化油的稳定性更好、油滴尺寸分布更小,因此处理低浓度乳化油废水更为困难。为了进一步考察电辅助碳纳米管膜的抗油污染性能,其又被用来处理了较低浓度的正十六烷乳化油废水(100mg/L),油滴分布在 60nm ~ 2μm,平均大小为 270nm,并且在三天之内能保持稳定状态。图 4.17 为碳纳米管膜在不同电势下处理正十六烷乳化油废水时的渗透通量-运行时间变化曲线。可以看出,在 0V 时碳纳米管膜的水渗透速率迅速下降,运行至 60min 时的水渗透速率衰减至 604L/(m² · h · bar),仅是纯水通量的 13.8%,水渗透速率衰减了 86.2%。在不同电势下,碳纳米管膜的水渗透速率衰减得到抑制,在-0.5V、-1.0V 和-1.5V *vs.* Ag/AgCl 电势下运行至 60min 时的水渗透速率分别为 1055L/(m² · h · bar)、1174L/(m² · h · bar) 和 1403L/(m² · h · bar),分别是单独膜分离过程时的 1.8 倍、2.0 倍、2.3 倍。扫描电镜观察发现,无电辅助的单独膜分离情况下,膜表面上明显附着一层油污,而在负电势下膜表面的油污明显减少。以上结果表明,碳纳米管膜在电辅助下处理低浓度正十六烷乳化油废水时,渗透通量的衰减显著减缓,膜污染得到有效缓解。

4.1.2 小节讨论了膜污染的完全阻塞、间接阻塞、滤饼过滤和标准阻塞四种类型。在处理乳化油废水时,油滴造成的 4 种膜污染模型如图 4.18 所示。在完全阻塞模型中,油滴的粒径大于膜孔直径,并且每个膜孔刚好被一个污染物覆盖。间接阻塞指油滴粒径大于膜孔径,且油滴在膜孔附近相互之间接触,不能完全把膜孔堵塞。在滤饼阻塞模型中,油滴的粒径比膜的孔径大得多,并且在跨膜压力的作用下,随着水流逐渐向膜表面靠拢、累积,形成具

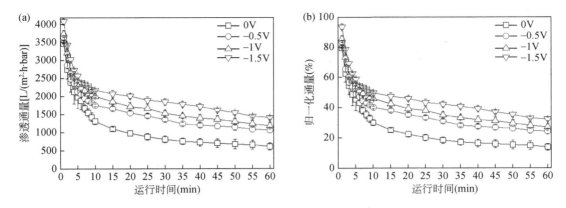

图 4.17　碳纳米管膜在不同电势(*vs.* Ag/AgCl)下处理正十六烷乳化油废水时的
渗透通量–运行时间曲线(a)和归一化通量(b)

有一定厚度的饼层。为了进一步研究电辅助下碳纳米管膜处理低浓度正十六烷乳化油废水的膜污染情况,进行了污染模型的分析。四种模型拟合的相关系数和污染指数总结在表 4.1。

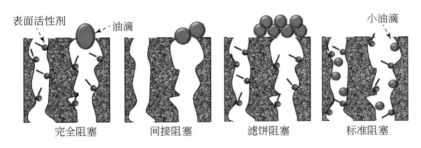

图 4.18　油滴造成的四种膜污染模型的示意图

对于单独的碳纳米管膜的过滤过程,完全阻塞、间接阻塞、滤饼过滤、标准阻塞的相关系数分别是 0.82、0.94、0.99、0.89(表 4.1),滤饼堵塞模型的相关系数最高,其次是间接阻塞模型。该结果表明,在单独膜过滤过程中发生的膜污染类型主要是滤饼堵塞,其次为间接阻塞。然而,当碳纳米管膜在-1.5V *vs.* Ag/AgCl 电势下处理正十六烷乳化油时,间接阻塞模型的相关系数降低至 0.89,而且只有滤饼阻塞模型的相关系数高于 0.9,说明电辅助使间接阻塞型污染得到了一定程度的缓解,主要发生了滤饼阻塞。另外,各种模型中的污染指数 K 都随着电势差的增加而呈现下降的趋势:完全阻塞的污染指数从 0.025 下降至 0.013,间接阻塞的污染指数从 $2.22×10^{-5}$ 下降至 $6.26×10^{-6}$,滤饼阻塞的污染指数从 $4.43×10^{-8}$ 下降至 $9.15×10^{-9}$,标准阻塞污染指数从 $3.67×10^{-4}$ 下降至 $1.41×10^{-4}$。该计算结果进一步表明,电辅助可以有效缓解膜污染现象。

通过"过滤–反冲洗"实验可以了解碳纳米管膜在不同电势下受不可逆污染的情况,实验结果如图 4.19 所示。从图 4.19(a)可以看出,在五次"过滤运行–反冲洗"过程中,碳纳米管膜在不同负电势下的水渗透速率都比单独膜过滤时的水渗透速率高。并且,施加的电势越高,膜渗透通量也越高。特别是在第 5 次过滤运行–反冲洗运行末期,膜在 $-0.5V$、$-1.0V$、$-1.5V$ vs. Ag/AgCl 电势辅助下的纯水渗透速率分别为 $1102L/(m^2 \cdot h \cdot bar)$、$1184L/(m^2 \cdot h \cdot bar)$ 和 $1815L/(m^2 \cdot h \cdot bar)$,是单独膜过滤时渗透速率 $[562L/(m^2 \cdot h \cdot bar)]$ 的 2.0 倍、2.1 倍和 3.2 倍。

表 4.1　碳纳米管膜在不同电势下处理较低浓度正十六烷乳化油废水时的
四种膜污染模型的理论计算相关系数(R^2)和污染指数(K)

施加电势 (vs. Ag/ AgCl)(V)	污染模型							
	完全阻塞		间接阻塞		滤饼阻塞		标准阻塞	
	R^2	K_b	R^2	K_i	R^2	K_c	R^2	K_s
0	0.82	0.025	0.94	2.22×10^{-5}	0.99	4.43×10^{-8}	0.89	3.67×10^{-4}
-0.5	0.81	0.016	0.92	9.92×10^{-6}	0.98	1.31×10^{-8}	0.89	1.98×10^{-4}
-1.0	0.83	0.015	0.93	8.41×10^{-6}	0.98	9.88×10^{-9}	0.89	1.77×10^{-4}
-1.5	0.78	0.013	0.89	6.26×10^{-6}	0.95	9.15×10^{-9}	0.85	1.41×10^{-4}

同时,单独膜过滤时,碳纳米管膜在每次反冲洗后的纯水通量恢复率迅速降低,运行 5 次后的纯水通量只有初始纯水通量的 59.2% [图 4.19(b)],表明碳纳米管膜受到了严重的不可逆污染。然而,在 $-0.5V$ 和 $-1.0V$ vs. Ag/AgCl 电势下,碳纳米管膜的纯水通量恢复率可分别提高到 70.4% 和 80.5%。当辅助电势为 $-1.5V$ vs. Ag/AgCl 时,碳纳米管膜每次过滤运行–反冲洗后的纯水通量几乎可 100% 恢复到初始纯水通量,表明在 $-1.5V$ vs. Ag/AgCl 电势的辅助下碳纳米管膜基本抑制了不可逆膜污染。

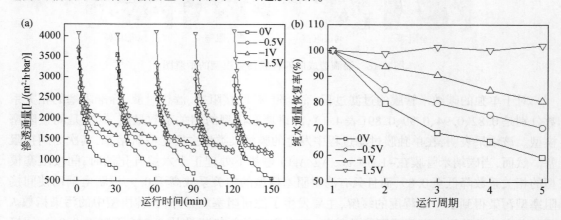

图 4.19　碳纳米管膜在不同电势下 5 次"过滤运行–反冲洗"过程中膜渗透通量的
变化曲线(a)和反冲洗后纯水通量恢复率(b)

此外,在这 5 次"过滤–反冲洗"循环实验中,由于不可逆污染的产生,碳纳米管膜的膜孔因为被油污堵塞而逐渐减小,并且反冲洗也不能恢复,因此膜过滤出水中油的浓度从第一个过滤运行周期的 14.8mg/L 逐渐下降至第 5 个过滤运行周期的 10.8mg/L。而在 $-0.5V$、$-1.0V$ 和 $-1.5V$ vs. Ag/AgCl 电势下,碳纳米管膜在每个运行周期的滤液中油的浓度始终保持在~3mg/L。该结果再次证明,电辅助不仅可以提高碳纳米管膜的抗油污染的能力,特别是抗不可逆污染的能力,还能提高碳纳米管膜对油的截留能力。

3. 电辅助碳纳米管分离膜处理稀释切削液的性能

上述低浓度正十六烷乳化油模拟废水中只包含了正十六烷和十二烷基硫酸钠两种物质,是一种简单的比较理想状态的乳化油废水。并且,其油滴粒径相对于膜孔径较大。为了进一步考察电辅助碳纳米管膜对实际乳化油废水的处理性能,一种商业 Boost 品牌的切削液被用来配制乳化油废水,油浓度为 100mg/L,油滴分布在 30~300nm,平均粒径为 80nm,并且可以稳定保存至少 7 天以上。

由于 Boost 切削液乳化油废水中的很多油滴小于碳纳米管膜的孔径大小,因此碳纳米管膜的单纯尺寸筛分作用难以将其有效截留。无电辅助时,在初始 10min 内的滤液中油浓度为 43.3mg/L,截留率仅为 56.7%。此后,随着膜过滤的进行,碳纳米管膜的膜孔会不可避免地受到油和表面活性剂等物质的污染,膜孔径将逐渐减小,导致膜过滤出水中油的浓度也随之逐渐降低,运行 60min 时滤液中油的浓度降低至 24.6mg/L。而在电辅助下,滤液中油的浓度显著降低,出水水质明显提高,在 -0.5V vs. Ag/AgCl 电势下,运行初期的 10min 内出水中油的浓度为 37.6mg/L,并且在 60min 时逐渐降低至 20.5mg/L;当辅助电势为 -1.0V vs. Ag/AgCl 时,出水中油的浓度为 30.8mg/L,并且在 60min 时降低至 14.4mg/L;而当电势调整到 -1.5V vs. Ag/AgCl 后,出水中油的浓度为 17.0mg/L,在随后的运行时间内,出水油浓度稳定保持在~12mg/L,与未施加电压单独膜过滤相比,油的去除率从 56.7% 提高到了 88.0%。

图 4.20 显示了碳纳米管膜在不同电势辅助下处理稀释 Boost 切削液的渗透通量–运行时间变化曲线。碳纳米管膜在无电辅助的情况下,水渗透速率随着运行时间的延长迅速下降,在运行至 60min 时衰减至 453L/(m² · h · bar)[图 4.20(a)],仅为纯水通量的 10.4% [图 4.20(b)],渗透通量衰减率达到 89.6%,说明 Boost 切削液对膜造成了严重的污染。并且,碳纳米管膜处理稀释切削液时的渗透通量低于其处理正十六烷乳化油污水时的渗透通量,表明切削液中的油造成的膜污染更严重。在负电势辅助下,尽管碳纳米管膜的渗透通量也下降,但是与单独膜过滤过程相比下降的速率明显减缓。运行时间至 60min 时,碳纳米管膜在 -0.5V、-1.0V 和 -1.5V vs. Ag/AgCl 电势辅助下的水渗透速率分别为 660L/(m² · h · bar)、890L/(m² · h · bar) 和 990L/(m² · h · bar),分别是单纯膜过滤过程的 1.5 倍、2.0 倍和 2.2 倍。

扫描电镜观察发现,单纯的碳纳米管膜过滤稀释的 Boost 切削液后,油污明显地附着在膜表面上。这应该是造成膜渗透通量严重下降的主要原因。并且,与过滤正十六烷乳化油废水后的碳纳米管膜相比,处理稀释 Boost 切削液后的碳纳米管膜污染更严重,说明成分更加复杂、污染物更多的实际乳化油废水可造成更为严重的膜污染。而对于电辅助下的碳纳米管膜,膜表面可观察到的油污明显减少。上述结果证实,碳纳米管膜在处理稀释的 Boost 切削液时,电辅助作用可有效缓解膜污染现象。

根据碳纳米管膜在不同电势下处理稀释切削液时的渗透通量–运行时间曲线,利用污染模型进行拟合,可以分析碳纳米管膜在不同电势下的污染情况。拟合结果的相关系数和污

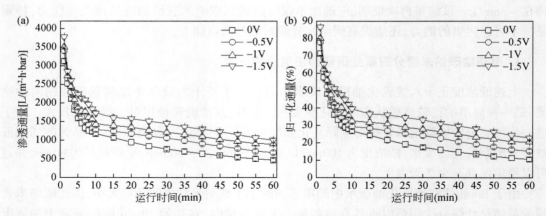

图 4.20　碳纳米管膜在不同电势下处理 Boost 切削液废水的渗透通量–运行时间曲线（a）和归一化通量（b）

染指数总结在表 4.2 中。拟合结果发现,单纯膜过滤时完全阻塞、间接阻塞、滤饼阻塞、标准阻塞模型的相关系数分别是 0.80、0.94、0.98、0.91,说明在过滤稀释 Boost 切削液时发生的污染类型主要为滤饼阻塞、间接阻塞和标准阻塞。与过滤正十六烷乳化油模拟废水时相比,过滤 Boost 切削液时发生的标准阻塞更加严重。这是因为切削液中的小油滴容易进入膜孔的内部。然而,当碳纳米管膜在-0.5V、-1.0V 和-1.5V vs. Ag/AgCl 电势下时,标准阻塞的相关系数均低于 0.9,说明施加的负电势抑制了标准阻塞类型的膜污染,有效阻止了切削液中的小油滴进入膜孔内,有利于缓解不可逆污染。

表 4.2　碳纳米管膜在不同电势下过滤稀释的 Boost 切削液时四种膜污染模型的理论计算相关系数(R^2)和污染指数(K)

施加电势 (vs. Ag/AgCl)(V)	污染模型							
	完全阻塞		间接阻塞		滤饼阻塞		标准阻塞	
	R^2	K_b	R^2	K_i	R^2	K_c	R^2	K_s
0	0.80	0.022	0.94	2.06×10^{-5}	0.98	4.37×10^{-8}	0.91	3.30×10^{-4}
-0.5	0.80	0.020	0.94	1.70×10^{-5}	0.96	3.17×10^{-8}	0.89	2.89×10^{-4}
-1	0.84	0.019	0.93	1.58×10^{-5}	0.97	2.70×10^{-8}	0.88	2.79×10^{-4}
-1.5	0.82	0.016	0.93	1.01×10^{-5}	0.97	1.34×10^{-8}	0.89	2.01×10^{-4}

另外,碳纳米管膜处理 Boost 切削液时的四种污染模型中的污染指数均高于处理正十六烷乳化油污水时的污染指数。尽管 Boost 切削液的污染性强,但是四种污染类型的污染指数均随着施加电势的升高而呈现下降的趋势:完全阻塞的污染指数从 0.022 降至 0.016,间接阻塞的污染指数从 2.06×10^{-5} 下降至 1.01×10^{-5},滤饼阻塞的污染指数从 4.37×10^{-8} 下降至 1.34×10^{-8},标准阻塞污染指数从 3.30×10^{-4} 下降至 2.01×10^{-4}。结果表明,电辅助下完全阻塞模型、间接阻塞模型、滤饼阻塞模型、标准阻塞模型的污染均得到缓解。

图 4.21 为"过滤–反冲洗"实验中,碳纳米管膜在不同电势辅助下过滤 Boost 切削液时渗透通量的变化曲线和纯水通量恢复率。从图 4.21(a)可以看出,在整个膜过滤运行过程

中,碳纳米管膜在电辅助下膜渗透通量的衰减均得到了有效缓解,在第 5 次"过滤-反冲洗"运行末期,碳纳米管膜在 $-0.5V$、$-1.0V$、$-1.5V$ $vs.$ Ag/AgCl 时的水渗透速率分别为 713L/($m^2 \cdot h \cdot bar$)、754L/($m^2 \cdot h \cdot bar$)和 1043L/($m^2 \cdot h \cdot bar$),分别是单纯碳纳米管膜过滤时水渗透速率[545L/($m^2 \cdot h \cdot bar$)]的 1.3 倍、1.4 倍和 1.9 倍。

同时,单纯膜分离过程中碳纳米管膜的纯水通量恢复率不断降低,第 5 次反冲洗后的纯水通量只有膜初始纯水通量的 57.2%[图 4.21(b)]。该数据表明 Boost 切削液对碳纳米管膜造成了严重的不可逆污染。然而,在 $-0.5V$、$-1.0V$ 和 $-1.5V$ $vs.$ Ag/AgCl 电势下,碳纳米管膜的纯水通量恢复率在第 5 次反冲洗后分别为 68.4%、71.7% 和 81.4%。该实验表明,电辅助也可缓解碳纳米管膜处理成分复杂的切削液污水时的膜污染。此外,在这 5 次"过滤-反冲洗"处理稀释 Boost 切削液的过程中,碳纳米管膜在电辅助下的出水水质也很稳定。在不施加电压单独膜分离的情况下,Boost 切削液中的油滴、表面活性剂和助表面活性剂等其他污染物对碳纳米管膜造成了严重的不可逆污染,膜孔因被污染物堵塞而逐渐减小。因此,滤液中油的浓度从第 1 个运行周期中的 43.3mg/L 逐渐减小至第 5 个运行周期中的 30.2mg/L。而在电辅助下滤液中油的浓度始终低于单独膜过滤时滤液中油的浓度,尤其电势为 $-1.5V$ $vs.$ Ag/AgCl 时,滤液中的油浓度均降低至 ~17mg/L,表明电辅助碳纳米管膜处理 Boost 切削液废水时具有良好的稳定性。

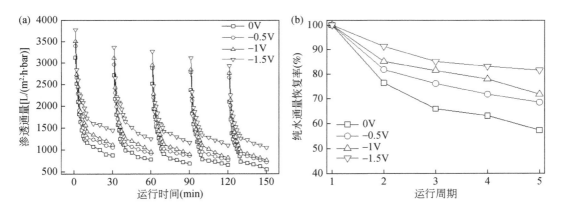

图 4.21　碳纳米管膜在不同电势辅助下过滤 Boost 切削液时渗透通量的变化曲线(a)和纯水通量恢复率(b)

理论分析认为,在单独膜过滤乳化油的过程中,部分大油滴被膜截留住,被截留的油滴在膜表面不断累积,形成致密的凝胶层,极大地阻碍水传输,造成严重的膜污染,同时在跨膜压差的作用下,小油滴随着水一起穿透过膜孔,造成出水水质降低;正十六烷乳化油与 Boost 切削液中的油滴表面都携带着负电荷(图 4.22),而施加在膜上的负电势增强了膜表面与油滴之间的排斥作用力,有效阻碍了油滴向膜表面迁移,缓解了油滴在膜表面的吸附与积累,从而使膜对油的截留性能和抗污染性能均得到提升。这应该是电辅助增强碳纳米管膜对乳化油的截留能力以及抗油污染能力的机理。

4. 电辅助碳纳米管分离膜处理实际含油废水的性能

为了验证电辅助膜分离过程处理含油废水的实用性,考察了该碳纳米管膜在电化学辅

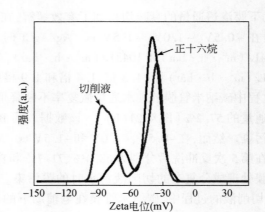

图 4.22　正十六烷乳化油和 Boost 切削液的 Zeta 电位

助下对炼油废水二级生化出水的处理性能。水样取自某炼油企业二级生化处理后的出水，其原水中油浓度为 63.7mg/L。原水经过玻璃纤维膜（平均孔径为 1.0μm）预过滤之后 COD 为 220mg/L，油浓度为 51.1mg/L，浊度为 7.7NTU。图 4.23（a）为单纯碳纳米管膜及其在电辅助下滤液中油浓度随运行时间的变化曲线，数据显示两个过程出水中油的浓度均保持在 0~2mg/L，表明单独膜分离以及电辅助膜分离过程均能有效截留水中的油，均满足《污水综合排放标准》（GB 8978—1996）的一级标准（油浓度<5mg/L）。图 4.23（b）为不同运行时间时滤液中 COD 浓度。单纯碳纳米管膜过滤的出水中 COD 值为 128~144mg/L，而在−1.5V *vs.* Ag/AgCl 辅助时出水中 COD 值为 88~103mg/L，显著低于单纯膜过滤时的值，表明在处理真实废水时电辅助依然可提高碳纳米管膜的截留能力。而且，膜过滤后，出水中浊度显著下降，仅为 0.8NTU。

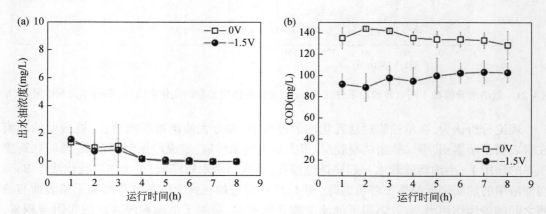

图 4.23　单纯碳纳米管膜及其在电辅助下滤液中油浓度（a）和 COD（b）随运行时间的变化曲线

　　如图 4.24（a）所示，无论是在单纯膜过滤还是电辅助条件下，碳纳米管膜的渗透通量均随着运行时间的增加而逐渐下降，但是，电辅助膜过滤运行时的渗透通量始终高于单纯膜过滤时的渗透通量。运行 8h 后，电辅助条件下的水渗透速率为 350L/（m² · h · bar），较单纯膜过滤过程时的水渗透速率[240L/(m²·h·bar)]提高了 45.8%。结果表明,电辅助同样可使碳纳米管膜处理实际含油废水时具有更强的抗污染性能,原因同样为静电斥力作用能够抑制水体中带负荷的油滴及其他污染物向膜表面迁移和在膜表面上的累积,延缓了滤饼层的形成。为了考察电辅助碳纳米管膜处理实际含油废水时的抗不可逆污染性能,在运行 8h 后进行了 5min 的反冲洗。结果表明,单纯膜分离过程反冲洗后的纯水通量恢复率仅为 65.4%,而电辅助膜分离过程反冲洗后的纯水通量达到 82.2%[图 4.24(b)],相比之下提高了 16.8%,展现出更强的抗不可逆污染的能力。

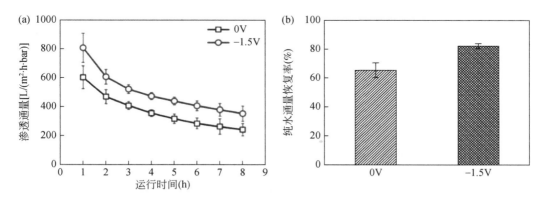

图 4.24　单纯碳纳米管膜及其在电辅助下的渗透通量−运行时间曲线(a)以及反冲洗纯水通量恢复率(b)

4.3　电辅助膜抗微生物污染性能及机理

4.3.1　电辅助增强膜抗微生物污染

在电化学辅助膜分离过程中,分离膜既可以作阳极或阴极,也可以施加交替电压实现阴、阳极的规律性转换。由于不同极性下,膜电极发挥作用的抗污染机制各异,优化施电方式对电化学增强膜抗污染性能具有重要意义。

1. 施电方式对膜抗微生物污染性能的影响

由于微生物的繁殖性、累积附着性等,微生物污染较其他膜污染形式更为复杂。为了探究施电方式对电辅助抗微生物污染性能的影响,基于碳纳米管超滤膜考察了不同电势下的膜污染情况[16]。由于所使用的碳纳米管膜的孔径要明显小于 *E. coli* 的尺寸,因此单纯的筛分作用就可将进水中的菌体完全截留。研究发现,无电辅助的情况下,该碳纳米管膜运行 1h 后的水渗透速率仅为 210L/(m²·h·bar)(图 4.25),通量降低了约 90%。在电化学辅助下,运行 1h 后的水渗透速率相较于无电辅助时明显升高:在正电势(+1.0V *vs.* Ag/AgCl)下,膜运行 1h 后的水渗透速率达到 600L/(m²·h·bar);在负电势(−1.0V *vs.* Ag/AgCl)下,水渗透速率提高到 1400L/(m²·h·bar);交替电势(±1.0V *vs.* Ag/AgCl,交替时间间隔:

60s)使水渗透速率升高至1700L/(m^2·h·bar)。这说明电化学作用可以有效抑制碳纳米管分离膜表面微生物污染的形成,抑制膜污染效果的运行模式由强到弱的顺序为交替电辅助>阴极电辅助>阳极电辅助>无电辅助。

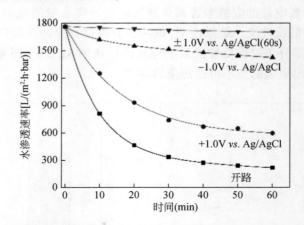

图4.25　碳纳米管膜在无电势、正电势、负电势和交替电势下过滤含 *E. coli* 进水时膜渗透
速率的变化曲线(*E. coli* 浓度:10^{7}cfu/mL;错流速率:0.20m/s;操作压力:0.1bar)

　　为了考察不同施电方式下碳纳米管膜抗微生物污染的机理,利用荧光染色法(活菌染色后呈绿色,死菌为橙色)对截留在膜表面的菌体进行分析。如图4.26(a)所示,未施加电势的膜表面出现密集的绿色点,说明膜表面聚集了大量的活菌。研究报道,固体表面的活菌可作为游离菌的附着点,能够进一步增大细菌在固体表面上的附着量[17-19]。因此,在无电辅助条件下,活菌不断在碳纳米管膜表面累积附着。由于缺乏有效的抗菌灭菌能力,活菌累积量不断增加,逐渐在膜表面形成生物滤饼层,致使通量显著下降。

　　图4.26(b)为正电势条件下膜表面的菌体分布情况,图中出现大量的橙色点,说明膜体表面附着的菌体在此条件下已被灭活。这是因为在正电势下,膜表面能够通过电子直接传递反应使细胞内辅酶A(CoA酶)发生不可逆的失活[20,21]。此外,电化学降解作用也能够使部分菌体细胞破裂,从而实现细菌的灭活。另有研究发现,在正电势下,附着在电极表面的菌体会因电泳或者电渗等作用发生类布朗运动,而这种运动能够削弱菌体与电极表面的结合力,若有剪切流存在,能够导致部分菌体从电极表面脱落[22-25]。由于实验采用错流过滤方式,施加正电势的膜表面会发生电化学灭菌和电迁移现象,致使细菌灭活甚至脱落,并抑制菌体的进一步附着,从而使得膜污染较开路条件下有所改善。但是由于菌体与阳极极化的膜表面存在静电引力作用,致使细菌无法完全从膜表面脱落,膜污染问题依旧存在。

　　在负电势条件下,膜面菌体数量较前两种情况明显减少[图4.26(c)]。由于 *E. coli* 在水体中呈电负性,其电泳迁移速率约为4.7×10^{-8}m^2/(V·s)。因此,在分离膜上施加负电势,导致 *E. coli* 与阴极极化的膜面之间存在静电排斥作用,抑制了菌体向膜面的迁移。在错流剪切力作用下,该部分菌体被冲刷至浓缩水侧,从而有效抑制菌体在膜表面的累积。此外,可以发现附着的菌体呈现绿色,说明负电势无法实现菌体的灭活,依然会有少量活菌附着在膜表面。其原因在于细菌与膜表面的结合力存在非均匀性,部分菌体与膜表面的结合力强于二者之间的静电斥力,使得该部分菌体无法从膜表面脱落,并可作为新的结合点加重游离态菌体附着,所以负电势条件下膜通量也出现一定程度的下降。

图 4.26(d)是电势正负交替的情况下膜表面菌体的情况,可以发现不仅菌体数量有明显减少,而且附着的细菌也已被灭活。这一现象可能是由于交替电势有效结合了正电势和负电势条件下的电化学作用,有效抑制了生物膜污染的形成,致使通量较单独膜分离提高了7.1 倍。分析可知,当在负电势时间段时,菌体向膜面附着趋势因静电斥力的存在而被明显减弱,致使多数细菌被剪切流冲刷至浓缩水侧。虽然小部分菌体会附着到膜表面,当电势由负变正后,该部分菌体会被灭活,降低了其作为附着位点的可能性,而且由于正电势时间段发生电灭活和电迁移作用,菌体与膜表面的附着力有所削弱。再次改变电势极性至负电势后,静电斥力致使该部分菌体脱落,并被剪切流冲刷走,这种交替循环的施加电压方式极大地避免了单一施加电压方式下的劣势,大幅度提高了膜的抗微生物污染性能。

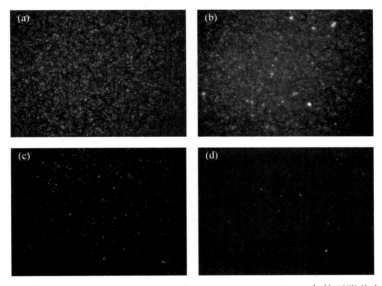

图 4.26　开路(a)、+1.0V(b)、-1.0V(c)和±1.0V(d)vs. Ag/AgCl 条件下附着在碳纳米管膜表面的细菌状态图(绿色:活菌;橙色:死菌)

2. 施电方式对膜抗综合污染性能的影响

由于实际水体中除了菌体还含有天然有机质,因此又进一步考察了交替极化条件下碳纳米管分离膜的抗混合污染的能力。图 4.27 为不同电势极性变换间隔时长时碳纳米管分离膜处理含有 *E. coli* 和腐殖酸溶液的过程中膜通量随时间变化的曲线。可以看出,随着极性变换间隔的延长,膜通量出现先升高后下降的趋势。当交替时间间隔为 15s 时,运行 1h 后碳纳米管膜的水渗透速率为 1020L/(m² · h · bar);当交替时间间隔延长至 60s 时,运行 1h 后水渗透速率为 1410L/(m² · h · bar);进一步延长交替时间间隔至 120s,水渗透速率则为 1340L/(m² · h · bar),小于间隔时间为 60s 时的水渗透速率。通过检测运行过程中的电流–时间曲线可以发现（图4.28）：当交替时间间隔为15s时，电化学极化过程并未有效完成；当交替时间间隔为30s时，阴极极化过程可以完成而阳极极化并未完成；进一步延长交替时间间隔为60s，两种极化过程均可有效完成。上述结果表明极化过程完成与否与碳纳米

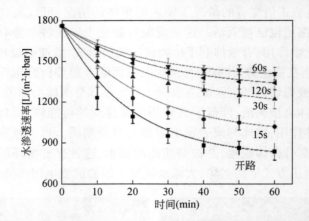

图4.27　不同电势极性变换间隔时碳纳米管膜处理含有 *E.coli* 和腐殖酸溶液的过程中膜通量随时间变化的曲线（腐殖酸浓度：10mg/L；*E.coli* 浓度：10^3cfu/mL，电压极性变化间隔：60s；错流速率：0.20m/s；压力：0.1bar；电势：±1.0V *vs.* Ag/AgCl）

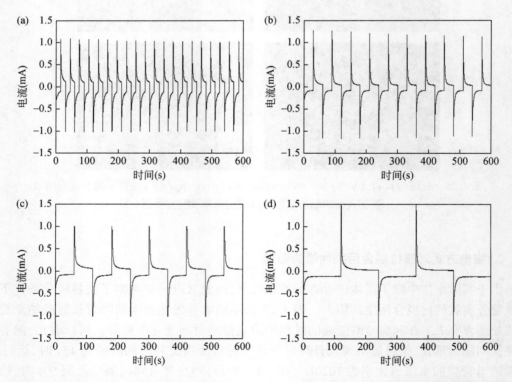

图4.28　电势极性交替变化时间间隔为15s（a）、30s（b）、60s（c）和120s（d）时碳纳米管膜的电流–时间曲线

管分离膜的抗污染能力有密切关系。由于分离膜在单独的正电势或负电势条件下均会发生膜污染,因此过长的极化时间会造成一种电势时间段内积累的膜污染无法在另一种电势时间段得到有效消除,然后逐渐累积,从而造成膜通量的下降,所以过长的交替时间间隔也不利于提高碳纳米膜的抗污染能力。

图 4.29 为不同交替电势下碳纳米管膜同时过滤 *E. coli* 和腐殖酸时的水渗透通量变化曲线和 TOC 去除率。从图 4.29(a)可以看出,当极化电势分别为 ±0.5V *vs.* Ag/AgCl、±1.0V *vs.* Ag/AgCl 和 ±1.5V *vs.* Ag/AgCl 时,运行 1h 后的水渗透速率分别为 1065L/(m² · h · bar)、1410L/(m² · h · bar) 和 1570L/(m² · h · bar),明显高于开路条件下的 850L/(m² · h · bar)。腐殖酸的电化学氧化起始电位为 +0.5V *vs.* Ag/AgCl,而电灭活细菌发生在 +0.74V *vs.* Ag/AgCl,即当极化电势为 ±0.5V *vs.* Ag/AgCl 时,正电势的作用并不明显。因为施加负电势时存在静电斥力作用,所以碳纳米管膜的抗污染性能得到一定程度的提高。当极化电势为 ±1.0 和 ±1.5V *vs.* Ag/AgCl 时,腐殖酸的电化学氧化分解和电致灭菌作用均可发生,且静电斥力也因极化电势的升高而增大,有效地实现了阳极极化和阴极极化作用的耦合,从而极大地提高了分离膜的抗复合污染能力。不同极化电势下的 TOC 去除率可进一步为该分析提供证据,如图 4.29(b)所示,电势为 ±1.0V 和 ±1.5V *vs.* Ag/AgCl 时的 TOC 去除率明显高于开路和 ±0.5V *vs.* Ag/AgCl 时的去除率。

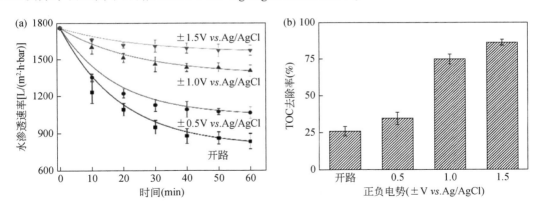

图 4.29　(a)不同交替电势下碳纳米管膜同时过滤 *E. coli* 和腐殖酸时的水渗透通量变化曲线;(b)滤液中 TOC 的去除率(腐殖酸浓度:10mg/L;*E. coli* 浓度:10³cfu/mL,电势极性变化时间间隔:60s;错流速率:0.20m/s;压力:0.1bar)

由于膜分离的运行成本是其推广应用的重要指标之一,以极化电势为 ±1.0V *vs.* Ag/AgCl、交替时间间隔 60s 为例,核算了电极化辅助过程中的整体能耗。通过对所检测的电流密度和出水量积分可知,因施加外电压而额外增加的能耗仅为 1Wh/m³。而由于电极化过程能够显著抑制膜污染的形成,单位时间内出水量可提高至单独膜分离过程的 2.3 倍,所以电辅助膜过滤过程的运行成本远低于单独膜过滤过程。此外,电极化过程还能提高出水水质,其良好的抗污染性能减少了频繁的膜再生和膜更换过程,所以电极化辅助膜分离过程是一种高效节能的膜分离工艺。

4.3.2 电耦合抗菌材料增强膜抗微生物污染

虽然交替施电方式能够显著增强碳纳米管分离膜的抗污染性能,但阳极电势下碳纳米管膜易被氧化,化学稳定性较差。在单独负电势施电模式下,碳纳米管膜不具有有效的灭菌能力,依旧会有菌体附着在负电势极化的膜表面繁殖,或作为游离菌的附着点发展成生物污染。

抗菌修饰改性是通过在膜表面负载抗菌剂及时灭活附着在膜表面的菌体,减弱菌体与膜面的结合力,并利用错流剪切力冲刷去除已灭活菌体,延长分离膜的使用寿命[26-28],是提高分离膜抗微生物污染的有效策略之一。例如,在材料上负载银纳米粒子,通过释放银离子或者纳米银的灭菌性能灭活细菌[29-31]。但是,释放型抗菌修饰存在抗菌剂流失问题,抗菌性能会随着抗菌剂的流失而降低,甚至消失。同时,流失进入膜出水中的抗菌剂可能存在二次污染问题。另外,水体中常含有天然有机质等有机膜污染源,抗菌性修饰对提高抗有机污染的性能不明显。一旦形成有机污染层,释放型抗菌剂无法及时与菌体接触,将削弱分离膜的抗微生物污染性能[32-34]。针对两种抗微生物污染方法各自存在的问题,将阴极电排斥和银离子灭菌作用有效耦合,利用银离子高效杀灭细菌,利用阴极电势排斥杀灭的细菌且回收银离子,显著提高了碳纳米管分离膜的抗污染性能[35]。

1. 抗菌修饰的碳纳米管分离膜的灭菌能力

先将银纳米粒子通过硼氢化钠还原 Ag^+ 的方法负载到表面酸化改性的碳纳米管上,再通过真空抽滤将碳纳米管沉积到陶瓷中空纤维膜基底上,最后在 300℃下煅烧 1h 后制得纳米银修饰的碳纳米管分离膜,其微观结构如图 4.30 所示。从扫描电镜照片中,可以清晰地观察到膜的分层结构,碳纳米管分离层紧密贴合在陶瓷膜基底上。此外,高分辨扫描电镜照片清晰地显示银纳米粒子较为均匀地分布在碳纳米管表面。

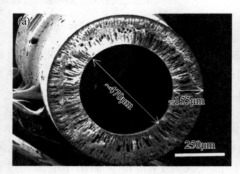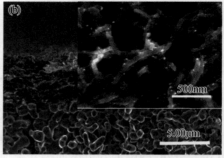

图 4.30 纳米银修饰的碳纳米管分离膜的扫描电镜照片
(a)低倍断面、(b)高倍断面和表面(插图)

抗菌实验发现,细菌培养一段时间后,陶瓷膜基底和未修饰纳米银的碳纳米管分离膜被菌体包围,表明其抗菌/杀菌性能较差[图 4.31(a)、(b)]。纳米银修饰的碳纳米管分离膜周围无菌体出现,呈现出明显的抑菌环,表现出良好的杀菌效果[图 4.31(c)],主要原因是纳米银颗粒释放的银离子是高效灭菌剂,能够与细菌中的—SH 基团反应,使蛋白失活、抑制 DNA 转录表达以及阻断电子传递,而且在形成银离子过程中还可能形成活性氧物种,导致菌体细胞内外形成氧压差,使细菌失去活性[36,37]。振荡烧瓶实验表明纳米银修饰的碳纳米管分离膜能够完全灭活烧瓶中的菌体[图 4.31(d)],且溶液中检测出银离子,浓度约为 ~25μg/L。通过负载菌体后强制洗脱实验也发现,从分离膜上脱落的菌体基本完全灭活[图 4.31(e)]。

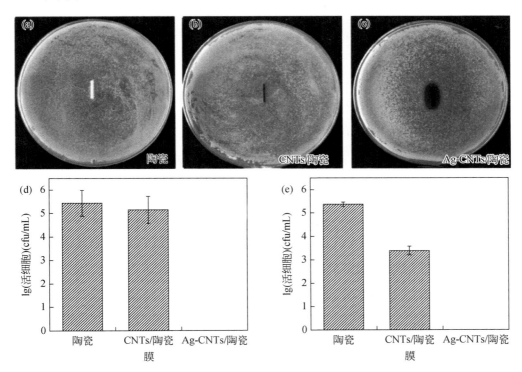

图 4.31 抗菌/杀菌实验:陶瓷基底膜(a)、碳纳米管分离膜(b)和纳米银修饰的碳纳米管分离膜(c)的抑菌环测试;振荡烧瓶测试(d)和强制附着–洗脱测试(e)

2. 电耦合抗菌碳纳米管分离膜的抗微生物污染能力

在过滤实验中发现,单纯的碳纳米管分离膜无法有效抑制微生物污染形成,膜通量随着运行时间的增加出现明显下降,稳定通量仅为初始值的 ~42%(图 4.32),说明碳纳米管具有一定的杀菌的作用,但是无法有效抑制生物膜污染。相比而言,抗菌修饰和施加负电势均能够提高碳纳米管分离膜的抗微生物污染能力,使稳定通量分别为初始值的 80.7% 和 82.7%,证实了两种抑制微生物污染策略的可行性。抗菌修饰主要是通过释放银离子(出水浓度 ~80μg/L,图 4.33)及时灭活细菌,减弱菌体与膜的结合力,并在错流剪切作用下延缓微生物污染层的形成,而施加负电势主要是利用静电斥力,抑制菌体在水力压头的作用下向膜面迁移,减少与膜体接触的菌体量以及减弱附着菌体与膜的结合力。但是,二者均出现通量损失,说明其抗微生物污染性能还有待进一步提高。在抗菌修饰的碳纳米管分离膜上施加负电势时发现,通量损失显著减少,稳定通量为初始值的 97.6% ,表明两种抗微生物污染方式的耦合可展现出优异的抗污染能力。重要的是,施加负电势后,出水中几乎检测不出银离子,说明抗菌剂的流失问题也得到显著改善,原因是负电势的存在,膜上发生了原位电化学还原反应或电吸附阳离子作用。银离子流失问题的解决不仅避免了二次污染问题,还增强了抗菌修饰碳纳米管分离膜的稳定性,有助于延长其运行寿命。

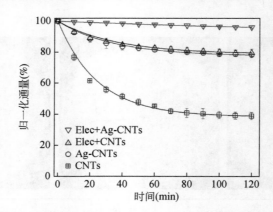

图 4.32　碳纳米管分离膜在不同条件下处理含菌水的运行通量随时间变化的曲线($E.\ coli$ 浓度: 10^6 cfu/mL;错流速率:0.3m/s;压力:0.4bar;电压:2.0V;膜:阴极)

3. 电耦合抗菌碳纳米管分离膜的抗综合污染能力

地表水体中含有大量的天然有机质,在膜过滤过程中会造成显著的膜污染,且对膜的抗菌性能也有一定的影响,因此考察了菌体和天然有机质共存时碳纳米管分离膜抗综合污染的能力。研究发现,当两种污染源共存时,碳纳米管分离膜的水通量急剧下降,稳定通量仅为初始通量的 20%(图 4.33)。而且,腐殖酸的存在明显减弱了纳米银修饰的碳纳米管分离膜的抗微生物污染能力,其稳定通量下降到初始值的 70% ,低于仅过滤菌体时的稳定通量,

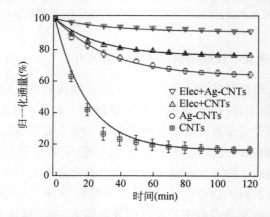

图 4.33　碳纳米管分离膜同时过滤菌体和腐殖酸时归一化通量随时间变化的曲线($E.\ coli$ 浓度: 10^6 cfu/mL;腐殖酸浓度:10mg/L;错流速率:0.3m/s;压力:0.4bar;电压:2.0V;膜:阴极)

说明天然有机质的存在可加重膜污染。施加负电势后，碳纳米管分离膜依旧能够维持79.5%的稳态通量，几乎不受天然有机质存在的影响。这是因为静电斥力同样抑制带负电荷的天然有机质向膜表面迁移。而施加负电势后，纳米银修饰的碳纳米管分离膜表现出优异的抗污染性能，其稳态通量可达到初始值的94%，远高于单纯的碳纳米管膜以及施加负电势的碳纳米管膜的稳态通量。

4.4　电辅助膜蒸馏过程和正渗透过程抗污染性能及机理

膜污染不仅能够发生在压力驱动型膜分离过程中，还可发生在非压力驱动的膜过程中，如蒸汽压差驱动的膜蒸馏和渗透压差驱动的正渗透。因此，基于电辅助压力驱动膜过程的抗污染原理，研究了电辅助膜蒸馏过程和正渗透过程的抗污染性能[38,39]。

4.4.1　电辅助膜蒸馏过程增强抗污染

在膜蒸馏过程中，当膜两侧存在一定的温差时，由于蒸汽压的不同，水蒸气分子会透过微孔膜在另一侧冷凝下来，从而使溶液逐步浓缩。为了防止液态水穿透膜，该膜必须具有超疏水性。为了获得超疏水的导电分离膜，将 $1H,1H,2H,2H$-全氟辛基三乙氧基硅烷（FAS）在碳纳米管膜上水解氟化，制得一种氟化的超疏水碳纳米管膜[38]。该膜的微观形貌如图4.34所示，其呈现出典型的中空纤维结构，外径和内径分别约为 $686\mu m$ 和 $163\mu m$。而且从图中还可以明显看出，氟化后碳纳米管膜的膜孔并没有被堵塞，具有很高的孔隙率。该膜具有超疏水性，水接触角可达到 $168°$，而且当使用温度在 $200℃$ 以下时，水接触角始终稳定在 $\sim168°$（图4.35），表明该膜具有良好的热稳定性。

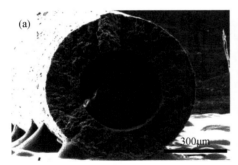
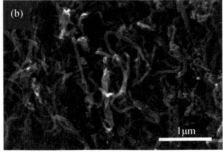

图4.34　氟化后的碳纳米管膜的扫描电镜图
(a)断面；(b)外表面

膜污染会造成疏水膜的亲水化，使得其抗润湿性降低，发生固液相接触而降低脱盐率[40-42]。虽然该碳纳米管超疏水膜表现出良好的脱盐性能，但进水存在天然有机质时，通量仍然下降，如图4.36(a)所示。当在膜蒸馏过程中施加电压0.5V且碳纳米管超疏水膜作为阴极时，未出现通量下降现象，出水电导率始终维持在 $10\mu S/cm$；但当该碳纳米管超疏水膜作为阳极时，通量明显下降。通过扫描电镜对运行36h后的膜表面进行分析发现，当碳纳米

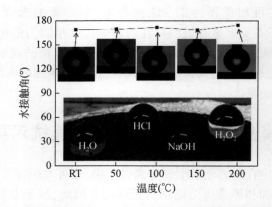

图 4.35　氟化后的碳纳米管膜经不同温度处理后的水接触角

管超疏水膜为阳极时,膜面出现明显致密的污染层,但作为阴极时,膜表面较为干净,几乎没有膜污染存在[图 4.36(c)、(d)]。该结果的原因为,当在膜上施加负电势时,静电斥力有效抑制了呈负电的天然有机质在膜表面上的附着,而当膜带正电时,静电引力则加速且加重了天然有机质的附着,促使膜污染的形成。

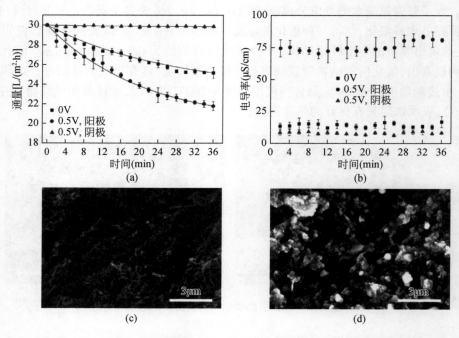

图 4.36　碳纳米管超疏水膜在不同条件下的水通量(a)和出水电导率(b);
碳纳米管超疏水膜作为阴极(c)和阳极(d)运行 36h 后的扫描电镜图

膜蒸馏无法大规模应用的另一个主要问题是其能耗要高于反渗透[43]。膜蒸馏工艺的单位产水能耗高达 5.5～9.0kWh/m³[44-46]。通过对比实验发现,在单位时间内,碳纳米管超疏水膜的产水量是传统有机膜产水量的 1.25 倍,因此其能耗可降低至4.4～7.2kWh/m³。而且,当碳纳米管超疏水膜为阴极时,未出现通量下降的现象。基于单位时间内的产水量测算,其能耗可进一步降到4.3~7.0kWh/m³,包括外加电势增加的额外能耗0.12kWh/m³。

另外一个降低膜蒸馏能耗的方法是利用低阶热能并回收蒸馏过程中的热能。由于膜蒸馏是蒸汽压差驱动的膜分离过程,膜两端存在明显的温差。受到温差发电的启示,利用温差发电板取代外接电源实现自产电辅助膜蒸馏有望进一步降低能耗。结果表明,发电板可以维持较为稳定的电压输出,约为0.5V。在此条件下,电化学辅助膜蒸馏工艺的脱盐效率稳定,36h 运行过程中产水量始终维持在 30L/(m²·h),滤液的电导率稳定在~10μS/cm(图4.37),根据水中盐浓度与电导率之间的定量关系,计算可得脱盐率为~99.9%。通过测算可知,将冷/热水间的温差转化为电能可以实现自产电膜蒸馏,且可致使整个工艺的能耗进一步降低至4.0~6.8kWh/m³。在此运行过程中,回收的能量仅用于碳纳米管膜的抗污染。如果能增加热电转化效率,其输出的电能可能在满足自身需求的前提下进一步输出至外接电路或储存备用,有望使整个工艺流程的能耗进一步降低。

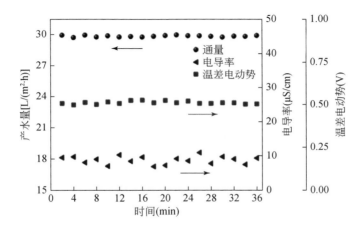

图 4.37　温差发电的电动势及其辅助碳纳米管超疏水膜的膜蒸馏脱盐性能

4.4.2　电辅助正渗透过程增强抗污染

膜污染是各种膜分离过程中不可避免的问题,包括正渗透过程[47,48]。鉴于此,考察了电辅助碳纳米管正渗透膜抗有机污染、微生物污染和无机污染的性能,并与商业三醋酸纤维素和聚醚砜正渗透分离膜的抗污染性能进行比较[39]。该碳纳米管正渗透膜的主要制备步骤为:①碳纳米管中空纤维膜基底的制备,见 2.1.2 小节;②在碳纳米管中空纤维膜外表面界面聚合聚酰胺(polyamide,PA)分离层。碳纳米管正渗透膜的微观形貌结构如图 4.38 所示,可以看到聚酰胺分离层典型的"脊-谷"粗糙结构,其厚度约为 210nm,并紧密贴合在碳纳米管膜基底上。

如图 4.39 所示,过滤 24h 腐殖酸溶液(100mg/L 腐殖质溶解在 10mmol/L NaCl 溶液中)后,三种膜的水通量均达到了稳态。由于正渗透过程中膜污染趋势较低,碳纳米管正渗透膜、聚醚砜正渗透膜和三醋酸纤维素正渗透膜三种膜的通量损失分别为~20%、~31% 和

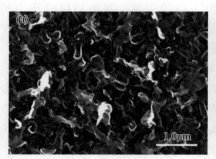

图 4.38　碳纳米管正渗透膜表面(a)和断面(b)的扫描电镜图

~18%。对于碳纳米管正渗透膜,在过滤腐殖酸溶液、菌体溶液(大肠杆菌浓度 $3×10^7$ cfu/mL)和无机盐溶液(含有 35mmol/L $CaCl_2$、20mmol/L Na_2SO_4 和 19mmol/L NaCl)实验中,水通量分别在 12h、20h 和 16h 后达到稳定[图 4.39(a)、(c)、(e)],明显短于其他两种分离膜。此外,碳纳米管正渗透膜还表现出比聚醚砜正渗透膜更好的再生性[图 4.39(b)、(d)、(f)]。根据已有报道,碳纳米管常用来改变分离膜的润湿性和表面电荷量,从而提高分离膜的抗膜污染性能[49-51],所以碳纳米管正渗透膜的抗污染性能要高于聚醚砜基正渗透膜。对于三醋酸纤维素膜,其通量损失率最低且再生效率好,主要是因为其初始通量远低于其他两种膜。碳纳米管正渗透膜在抗有机污染、微生物污染和无机污染实验中运行 24h 后的稳态通量分

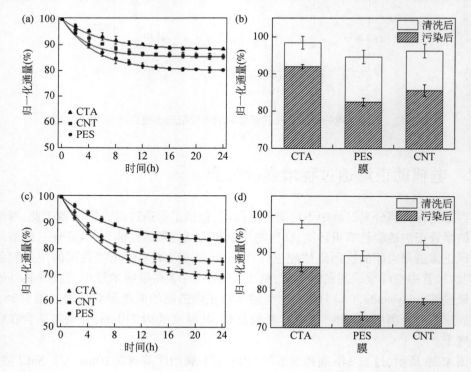

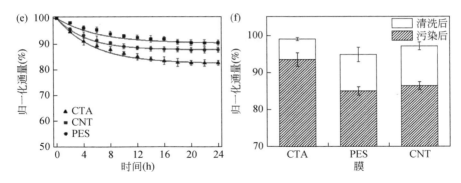

图 4.39　碳纳米管正渗透膜、三醋酸纤维素正渗透膜以及聚醚砜
正渗透膜三种正渗透膜在抗有机污染(a、b)、微生物污染(c、d)和无机污染(e、f)测试中的
通量变化率曲线(a、c、e)以及膜通量恢复率(b、d、f)

别是三醋酸纤维素正渗透膜的 4.6 倍、4.3 倍和 4.6 倍(图 4.40)。总体上,碳纳米管正渗透膜不仅通量高,而且具有较理想的抗污染性能。

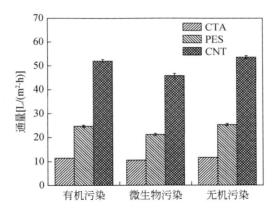

图 4.40　碳纳米管(CNT)正渗透膜、三醋酸纤维素(CTA)正渗透膜以及聚醚砜(PES)
正渗透膜运行 24h 后的稳态通量

　　研究发现,当在碳纳米管正渗透膜上施加负电势后,随着电压的升高,水通量的下降率逐渐降低(图 4.41)。当电压为 2.0V 且膜作阴极时,碳纳米管正渗透膜几乎无通量损失[图 4.41(a)]。相对而言,无电压时通量损失达到 14.6%,说明施加电压可以有效减缓有机污染。通过扫描电镜照片也可以看出,无电条件下膜表面附着有明显的污染层[图 4.41(b)],但是施加电压条件下几乎没有污染物附着现象[图 4.41(c)]。根据前面几节内容的讨论,电排斥作用可能是正渗透膜抗有机污染能力增强的主要原因,而且随着电压升高,膜阴极与腐殖质之间的排斥力增强,对腐殖质在膜表面累积的抑制作用显著增强。此外,根据腐殖质的电泳迁移速率[约 $3.3 \times 10^{-8} m^2/(V \cdot s)$,10mmol/L NaCl,pH 7][52],计算发现腐殖质在该体系中可以定向迁移的临界电场强度为 5.1V/cm。而组件中两电极距离约为 0.3cm,2.0V 电压下形成的电场强度可以达到 6.7V/cm,所以电场力也可能是其该膜抗有机

污染性能提高的主要因素之一。

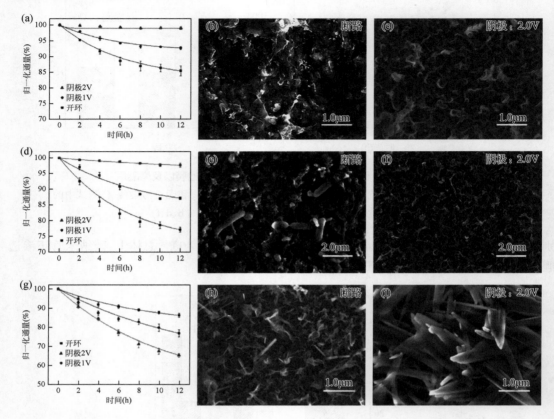

图 4.41　碳纳米管正渗透膜在抗有机污染(a~c)、微生物污染(d~f)以及无机污染
(g~i)实验中的通量变化曲线(a、d、g)和运行后膜表面的扫描电镜图片(e、f、i)

　　此外,还考察了电增强碳纳米管正渗透膜抗微生物污染和无机污染的性能。结果表明,当进水含有细菌时,该膜在 2.0V 电压(膜作阴极)下的通量损失仅为 3.0%,而 0V 时可达到 12.9%[图 4.41(d)]。扫描电镜图片显示,在 2.0V 电压下运行后的分离膜的表面无菌体,而在 0V 下运行后的分离膜的表面可观察到菌体[图 4.41(e)、(f)],进一步表明施加电压的情况下膜污染得到了抑制。由于大肠杆菌带有负电荷,所以在电场力和静电排斥作用下,菌体向膜表面的迁移和附着会得到抑制,这可能是施加电压可增强该碳纳米管正渗透膜抗微生物污染性能的主要原因。然而,抗无机污染实验发现,加负电后膜污染加重[图 4.41(g)~(i)]。根据已有报道,聚酰胺分离层易与钙离子结合,加速硫酸钙的成核和生长[53]。当以该碳纳米管正渗透膜为阴极时,加速了钙离子在膜表面的富集,从而加重硫酸钙的形成。随后以该正渗透膜为阳极,分别考察了三种抗膜污染实验中的通量损失情况。结果表明,在抗有机和微生物污染实验中膜通量损失加重,而抗无机污染能力反而增强,进一步确认电增强抗膜污染性能的机理为电排斥和电场力协同作用。

　　在相同的渗透压条件下,压力阻尼渗透模式因内浓差极化现象较弱而比正渗透模式表现出更高的水通量。但是,利用压力阻尼渗透模式的膜污染趋势要比后者高。所以,若是存在高效的抗污染手段解决压力阻尼渗透过程的膜污染问题,将进一步提高正渗透膜法水处理技术的应用可行性。根据正渗透模式中电化学增强膜抗污染性能的机理,进一步考察了在压力阻尼渗透模式中电化学作用对抗有机污染和微生物污染性能的影响。实验结果表明,由于电场力和静电排斥作用,两种膜污染均得到有效抑制,说明电化学作用也可增强正渗透膜在压力阻尼渗透模式中的抗污染性能,提高其应用可行性。

4.5　膜导电性对抗污染性能的影响

前面章节讨论了在电压的驱动下,导电膜在外电路中会得到电子(作阴极)或失去电子(作阳极)而被极化,会诱发一系列表/界面效应,从而通过多种机理显著提高自身的分离性能和抗污染能力。电导率是导电膜材料一个重要的性能参数,用于量化其传导电流的能力。电导率也可反映导电膜被极化的难易程度,并影响膜被极化后的表面电荷密度,进而可能影响电化学提升膜性能的效能。因此,探究了膜导电性对电化学辅助下分离膜性能提升的影响规律。

鉴于此,制备了具有不同导电性的碳纳米管膜,并考察了它们在电化学辅助下的抗污染性能。其制备过程主要包括两个步骤:①碳纳米管的酸化处理,具体流程见 2.1.2 小节;②碳纳米管膜的真空抽滤–化学交联制备,具体流程见 2.1.1 小节。研究中,通过控制碳纳米管的酸化程度调控其导电性。图 4.42 为不同酸化程度的碳纳米管膜表面的扫描电镜图。从未酸化、酸化 0.1h 和酸化 0.25h 的碳纳米管膜表面的扫描电镜图上,可以清晰地看出碳纳米管的一维线状结构。而酸化 1h 的碳纳米管膜中碳纳米管的结构已变得不太明显,酸化 2h 的碳纳米管的结构几乎已无法辨别。这是由于酸化处理在碳纳米管的表面引入了大量羧基基团,其与聚乙烯醇的羟基可以发生脱水缩合反应并形成酯基,从而提升交联程度,导致线状结构不明显;此外,酸化反应也会破坏碳纳米管的结构。

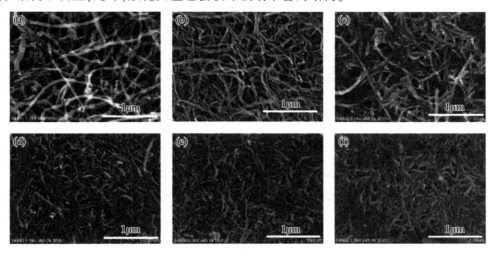

图 4.42　不同酸化程度的碳纳米管膜表面的扫描电镜图
(a)0h;(b)0.1h;(c)0.25h;(d)0.5h;(e)1h;(f)2h

图 4.43(a)为不同酸化程度的碳纳米管膜的电导率。当碳纳米管的酸化时间分别为 0h、0.1h、0.25h、0.5h、1h 和 2h 时,所制得的碳纳米管膜的电导率分别为 28.6S/m、21.2S/m、12.8S/m、7.0S/m、4.3S/m 和 1.9S/m,表明碳纳米管的酸化程度越高,膜的导电性越差。图 4.43(b)为不同酸化程度的碳纳米管膜的孔径分布。所有膜的孔径分布都比较均一,而且呈现膜孔径随酸化时长的增加而减小的趋势。未酸化的碳纳米管膜的平均孔径最大,为 93.0nm。当酸化时长从 0.1h 增加到 2h 时,酸化碳纳米管膜的平均孔径从 91.7nm 降低到 60.4nm。这可能是由于酸化程度的增加引入了更多羧基,可以与更多的聚乙烯醇反应,从而使碳纳米管的堆积变得紧密;另外,酸化反应会破坏碳纳米管的结构,使其更加碎片化,膜孔径变小。

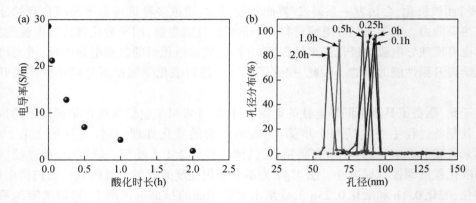

图 4.43　不同酸化程度的碳纳米管膜的电导率(a)和孔径分布(b)

通过截留浓度为 10mg/L 的腐殖酸,考察了在 0V 和 2.0V 电压下具有不同电导率的碳纳米管膜的抗污染能力。结果如图 4.44 所示,在 0V 的情况下,电导率为 28.6S/m 和 21.2S/m 的碳纳米管膜的水通量不断下降,运行 8h 后从 ~150L/(m²·h)衰减至 ~100L/(m²·h),衰减了近 33%,而在 2.0V 电压且膜作阴极的情况下,该膜的水通量在运行过程中几乎不下降,一直维持在 ~150L/(m²·h),衰减率小于 5% [图 4.44(a)、(b)]。同样在 2.0V 电压且膜作阴极的情况下,电导率为 12.8S/m 的碳纳米管膜的通量衰减率升高为 24.6%,但仍显著低于 0V 情况下的通量衰减率[~46.0%,图 4.44(c)]。当膜电导率下降到 7.0S/m 时,2.0V 时的通量衰减率则升高到 42.2%,高于 0V 时的通量衰减率[53.4%,图 4.44(d)]。当膜电导率进一步下降到 4.3S/m 时,2.0V 时的通量衰减率则进一步升高到 55.0%,只略高于 0V 时的通量衰减率[62.0%,图 4.44(e)]。而电导率 1.9S/m 的碳纳米管膜的通量衰减率在 2.0V 和 0V 时几乎一致,都约为 62.0% [图 4.44(f)],表明 2.0V 电压无法提高其抗污染性能。以上结果表明,碳纳米管膜的电导率越高,在同样电压下,其通量衰减率越低,膜的抗污染能力越强。

为了考察膜孔径的差异对通量衰减的影响,测定了不同导电性的碳纳米管膜对腐殖酸的截留率,结果如图 4.45 所示。当电压为 2.0V 且膜作为阴极时,不同导电性的碳纳米管膜对腐殖酸的截留率都在 92% ~96%,差距并不显著,表明孔径的差异对通量衰减的影响可忽略不计,而它们在运行过程中不同衰减率的原因应该是在电化学辅助下,不同导电性的碳纳米管膜的抗污染性能的提升有所差异。

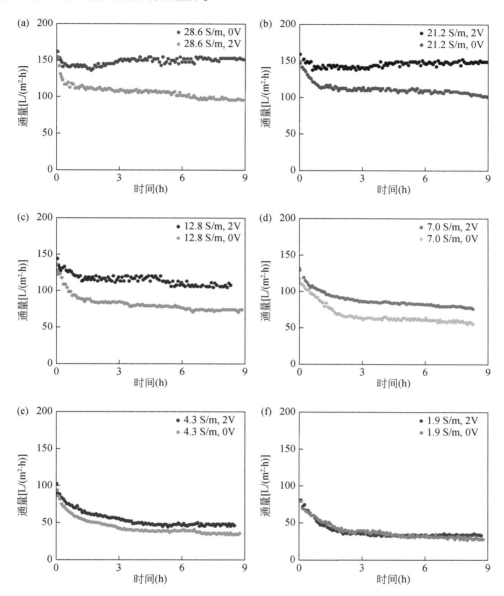

图 4.44　不同导电性的碳纳米管膜在 0V 和 2.0V 电压下过滤腐殖酸时的通量(a)~(e)和
归一化通量(f)随运行时间变化的曲线

(a)28.6S/m;(b)21.2S/m;(c)12.8S/m;(d)7.0S/m;(e)4.3S/m;(f)1.9S/m

由图 4.46(a)可知,电导率为 21.2S/m 和 28.6S/m 的碳纳米管膜的通量在运行过程中几乎不下降,运行 8h 后仍维持在 95% 以上,说明当电导率进一步提高时,导电性对膜抗污染性能的提升可能已非常有限,也表明当导电膜的电导率大于 21.2S/m 时,在相似的运行条件下,导电性可能不再是限制电辅助提升导电膜抗污染性能的因素。图 4.44(f)显示,当通量

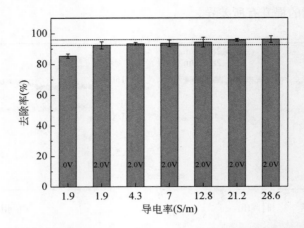

图 4.45 不同导电性的碳纳米管膜在 0V、2.0V 电压下对腐殖酸的截留率

趋于稳定时,电导率为 1.9S/m 的碳纳米管膜的通量衰减率在 2.0V 和 0V 时相差并不明显。图 4.44(e)显示,电导率为 4.3S/m 的碳纳米管膜的通量衰减率在 2.0V 时略高于 0V 时的通量衰减率。由此可以得出,在 2V 电压下,电能够增强膜抗污染性能的电导率阈值约为 4.3S/m。为了进一步解释导电性对电辅助提升碳纳米管膜抗污染性能的影响,本章节内容把 2.0V 和 0V 时的膜通量之差与 0V 时膜通量的比值定义为电辅助通量提升率(r),即 $r = (F_2 - F_0)/F_0$,F_2 和 F_0 分别为碳纳米管膜在 2.0V 和 0V 下运行 8h 后的水通量。它表示电辅助提升膜抗污染性能的能力。不同导电性的碳纳米管膜的电辅助通量提升率如图 4.46(b)所示。当膜导电性为 1.9S/m 时,通量提升率几乎为 0,表明电辅助并不能提高膜的抗污染能力。当膜电导率从 4.3S/m 升高到 21.2S/m 时,通量提升率逐渐升高并最后趋于平缓,表明随着导电性的提高,电辅助提升膜抗污染性能的能力先逐渐增强后趋于稳定。当膜电导率进一步升高到 28.6S/m 时,通量提升率不再增加,进一步表明当导电膜的电导率大于 21.2S/m 时,导电性可能不再是限制电辅助提升导电膜抗污染性能的因素。

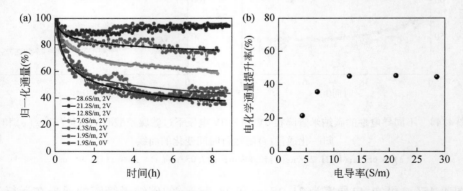

图 4.46 (a)不同导电性的碳纳米管膜在 0V 和 2.0V 电压下过滤腐殖酸时的归一化通量随运行时间变化的曲线;(b)2.0V 电压对不同导电性的碳纳米管膜的通量提升率

4.6　本 章 小 结

利用电化学原理增强膜表面与污染物之间的相互作用,可以有效抑制污染物进入膜孔道以及在膜表面的黏附,进而显著增强碳纳米管导电膜抗有机污染、抗微生物污染、抗油污染以及抗无机污染等。本章的主要结论如下:

(1)电增强静电排斥效应是电辅助增强膜抗污染性能最核心的机理,其基本原理是:当给导电膜施加与水中荷电物质的电性相同的电势时,膜表面与荷电物质之间的静电排斥作用增强,阻碍其向膜表面迁移,抑制其在膜表面的吸附,阻止其在膜表面的沉积并累积。而且,施加的电势越大,静电排斥力往往越大,抗污染性能的提升越高。

(2)电化学提升导电膜抗微生物污染的机理除了包括电增强静电排斥,还包括电氧化杀菌/抑菌作用。一种阴、阳极交替的施加电压方式可以结合阴极静电排斥和阳极电化学灭菌两种功能,膜作阳极时杀灭细菌、膜作阴极时排斥被灭活的菌体,通过阴、阳极的连续变换实现导电分离膜优异的抗微生物污染的能力。

(3)电化学引起的强静电排斥作用可抑制污染物进入膜孔,从而显著缓解不可逆污染,使膜被水力清洗后具有更高的通量恢复率。另外,利用某些导电聚合物(如聚吡咯)的特殊性质,可构建膜孔尺寸具有电响应的分离膜,在反冲洗过程中利用电化学增大膜孔径,可使膜孔内部难以去除的膜污染充分暴露出来并在水流剪切力的作用下被清除,实现对不可逆膜污染的高效去除。

参 考 文 献

[1] Fan X F, Zhao H M, Liu Y M, et al. Enhanced permeability, selectivity, and antifouling ability of CNTs/Al$_2$O$_3$ membrane under electrochemical assistance. Environmental Science & Technology, 2015, 49(4): 2293-2300.

[2] Xing J J, Zhang H G, Wei G L, et al. Electro-responsive OCNT/PPy membrane for efficient irreversible-fouling control through electroregulation of electrostatic and fluid interaction forces. Chemical Engineering Journal, 2024, 494: 153218.

[3] Xie H J, Zhang H G, Wang X, et al. Conductive and stable polyphenylene/CNTs composite membrane for electrically enhanced membrane fouling mitigation. Frontiers of Environmental Science & Engineering, 2024, 18(1): 3.

[4] Zhu X, Jassby D. Electroactive membranes for water treatment: Enhanced treatment functionalities, energy considerations, and future challenges. Accounts of Chemical Research, 2019, 52(5): 1177-1186.

[5] Sun M, Wang X, Winter L R, et al. Electrified membranes for water treatment applications. ACS ES&T Engineering, 2021, 1(4): 725-752.

[6] Zhao Y, Sun M, Winter L R, et al. Emerging challenges and opportunities for electrified membranes to enhance water treatment. Environmental Science & Technology, 2022, 56(7): 3832-3835.

[7] Tan X, Hu C, Zhu Z, et al. Electrically pore-size-tunable polypyrrole membrane for antifouling and selective separation. Advanced Functional Materials, 2019, 29(35): 1903081.

[8] Li P, Yang C, Sun F, et al. Fabrication of conductive ceramic membranes for electrically assisted fouling control during membrane filtration for wastewater treatment. Chemosphere, 2021, 280: 130794.

[9] Fan X F, Wei G L, Quan X. Carbon nanomaterial-based membranes for water and wastewater treatment under electrochemical assistance. Environmental Science: Nano, 2023, 10(1): 11-40.

[10] Marinova K G, Alargova R G, Denkov N D, et al. Charging of oil-water interfaces due to spontaneous adsorption of hydroxyl ions. Langmuir, 1996, 12(8): 2045-2051.

[11] Creux P, Lachaise J, Graciaa A, et al. Strong specific hydroxide ion binding at the pristine oil/water and air/water interfaces. The Journal of Physical Chemistry B, 2009, 113(43): 14146-14150.

[12] Yi G, Chen S, Quan X, et al. Enhanced separation performance of carbon nanotube-polyvinyl alcohol composite membranes for emulsified oily wastewater treatment under electrical assistance. Separation and Purification Technology, 2018, 197: 107-115.

[13] Shi Y X, Zheng Q F, Ding L J,et al. Electro-enhanced separation of microsized oil-in-water emulsions via metallic membranes: Performance and mechanistic insights. Environmental Science & Technology, 2022, 56: 4518-4530.

[14] Li C, Song C W, Tao P,et al. Enhanced separation performance of coal-based carbon membranes coupled with an electric field for oily wastewater treatment. Separation and Purification Technology, 2016, 168: 47-56.

[15] Zhu X B, Dudchenko A V, Khor C M,et al. Field-induced redistribution of surfactants at the oil/water interface reduces membrane fouling on electrically conducting carbon nanotube UF membranes. Environmental Science & Technology, 2018, 52: 11591-11600.

[16] Fan X F, Zhao H M, Quan X, et al. Nanocarbon-based membrane filtration integrated with electric field driving for effective membrane fouling mitigation. Water Research, 2016, 88: 285-292.

[17] Zhang X, Ma J, Tang C Y, et al. Antibiofouling polyvinylidene fluoride membrane modified by quaternary ammonium compound: Direct contact-killing versus induced indirect contact-killing. Environmental Science & Technology, 2016, 50: 5086-5093.

[18] Perreault F, Jaramillo H, Xie M,et al. Biofouling mitigation in forward osmosis using graphene oxide functionalized thin-film composite membranes. Environmental Science & Technology, 2016, 50: 5840-5848.

[19] Gunawan P, Guan C, Song X, et al. Hollow fiber membrane decorated with Ag/MWNTs: Toward effective water disinfection and biofouling control. ACS Nano,2011, 5: 10033-10040.

[20] Rahaman M S, VecitisC D, Elimelech M. Electrochemical carbon-nanotube filter performance toward virus removal and inactivation in the presence of natural organic matter. Environmental Science & Technology, 2012, 46(3): 1556-1564.

[21] Vecitis C D, Schnoor M H, Rahaman M S, et al. Electrochemical multiwalled carbon nanotube filter for viral and bacterial removal and inactivation. Environmental Science & Technology, 2011, 45(8): 3672-3679.

[22] Hong S H, Jeong J, Shim S, et al. Effect of electric currents on bacterial detachment and inactivation. Biotechnology and Bioengineering, 2008, 100: 379-386.

[23] Istanbullu O, Babauta J, Duc N H,et al. Electrochemical biofilm control: Mechanism of action. Biofouling, 2012, 28(8): 769-778.

[24] Kang H, Shim S, Lee S J, et al. Bacterial translational motion on the electrode surface under anodic electric field. Environmental Science & Technology, 2011, 45(13): 5769-5774.

[25] Perez-Roa R E, Tompkins D T, Paulose M, et al. Effects of localised, low-voltage pulsed electric fields on the development and inhibition of Pseudomonas aeruginosa biofilms. Biofouling, 2006, 22(6): 383-390.

[26] Rahaman M S, Therien-Aubin H, Ben-Sasson M, et al. Control of biofouling on reverse osmosis polyamide membranes modified with biocidal nanoparticles and antifouling polymer brushes. Journal of Materials

Chemistry B, 2014, 2: 1724.

[27] Zhang S, Qiu G, Ting Y P, et al. Silver-PEGylated dendrimer nanocomposite coating for anti-fouling thin film composite membranes for water treatment. Colloids and Surfaces A: Physicochemical and Engineering Aspects, 2013, 436: 207-214.

[28] Ye G, Lee J, Perreault F, et al. Controlled architecture of dual-functional block copolymer brushes on thinfilm composite membranes for integrated "defending" and "attacking" strategies against biofouling. ACS Applied Materials and Interfaces, 2015, 7: 23069-23079.

[29] Chernousova S, Epple M. Silver as antibacterial agent: Ion, nanoparticle, and metal. Angewandte Chemie International Edition, 2013, 52: 1636-1653.

[30] de Faria A F, Martinez D S T, Meira S M M, et al. Anti-adhesion and antibacterial activity of silver nanoparticles supported on graphene oxide sheets. Colloids and Surfaces B: Biointerfaces, 2014, 113: 115-124.

[31] Cao H, Qiao Y, Liu X, et al. Electron storage mediated dark antibacterial action of bound silver nanoparticles: Smaller is not always better. Acta Biomaterialia, 2013, 9: 5100-5110.

[32] Yuan W, Zydney A L. Humic acid fouling during ultrafiltration. Environmental Science & Technology, 2000, 34: 5043-5050.

[33] Tan Y Z, Chew J W, Krantz W B. Effect of humic-acid fouling on membrane distillation. Journal of Membrane Science, 2016, 504: 263-273.

[34] Yuan W, Zydney A L. Humic acid fouling during microfiltration. Journal of Membrane Science, 1999, 157: 1-12.

[35] Fan X, Liu Y, Wang X, et al. Improvement of antifouling and antimicrobial ability on silver-carbon nanotubes based membranes under electrochemical assistance. Environmental Science & Technology, 2019, 53: 5292-5300.

[36] Gunawan P, Guan C, Song X, et al. Hollow fiber membrane decorated with Ag/MWNTs: Toward effective water disinfection and biofouling control. ACS Nano, 2011, 5: 10033-10040.

[37] Booshehri A Y, Wang R, Xu R. The effect of re-generable silver nanoparticles/multi-walled carbon nanotubes coating on the antibacterial performance of hollow fiber membrane. Chemical Engineering Journal, 2013, 230: 251-259.

[38] Fan X F, Liu Y M, Quan X, et al. High desalination permeability, wetting and fouling resistance on super-hydrophobic carbon nanotube hollow fiber membrane under self-powered electrochemical assistance. Journal of Membrane Science, 2016, 514: 501-509.

[39] Fan X F, Liu Y M, Quan X, et al. Highly permeable thin-film composite forward osmosis membrane based on carbon nanotube hollow fiber scaffold with electrically enhanced fouling resistance. Environmental Science & Technology, 2018, 52(3): 1444-1452.

[40] Liao Y, Zheng G, Huang J, et al. Development of robust and superhydrophobic membranes to mitigate membrane scaling and fouling in membrane distillation. Journal Membrane of Science, 2020, 601, 117962.

[41] Hickenbottom K L, Cath T Y. Sustainable operation of membrane distillation for enhancement of mineral recovery from hypersaline solutions. Journal Membrane of Science, 2014, 454: 426-435.

[42] Nghiem L D, Cath T. A scaling mitigation approach during direct contact membrane distillation. Separation and Purification Technology, 2011, 80: 315-322.

[43] Wang P, Chung T. Recent advances in membrane distillation processes: Membrane development, configuration design and application exploring. Journal of Membrane Science, 2015, 474: 39-56.

[44] Subramani A, Jacangelo J G. Emerging desalination technologies for water treatment: A critical review. Water Research, 2015, 75: 164-187.

[45] Ghaffour N, Missimer T M, Amy G L. Technical review and evaluation of the economics of water desalination: Current and future challenges for better water supply sustainability. Desalination, 2013, 309: 197-207.

[46] Semiat R. Energy issues in desalination processes. Environmental Science & Technology, 2008, 42: 8193-8201.

[47] Zhao S, Zou L, Tang C Y, et al. Recent developments in forward osmosis: Opportunities and challenges. Journal of Membrane Science, 2012, 396:1-21.

[48] de Lannoy C F, Jassby D, Gloe K, et al. Aquatic biofouling prevention by electrically charged nanocomposite polymer thin film membranes. Environmental Science & Technology, 2013, 47:2760-2768.

[49] Goh K, Setiawan L, Wei L, et al. Fabrication of novel functionalized multi-walled carbon nanotube immobilized hollow fiber membranes for enhanced performance in forward osmosis process. Journal of Membrane Science, 2013, 446:244-254.

[50] Zheng J F, Li M, Yu K, et al. Sulfonated multiwall carbon nanotubes assisted thin-film nanocomposite membrane with enhanced water flux and anti-fouling property. Journal of Membrane Science, 2017, 524: 344-353.

[51] Dumee L, Lee J, Sears K, et al. Fabrication of thin film composite poly(amide)-carbon-nanotube supported membranes for enhanced performance in osmotically driven desalination systems. Journal of Membrane Science, 2013, 427:422-430.

[52] Tsai Y T, Lin Y C A, Weng Y H, et al. Treatment of perfluorinated chemicals by electro-microfiltration. Environmental Science & Technology, 2010, 44(20): 7914-7920.

[53] Mi B, Elimelech M. Gypsum scaling and cleaning in forward osmosis: Measurements and mechanisms. Environmental Science & Technology, 2010, 44(6):2022-2028.

第5章　导电膜工艺的应用与示范

※本章导读※

● 主要介绍几种基于碳纳米管导电膜的中试装置以及电辅助膜工艺处理实际水时对菌体、浊度、痕量有机污染物的去除能力和抗污染性能，探讨装置及工艺的实际应用可行性。
● 主要介绍基于碳纳米管中空纤维导电膜的电膜工艺水处理工程示范。

5.1　电膜水处理工艺中试实验及性能

如前面章节所述，基于纳米碳基分离膜的电化学辅助膜分离工艺（简称电膜工艺）不仅可以通过筛分作用截留水体中悬浮颗粒物、菌体等尺寸大于膜孔径的污染物，也能够通过吸附作用去除尺寸小于膜孔径的胶体颗粒甚至痕量有机污染物分子，且吸附在分离膜上的污染物可以通过电化学氧化作用得到及时分解，提高出水水质。同时，电化学辅助作用还能够提高分离膜的抗污染能力，缓解了传统分离膜频繁再生甚至更换的问题。为了进一步验证电膜水处理工艺的实用性，基于碳纳米管分离膜进行了多维度的中试实验。

5.1.1　碳纳米管管式膜地表水处理中试实验及性能

通过浸渍提拉法制备了具有非对称结构的碳纳米管/氧化铝陶瓷管式膜，其平均孔径为520nm，纯水渗透速率为 2600L/(m^2·h·bar)，电导率为37S/m。配套的中试设备由自吸泵提供驱动力，采用错流过滤模式，进水首先经过 PP 棉预过滤柱，然后进入膜组件单元中（图5.1）。过膜压力通过压力表检测，错流速率和回流比由液体流量计调控，管路中安装过压保护模块。整套中试设备装有 10 个膜组件单元，日处理量为 10~15t，每个膜组件单元是由 10 根管式分离膜呈中心辐射分布构成，每根管式分离膜的中心安装有一根直径 2mm 的不锈钢柱作为对电极，并外接于直流电源上。设备中装有反冲洗系统。另外，每个膜组件单元装有单独的电源控制系统，便于根据进水量调控工作膜组件单元数量，也可以实现半数膜组件运行、半数膜组件再生。管路的设计既可满足多级膜串联运行模式，又可以实现多组件并联运行模式。设备实物照片如图 5.2 所示。

选用的地表水取自某水库，取样点位于水库大坝前水深 0.5m 处。该水源为饮用水源，库区周边存在居民生活区、畜牧及水产养殖区、林区和农业种植区等，水质复杂。经过检测，其基本水质指标见表 5.1。

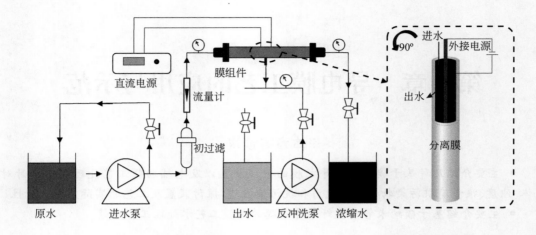

图 5.1 电化学辅助碳纳米管/氧化铝陶瓷管式膜水处理工艺示意图

图 5.2 电化学辅助碳纳米管/氧化铝陶瓷管式膜水处理中试设备的实物照片

表 5.1 电化学辅助膜分离原水的水质指标

水质指标	数值	水质指标	数值
TOC(mg/L)	18.4	COD_{Mn}(mg/L)	5.7
总菌数(cfu/L)	104	依诺沙星(ng/L)	106.3
浊度(NTU)	2.8	诺氟沙星(ng/L)	212.9
UV_{254}(cm^{-1})	0.102	氯四环素(ng/L)	961.5
pH	7.2	左氧氟沙星(ng/L)	33.6

过滤实验以间歇式运行,每运行 4h 后进行反冲洗再生 30min,具体运行参数见表 5.2。

运行过程中,每隔30min 观察出水侧流量计,记录膜通量,并分析出水 TOC 含量、菌体数量和浊度等水质指标。

表5.2　电化学辅助膜分离中试实验运行参数

运行参数	数值
膜面积(m^2)	0.7
过膜压差(bar)	0.4
纯水通量[$L/(m^2 \cdot h)$]	840
反冲洗压力(bar)	1
施加电压(膜为阴极)(V)	1.0

由于水体中存在的菌体、天然有机质以及悬浮颗粒物均是造成膜污染的来源,因此无论0V 条件还是电化学辅助(1.0V,膜为阴极)条件下,中试实验中膜通量均随着运行时间的延长而逐渐下降(图5.3)。但是运行 4h 后,电化学辅助下的膜通量为 580L/($m^2 \cdot h$),而 0V条件下的膜通量已下降到 450L/($m^2 \cdot h$)(图5.3),说明电化学辅助膜分离过程具有更强的抗污染能力和产水能力。这是因为静电斥力作用能够抑制水体中荷负电的菌体、天然有机质以及悬浮颗粒物向膜表面的迁移以及在膜表面的累积,延缓了滤饼层的形成。在设备运行 4h 后,利用电化学辅助反冲洗对碳纳米管/氧化铝膜进行再生,发现在 5 个重复循环中,通量恢复率超过 98%。在利用传统反冲洗对碳纳米管/氧化铝膜进行再生时,通量恢复率仅为 90%。出现上述现象的原因为,电辅助膜过滤可以缓解不可逆污染,同时电化学辅助反冲洗过程能够促使污染物从膜上脱落,从而实现高通量恢复率。

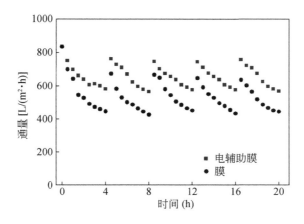

图 5.3　0V 电压和 1.0V 电压(膜为阴极)条件下膜通量在 5 次过滤–反冲洗过程中随时间的变化

对于单独的膜分离过程,出水中 TOC 含量为 5.5mg/L,去除率为 70%(图5.4)。由于在天然水体中存在 Ca^{2+}、Mg^{2+} 等二价金属离子,能够通过桥连作用使天然有机质发生团聚,形成尺寸达到几百纳米的有机絮状体,而所用分离膜的孔径约为 520nm,所以当有机絮状体的颗粒度大于膜孔径时便可以通过物理筛分作用将其去除。此外,部分有机分子还能被吸附到尺寸在几百纳米甚至微米级别的悬浮颗粒物或菌体表面。当分离膜截留该颗粒物和菌体时也可以去除吸附态有机分子,导致 TOC 去除率升高。但是由于部分游离态有机分子无法依靠筛分实现截留,且附着在膜表面的有机分子可以通过吸附-扩散作用穿透分离膜,造成出水中有一定量的 TOC。而在电膜工艺下,出水中 TOC 的浓度下降至 3mg/L,去除率达到84%(图 5.4),为常规膜过程的 1.2 倍。这是因为静电斥力作用可以抑制悬浮颗粒物及有机絮状体在膜表面的附着,从而降低了分离膜的扩散-吸附作用,使得 TOC 的去除率进一步提高。但是由于孔径过大,膜孔内双电层厚度有限,仍然无法实现对游离态分子的完全截留,所以出水中依旧存在少量的 TOC。

由于大肠杆菌的尺寸为 0.3~2μm,绝大多数可以被孔径为 520nm 的分离膜截留,因此碳纳米管/氧化铝膜在 0V 电压条件下能够去除 3 个 log 单位的细菌数量(图 5.5)。但是,由于细菌具有自我繁殖能力,少量菌透过分离膜后依旧存在致病的可能性。在电化学辅助条件下,出水中基本无法检测到大肠杆菌,说明电膜工艺能够有效提升细菌的去除率。

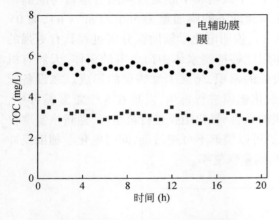 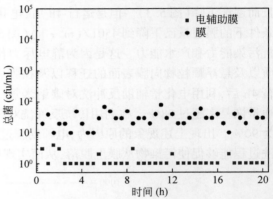

图 5.4　0V 电压和 1.0V 电压(膜为阴极)　　图 5.5　0V 电压和 1.0V 电压(膜为阴极)
　　　下出水中 TOC 浓度随时间的变化　　　　　　　下出水中总菌数随时间的变化

从图 5.6 可以看出,中试设备在无电化学辅助下的出水浊度为 ~0.33NTU,而电化学辅助下的出水浊度仅为 0.1NTU,说明电化学作用也能够很好地提高分离膜对悬浮颗粒物的截留,原因为在天然水体中,颗粒表面易吸附阴离子致使其呈现电负性,所以在膜表面施加负电势后,会在悬浮颗粒物与膜表面形成静电斥力,抑制了颗粒物向膜表面的迁移,而且能够减弱累积在膜表面的颗粒物与膜的结合力,在错流剪切力的作用下,颗粒物被冲刷到浓缩液中。

如表 5.1 所示,该水源地主要存在喹诺酮类和四环素类抗生素。实验发现,电化学辅助膜分离的出水中抗生素无检出,表明基于碳纳米材料导电膜的电膜工艺可以通过吸附等作用高效去除这些低浓度的新污染物。在中试实验中,无电化学辅助条件下的日出水量约为11t/d,泵能耗为 8.9kWh/d,算得吨水能耗为 0.81kWh/t。相比之下,在电化学辅助(电压1.0V)下的日出水量提高到 13t/d,泵能耗与单独膜分离过程几乎一样。虽然电化学的引入会增加电耗,但是由于施加电压仅为 1.0V,相对应的能耗仅为 0.07kWh/d,因此,电化学辅

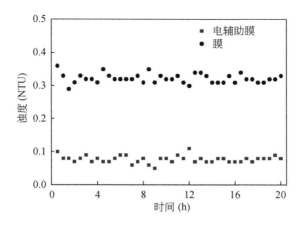

图 5.6　0V 电压和 1.0V 电压(膜为阴极)下出水的浊度

助膜分离的吨水能耗为 0.69kWh/t,较 0V 时节能 15%。此外,电化学辅助下的出水水质明显优于无电化学辅助时的出水水质。而且,由于膜污染得到有效减缓,膜反冲洗甚至膜更换的频率会相应减少,所以实际运行过程中的综合成本还有进一步下降的潜力。

5.1.2　碳纳米管中空纤维膜水处理中试实验及性能

(1)化工废水的深度处理。化工行业是国民经济的支柱产业,同时也是国家"水十条"专项整治的重点排污行业。所排废水通常含有各种化学性质稳定的毒性有机物,传统的物化和生化技术难以将其完全去除[1],严重威胁人类健康和生态安全。如前面内容所示,膜分离技术具有节能高效、无须投加化学试剂、易与其他工艺集成等优点,在水处理中具有巨大的应用潜力。目前,限制膜分离技术在化工废水处理中应用的主要因素是低通量以及膜污染带来的高成本。

2.1.2 小节论述了一种带内衬的碳纳米管-聚偏氟乙烯中空纤维膜,其具有高的水渗透性和良好的导电性,第 4 章论述了电化学可显著提高碳纳米管膜的抗污染性能。基于此,设计了一种针对工业废水生化二级出水深度处理的电膜水处理工艺,其设计产水量 15t/d。工艺流程图如图 5.7 所示,主要包括三级过滤:第一级 PP 棉过滤,去除水中絮凝物等尺寸较大的物质;第二级电辅助膜过滤,主要去除水中纳米级胶体、生物大分子物质等;第三级电吸附,去除水中有机小分子物质,特别是荷电小分子。原水经供水泵打进 PP 棉组件中,预处理后的出水进入膜组件中,采用错流过滤模式,浓水排出装置,滤液进入电吸附单元中,经电吸附处理后排出。工艺还设置反冲洗过程和药洗过程,用来分离膜污染后的再生。

中试设备的实物装置如图 5.8 所示。设备配备有 10.6 英寸液晶显示系统,能够实时显示设备运行状态和运行参数,能够根据编辑的程序全自动运行,所有的操作可以在触摸屏上进行。此外,该设备还配有远程监控系统,在手机 APP 上可以实时监测设备运行情况。

考察了电辅助碳纳米管-聚偏氟乙烯中空纤维膜过滤工艺(图 5.7)处理炼油化工废水生化二级出水的性能。电辅助膜过滤单元槽压 2.0V(膜为阴极),电吸附单元槽压 0.7V(碳

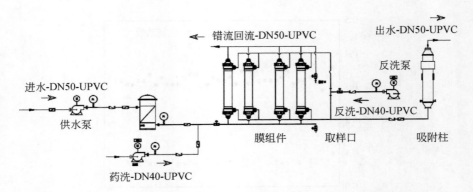

图 5.7　电辅助碳纳米管–聚偏氟乙烯中空纤维膜水处理工艺的流程图

图 5.8　电辅助膜分离水处理设备的实物照片(左)及其全自动运行和监控系统(右)

毡为阳极),恒流通量为 100L/(m² · h),电吸附水力停留时间为 10min,原水取自某石化企业航空煤油炼油废水的生化二级出水。结果如图 5.9 所示,进水 COD 浓度为 117.2mg/L,PP 棉预过滤后 COD 浓度降到 110.4mg/L,7 次平行实验中膜单元处理后 COD 浓度进一步降到 72.5mg/L,最后经电吸附处理后 COD 浓度最终降到 40.7mg/L,总去除率约 67%,出水 COD 满足《城镇污水处理厂污染物排放标准》(GB 18918—2002)的一级 A 排放标准。

　　此外,还考察了电辅助碳纳米管–聚偏氟乙烯中空纤维膜过滤工艺处理某石化企业生化二级出水的性能。如图 5.10 所示,进水 COD 浓度为 84.3mg/L,在 0V 下 5 次平行实验中膜单元出水中 COD 浓度为 62.4mg/L,而施加 2V 槽压后,分离膜单元对 COD 的去除效果提升显著,出水中 COD 浓度降到了 40.9mg/L,去除率从 25.9% 提升至 51.4%,出水 COD 满足《城镇污水处理厂污染物排放标准》(GB 18918—2002)的一级 A 排放标准。荧光分析表明,被去除的污染物主要为荧光性污染物,特别是类蛋白物质。

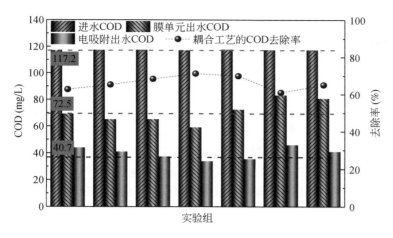

图 5.9　各单元出水中 COD 浓度以及总的 COD 去除率

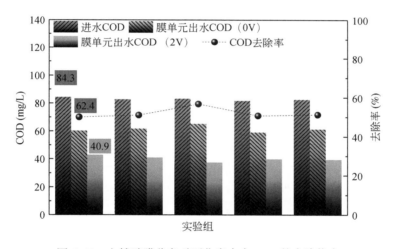

图 5.10　电辅助膜分离对石化废水中 COD 的去除能力

（2）电泳漆废水的处理。电泳涂装（electro- coating）是一种利用外加电场使悬浮于电泳液中的颜料和树脂等微粒定向迁移并沉积于电极表面的涂装方法。电泳涂装技术因其独特的优势，在汽车、建材、五金、家电等多个行业得到了广泛的应用。特别是在汽车行业，电泳涂装已成为金属工件涂装的主要方法之一。在电泳涂装过程中，配料罐的清洗和被涂组件的冲洗会产生大量的电泳漆废水。电泳废水水质复杂，常含有大量颜料、涂料助剂、有机高分子树脂、重金属、磷酸盐等污染物，是一种典型的成分复杂、毒性强、难生化的工业废水。

膜分离技术不仅可对水中颜料、有机高分子进行高效截留去除，还可对它们浓缩和回收，因此膜分离技术是处理电泳漆废水最常用的技术之一[2-4]。然而，存在的问题是膜易受污染，频繁的膜清洗不仅降低水处理效率、增加水处理成本，而且会降低膜的使用寿命。电泳漆包括阳离子型电泳漆和阴离子型电泳漆，在水中带有电荷。因此，在碳纳米管–聚偏氟乙烯中空纤维膜上施加与电泳漆电性相同的电势，通过静电排斥作用，可减缓污染物在分离膜上的附着,从而显著减弱电泳漆废水处理过程中的膜污染现象。

　　图 5.11 显示了不同电压下碳纳米管-聚偏氟乙烯中空纤维膜处理阳离子型电泳漆废水时水渗透速率随时间的变化曲线。可以看出,在不施加电压的情况下,碳纳米管-聚偏氟乙烯中空纤维膜的膜通量下降较为迅速,在持续运行 10h 后其水渗透速率由最初的236L/(m²·h·bar)下降到46L/(m²·h·bar),下降了80%。相比之下,在施加电压(膜作为阳极)后,膜通量的下降速度显著降低,而且电压越大,通量下降就越缓慢。当施加 0.5V电压时,持续运行 10h 后水渗透速率由最初的269L/(m²·h·bar)下降到65L/(m²·h·bar),下降了75%;当施加 1.0V 电压时,持续运行 10h 后水渗透速率由最初的257L/(m²·h·bar)下降到108L/(m²·h·bar),下降了58%;当施加 1.5V 电压时,同样的运行时间后水渗透速率由最初的280L/(m²·h·bar)下降到160L/(m²·h·bar),只下降了42%。相较于不施加电压的情况,通量衰减得到了显著的缓解。这是因为在导电膜上施加正电势后,膜表面呈现正电性,增强膜表面与带正电的电泳漆之间的静电斥力,使电泳漆不易附着在膜表面形成膜污染,从而减缓膜污染。实验结果表明,电辅助膜分离技术在处理电泳漆废水时具有明显的优势。

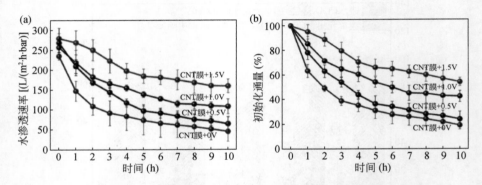

图 5.11　不同电压下碳纳米管-聚偏氟乙烯膜处理电泳漆废水时水渗透
速率(a)和初始化通量(b)随时间的变化曲线

　　在此基础上,对比了碳纳米管-聚偏氟乙烯中空纤维膜与三种商业膜在处理阳离子型电泳漆废水时的抗污染性能。图 5.12(a)为碳纳米管-聚偏氟乙烯中空纤维膜与三种商业膜长时间运行时水渗透速率随时间的变化曲线。无论是否施加电压,碳纳米管-聚偏氟乙烯中空纤维膜的水渗透速率[250L/(m²·h·bar)]均远远高于具有相似孔径(~50nm)的商业聚偏氟乙烯膜[125L/(m²·h·bar)]、商业聚丙烯腈膜[91L/(m²·h·bar)]以及商业聚丙烯膜[64L/(m²·h·bar)],分别是它们的 2.0 倍、2.7 倍和 3.9 倍。运行 2h 后,碳纳米管-聚偏氟乙烯中空纤维膜与三种商业膜的水渗透速率都几乎降到初始值的50%,而在 1.5V 电压下(膜作为阳极),碳纳米管-聚偏氟乙烯中空纤维膜的水渗透速率仅从250L/(m²·h·bar)下降到235L/(m²·h·bar),其水渗透速率下降到初始值的 50% 所需要的运行时间约为19h,表明在 1.5V 的电压辅助下,碳纳米管-聚偏氟乙烯中空纤维膜的反冲洗周期可延长 10倍。在长时间持续运行 26h 后,施加 1.5V 电压的碳纳米管-聚偏氟乙烯中空纤维膜的水渗透速率在87L/(m²·h·bar),而商业聚偏氟乙烯膜、商业聚丙烯腈膜以及商业聚丙烯膜的水渗透速率分别为 26L/(m² · h · bar)、23L/(m² · h · bar) 和 9L/(m² · h · bar)，分别是它们的 3.3 倍、3.8 倍、9.7 倍。在运行的 19h 内，商业聚偏氟乙烯膜、商业聚丙烯腈膜以及商业聚丙烯膜的出水总体积分别为 949L、500L 和 763L，碳纳米管-聚偏氟乙烯中空纤维膜出水总体积约为 1934L，而 1.5V 电压下碳纳米管-聚偏氟乙烯中空纤维膜出水总体积达到了4252L[图 5.12(b)]，分别是商业聚偏氟乙烯膜、商业聚丙烯腈膜以及商业聚丙烯膜的 4.5倍、8.5 倍和 5.6 倍。

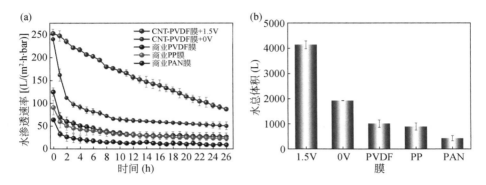

图 5.12　(a)不同分离膜在过滤电泳漆废水时水渗透速率随时间的变化曲线；
(b)不同分离膜在 26h 内出水的总体积

　　为了更直观地比较碳纳米管-聚偏氟乙烯中空纤维膜和三种商业超滤膜的抗污染性能，计算了各分离膜单位膜面积处理不同体积电泳漆废水后的水渗透速率以及初始化通量，结果如图 5.13(a)所示。当每 cm² 的膜面积处理 30mL 的电泳漆废水后，商业聚偏氟乙烯膜、商业聚丙烯腈膜以及商业聚丙烯膜的水渗透速率分别为 28.8L/(m² · h · bar)、13.0L/(m² · h · bar)和 32.1L/(m² · h · bar)[图 5.13(a)]，相较于初始值分别下降了 77%、80% 和 65%；碳纳米管-聚偏氟乙烯中空纤维膜的水渗透速率为 93.45L/(m² · h · bar)，相较于初始值下降了62%；而 1.5V 电压辅助的碳纳米管-聚偏氟乙烯中空纤维膜(作阳极)的水渗透速率为225.4L/(m² · h · bar)，相较于初始值只下降了 11%[图 5.13(b)]。这些结果表明，电辅助可显著提升碳纳米管基导电分离膜的抗污染性能，可显著延长膜清洗周期，在电泳漆废水处理中具有很大的应用潜力。

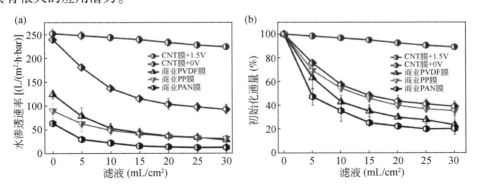

图 5.13　不同分离膜单位膜面积处理不同体积电泳漆废水后的水渗透速率(a)和初始化通量(b)

5.2 碳纳米管中空纤维膜水处理工程示范及性能

5.2.1 大型导电膜组件的研制

　　基于规模化制备的碳纳米管-聚偏氟乙烯中空纤维膜,目前已研发了面向商用的大型导电膜组件,主要包括两种类型:柱式膜组件和帘式膜组件[图5.14(a)、(c)]。

　　柱式膜组件主要包括柱式耐压外壳、对电极、绝缘层、中空纤维膜和集水管件,其中,对电极固定在组件外壳内侧和组件中心,对电极与碳纳米管-聚偏氟乙烯中空纤维膜之间设置一层绝缘层。捆扎成束的中空纤维膜两端用密封材料固定在组件的进水口和出水口,在进水口处中空纤维膜的一端依次用环氧树脂、导电胶和环氧树脂密封,连接复合中空纤维膜的导线和连接对电极的导线从侧边出口接出,通过外置直流稳压电源提供电压。实物照片如图5.14(a)、(b)所示,整体结构的三维示意图如图5.14(d)所示。研发了多种尺寸规格的膜组件,包括高2000mm、直径238mm、填充有效膜面积为20.4m² 的膜组件[图5.14(a)]以及高1200mm、直径238mm、填充有效膜面积为14.8m² 的膜组件。

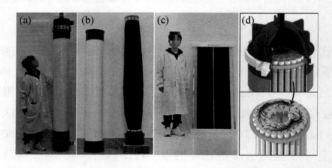

图5.14　基于碳纳米管-聚偏氟乙烯中空纤维膜的大型膜组件的实物照片和结构示意图

　　帘式膜组件结构较为简单,结构示意图如图5.15所示。碳纳米管-聚偏氟乙烯中空纤维膜的两端被密封在集水管里,露出部分的两端涂上导电胶并与导线相连,使每一根膜丝都与导线连通。对电极单独置于膜组件的外面,在对电极和膜丝之间设置多孔绝缘材料以防短路。对电极可为金属丝网,优选金属钛网。实物照片如图5.14(c)所示,膜组件高1460mm、宽680mm、有效膜面积为6m²。

5.2.2 电膜工艺饮用水处理应用工程示范

　　基于规模化制备的碳纳米管-聚偏氟乙烯中空纤维膜以及研发的大型导电膜组件,目前已开展了国际上首个基于纳米材料导电膜的电膜工艺水处理应用工程示范,日处理量300t。整个工艺流程主要包括三级处理:预处理、导电膜处理和电吸附后处理。预处理主要去除水中尺寸较大的杂质,如泥沙、胶体、寄生虫等;导电膜处理主要去除细菌、病毒、天然有机质、

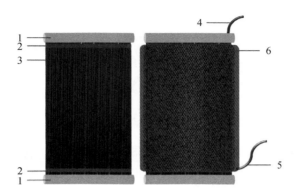

图 5.15 帘式膜组件的结构示意图

1 为集水管；2 为导电胶；3 为膜丝；4,5 为导线；6 为金属丝网对电极

生物大分子、纳米/微米级胶体以及胶体上吸附的小分子污染物等；电吸附后处理主要是应对可能出现的原水水质突然严重恶化、膜分离单元负荷过大而造成膜后出水水质变差的问题，确保出水水质始终满足饮用水卫生标准。

整个装置集成在两个 3m×3m×9m 的集装箱内，方便运输和移动。集装箱布局如图 5.16 所示，22 个膜柱和 24 个吸附柱全部放在其中一个集装箱内，另一个集装箱主要放置泵、预处理单元、储水罐和自动化控制单元。各单元布局紧凑、管路设计合理。设备实物图如图 5.17 所示，其中膜组件和电吸附组件整齐有序，每个组件可单独控制打开或闭合，方便维护和检

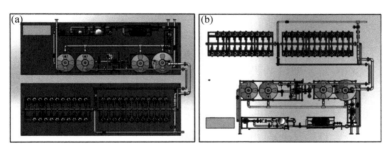

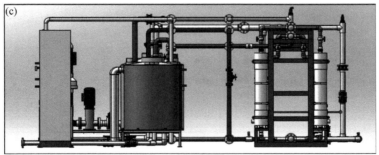

图 5.16 电膜工艺水处理工程示范的装置示意图

(a)、(b)不同角度的俯视图；(c)侧视图

图 5.17　(a)电膜工艺水处理工程示范装置外观的实物照片;(b)装置的控制单元、
泵以及储水罐等的照片(c)膜组件的照片;(d)电吸附组件的照片

修。装置中所有阀门的开/关、泵的功率调节以及泵的开/关都可自动控制,且全部集成在控制单元内,并可按预设程序自动运行,恒流模式运行,反冲洗周期设为 5h。在电辅助膜过滤单元中,电压设置为 2.0V,膜为阴极;在电吸附单元中,电压设置为 1.0V,碳毡为阳极。整个装置被安置在某水务公司的厂区内,直接抽取并处理引入该厂区的某水库原水,产水率为 95%。

图 5.18 为工程示范运行 3 个月内产水量监测图。设备运行始终平稳,平均产水量 12.5m³/h,达到了 300t/d 处理量的设计要求。图 5.19 为工程示范运行 3 个月内每天的压力监测图。在每天 5h 的运行周期内,压力平稳上升,且最后只上升到初始值的 ~2 倍,表明在该运行周期内膜通量只下降到 ~50%,符合渗透速率下降一半时进行反冲洗的工程运行经验。由于传统超滤膜运行的反冲洗周期一般为 0.5h,所以相比传统超滤膜工艺,该电膜工艺的反冲洗周期可延长 10 倍。而且,反冲洗基本可恢复膜的水通量。计算的运行能耗为 0.05kWh/t,仅为传统超滤膜过程能耗的 ~50%。

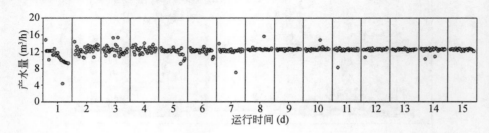

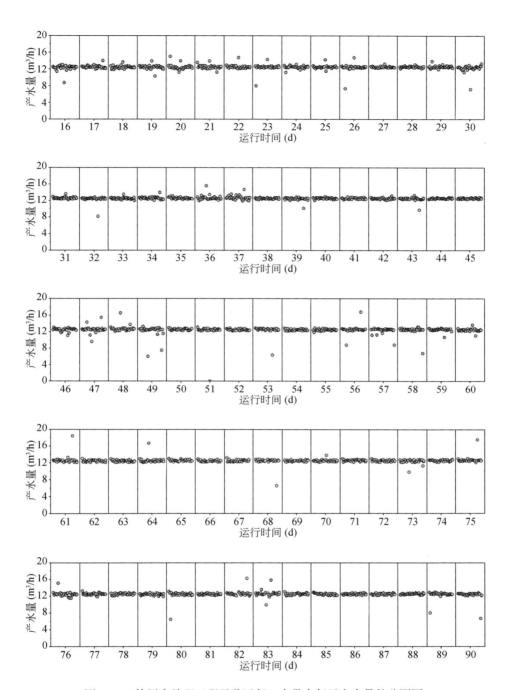

图 5.18 饮用水处理工程示范运行 3 个月内每天产水量的监测图

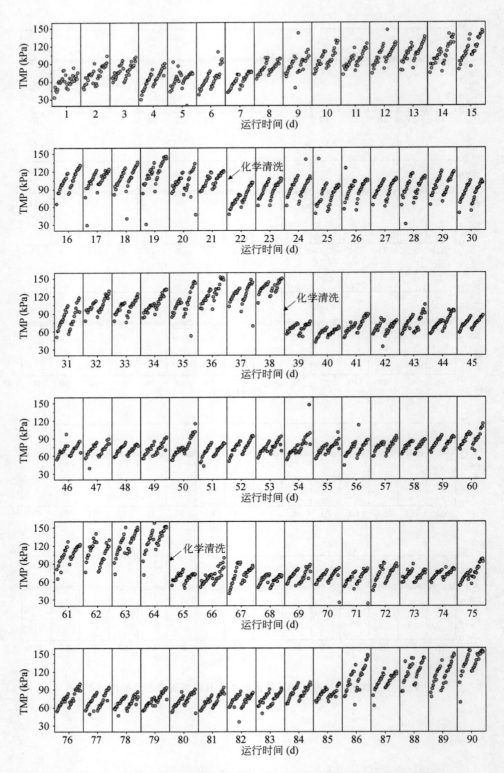

图 5.19　饮用水处理工程示范运行 3 个月内每天的跨膜压差的监测图

在运行 3 个月中,原水、膜过滤出水以及电吸附出水中的高锰酸盐指数浓度如图 5.20 所示。经过膜过滤后,水中高锰酸盐指数较为显著地下降,平均浓度从原水的 2.9mg/L 下降到 2.1mg/L[图 5.21(a)]。膜过滤对浊度的去除非常有效,处理后出水中浊度值稳定在 0.1NTU[图 5.21(b)],去除率达到 95% 以上[图 5.21(d)]。尽管水中氨氮的浓度很低,但膜过滤仍然有较为明显地去除,浓度从原水的 77.6μg/L 下降到 42.9μg/L[图 5.21(c)]。经第三方机构检测,膜后出水水质满足《生活饮用水卫生标准》(GB 5749—2022)的全部 97 项水质指标。经过电吸附后,高锰酸盐指数和氨氮浓度进一步降低,出水水质显著优于《生活饮用水卫生标准》(GB 5749—2022)的水质指标。

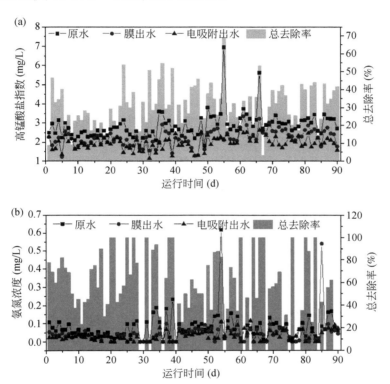

图 5.20 工程示范运行期间每天原水、膜过滤出水以及电吸附出水中的高锰酸盐指数(a)、
氨氮浓度(b)以及总去除率

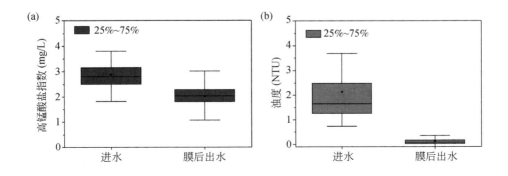

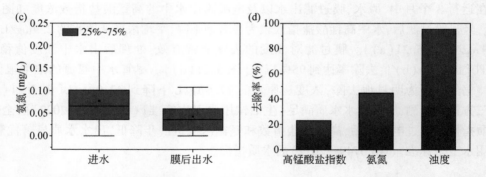

图 5.21　工程示范运行期间原水和膜过滤出水中的高锰酸盐指数(a)、浊度(b)、氨氮(c)以及去除率(d)

为了评估该工程示范的水处理性能,膜过滤单元出水水质与目前我国主流的混凝沉淀+砂滤工艺的出水水质进行了对比。结果如图 5.22(a)所示,工程示范膜单元出水中高锰酸盐指数为 2.1mg/L,低于传统混凝沉淀+砂滤工艺出水中的 2.4mg/L。膜过滤后出水中的浊度值稳定在 0.1NTU,远低于混凝沉淀+砂滤工艺出水浊度[1.1NTU,图 5.22(c)]。此外,尽管膜过滤单元和混凝沉淀+砂滤工艺的出水中氨氮浓度都远低于生活饮用水卫生标准的指标(≤0.5mg/L),但前者出水中氨氮浓度仍略低于后者的出水浓度,且波动更小[图 5.22(c)]。上述结果表明,相较于传统的混凝沉淀+砂滤水处理工艺,电膜工艺对浊度的去除非常有效,对 COD 和氨氮的去除也有更好的效果,而且受原水水质波动的影响更小。

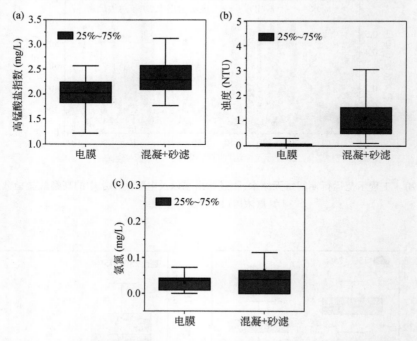

图 5.22　工程示范的膜后出水与传统混凝沉淀+砂滤工艺出水水质对比
(a)高锰酸盐指数;(b)浊度;(c)氨氮

为了考察两种工艺对新污染物的去除能力,出水中的物质通过固相萃取后利用高效液相色谱串联质谱进行了分析,分析结果如表 5.3 所示。原水中检测到抗生素类和全氟酸类新污染物,主要包括洁霉素、克林霉素、氧氟沙星、盐酸强力霉素、全氟己酸、全氟庚酸、全氟辛酸、全氟壬酸、全氟十三酸,浓度都在 ng/L 级。从表 5.3 可以看出,膜过滤后这些新污染都有一定的去除,其中,对全氟辛酸和全氟壬酸也有明显的去除效果,对克林霉素、氧氟沙星、全氟己酸、全氟十三酸的去除率达到 50% 以上,对氧氟沙星的去除率更是达到了97.8%。而在传统混凝沉淀+砂滤工艺中,全氟辛酸、全氟壬酸和全氟十三酸 3 种污染物在出水中的浓度几乎与原水中的浓度相同,表明传统饮用水处理工艺难以将其有效去除。

表 5.3　原水及不同处理单元出水中抗生素类和全氟羧酸类新污染物的浓度

污染物	原水浓度 (ng/L)	膜出水浓度 (ng/L)	电吸附出水 浓度(ng/L)	传统工艺出水 浓度(ng/L)
洁霉素	0.6	0.5	0.3	0.2
克林霉素	1.3	0.5	0.2	0.5
氧氟沙星	15.2	0.3	—	0.4
盐酸强力霉素	78.6	70.0	7.6	75.0
全氟己酸	3.4	1.0	0.6	0.9
全氟庚酸	2.7	2.1	1.7	2.0
全氟辛酸	10.0	8.5	4.6	9.9
全氟壬酸	4.1	3.3	2.2	4.0
全氟十三酸	0.3	—	—	0.3

综上,相较于传统超滤膜工艺,基于导电膜的水处理工艺具有更强的抗污染性能,反冲洗周期可大幅度延长,工艺能耗可降低约 50%。此外,电膜工艺出水水质满足生活饮用水卫生标准(GB 5749—2022),且优于传统的混凝沉淀+砂滤的饮用水处理工艺。与电吸附联用后,整个电膜+电吸附工艺出水的水质进一步提高,对新污染物具有良好的去除效果,出水水质显著优于生活饮用水卫生标准(GB 5749—2022)中的指标。而且,在工程示范运行的 90天内,设备运行平稳、出水水质稳定,展现出良好的实用化潜力。

5.3　本 章 小 结

基于碳纳米管分离膜,已开展了电膜水处理工艺的中试实验以及工程示范,取得了良好的效果。本章的主要结论如下:

(1)在中试实验中,电辅助膜分离技术相较于传统膜分离技术表现出更优异的抗污染性能和更好的截留性能,在此基础上提出的预过滤-电膜-电吸附三级水处理工艺表现出耗能低、出水水质高、处理效率高的优点。

(2)研制出大型导电膜组件,并在此基础上开展了日处理量 300t 的地表水水处理工艺的工程示范,膜后出水水质满足生活饮用水卫生标准(GB 5749—2022)的全部 97 项水质指标,且显著优于混凝沉淀+砂滤的传统饮用水处理工艺的出水水质。与传统超滤膜过程相比,反冲洗周期可延长 10 倍,能耗可降低 50%。

参 考 文 献

[1] Zheng X, Zhang Z, Yu D, et al. Overview of membrane technology applications for industrial wastewater treatment in China to increase water supply. Resources, Conservation and Recycling, 2015, 105: 1-10.

[2] Abdolmaleki H R, Mousavi S A, Heydari H. Novel positively charged PVDF/SPES membranes surface grafted by hyperbranched polyethyleneimine (HBPEI): Fabrication, characterization, antifouling properties, and performance on the removal of cationic E-coat paint. Polymer Testing, 2023, 122: 108020.

[3] Agana B A, Reeve D, Orbell J D. The influence of an applied electric field during ceramic ultrafiltration of post-electrodeposition rinse wastewater. Water Research, 2012, 46(11): 3574-3584.

[4] Agana B A, Reeve D, Orbell J D. Optimization of the operational parameters for a 50 nm ZrO_2 ceramic membrane as applied to the ultrafiltration of post-electrodeposition rinse wastewater. Desalination, 2011, 278: 325-332.

第6章 发展前景和展望

※本章导读※

● 主要论述导电分离膜及相关技术目前存在的不足之处、未来研究方向以及发展前景。

膜分离技术自问世以来,对人类的发展做出了重要贡献。在上百年的发展历程中,分离膜的性能越来越好,种类越来越多,应用越来越广。但总体上,变革性的技术突破周期很长,困扰膜分离技术的痛点问题(如膜污染问题)目前依然没有得到很好地解决。如前面内容所述,电膜工艺利用电化学原理强化膜分离过程,可以显著提高分离膜的渗透性、选择性以及抗污染性能,表现出良好的应用前景和发展潜力。国内研究团队对导电分离膜(特别是纳米材料导电分离膜)的研究已有十余载,已初步揭示了电控开/关效应、电增强荷电性、电极化诱导等强化膜分离的创新原理,形成了一批具有自主知识产权的核心技术,增强了我国膜产业的核心竞争力和发展动力,但仍存在很多不足之处,建议在如下方面持续开展研究:

(1)新材料和新结构。通过改性、合成、复合等途径持续开发具有高分离精度、高渗透性、高抗污染性能、低成本、耐化学腐蚀等显著优点的导电膜材料,包括但不限于碳材料、过渡金属碳氮化合物、有机聚合物、金属氧化物等;设计具有高强度、高导电性、低水传质阻力等特性的膜结构。

(2)新制备技术。通过3D打印、原子层沉积、化学气相沉积、光刻技术等制备具有精细结构、大面积的高性能分离膜,如具有阵列超结构的石墨烯分离膜和碳纳米管分离膜,以及具有单原子层厚度、无缺陷的石墨烯分离膜等;研发基于湿法纺丝、平面刮涂等技术的导电膜可规模化制备技术。

(3)分离新原理。继续研究膜分离新原理,包括利用原位分析、分子动力学、量子化学等手段揭示施加电压的情况下水分子与孔道壁之间的相互作用、离子在孔道内/外的水合/脱水合、水分子在限域空间内的传输动力学、离子与膜表面之间的复杂相互作用、离子在孔道内的传输机制与模型、导电性对电提升膜性能的影响规律等,并建立可靠的构效关系或数学分析模型。

(4)新功能/新应用。研发对电化学响应从而具有抗菌、催化、自清洁、润湿性响应、门控传输等功能的高端分离膜;研发特种应用的分离膜,例如用于盐湖提锂并具有超高 Li^+/Mg^{2+} 选择性分离能力的分离膜。

(5)组/器件的优化。对膜填充面积、对电极的材质和位置、对电极与膜丝之间的距离等参数进行优化,从而降低能耗、提高抗污染性能。

　　(6)示范工程。开展日处理水量千吨级的电膜水处理示范工程,评估电膜工艺处理不同水体的效能,并优化运行参数,如电压、产水率、运行压力等。

　　(7)标准的建立。建立导电膜相关标准,如"电膜工艺""电辅助""电极化"的概念以及膜上电势的测量方法等。